中华当代学术著作辑要

道德失范研究

基于制度正义视角

高兆明 著

商务印书馆
创于1897 The Commercial Press

图书在版编目(CIP)数据

道德失范研究:基于制度正义视角/高兆明著.—北京:商务印书馆,2016(2023.12重印)
(中华当代学术著作辑要)
ISBN 978-7-100-11066-2

Ⅰ.①道… Ⅱ.①高… Ⅲ.①伦理学—研究—中国
Ⅳ.①B82-092

中国版本图书馆CIP数据核字(2015)第023476号

中华当代学术著作辑要
道德失范研究
——基于制度正义视角
高兆明 著

商务印书馆出版
(北京王府井大街36号 邮政编码100710)
商务印书馆发行
北京中科印刷有限公司印刷
ISBN 978-7-100-11066-2

2016年6月第1版 开本710×1000 1/16
2023年12月北京第2次印刷 印张24½
定价:138.00元

中华当代学术著作辑要

出版说明

学术升降，代有沉浮。中华学术，继近现代大量吸纳西学、涤荡本土体系以来，至上世纪八十年代，因重开国门，迎来了学术发展的又一个高峰期。在中西文化的相互激荡之下，中华大地集中迸发出学术创新、思想创新、文化创新的强大力量，产生了一大批卓有影响的学术成果。这些出自新一代学人的著作，充分体现了当代学术精神，不仅与中国近现代学术成就先后辉映，也成为激荡未来社会发展的文化力量。

为展现改革开放以来中国学术所取得的标志性成就，我馆组织出版"中华当代学术著作辑要"，旨在系统整理当代学人的学术成果，展现当代中国学术的演进与突破，更立足于向世界展示中华学人立足本土、独立思考的思想结晶与学术智慧，使其不仅并立于世界学术之林，更成为滋养中国乃至人类文明的宝贵资源。

"中华当代学术著作辑要"主要收录改革开放以来中国大陆学者、兼及港澳台地区和海外华人学者的原创名著，涵盖文学、历史、哲学、政治、经济、法律、社会学和文艺理论等众多学科。丛书选目遵循优中选精的原则，所收须为立意高远、见解独到，在相关学科领域具有重要影响的专著或论文集；须经历时间的积淀，具有定评，且侧重于首次出版十年以上的著作；须在当时具有广泛的学术影响，并至今仍富于生命力。

自 1897 年始创起，本馆以"昌明教育、开启民智"为己任，近年又确立了"服务教育，引领学术，担当文化，激动潮流"的出版宗旨，继上世纪八十年代以来系统出版“汉译世界学术名著丛书”后，近期又有“中华现代学术名著丛书”等大型学术经典丛书陆续推出，“中华当代学术著作辑要”为又一重要接续，冀彼此间相互辉映，促成域外经典、中华现代与当代经典的聚首，全景式展示世界学术发展的整体脉络。尤其寄望于这套丛书的出版，不仅仅服务于当下学术，更成为引领未来学术的基础，并让经典激发思想，激荡社会，推动文明滚滚向前。

商务印书馆编辑部

2016 年 1 月

目　　录

CONTENTS

有尊严地生活:美德与生活世界
(修订版自序)

2013 年年初“国五条”发布后,在一些大城市出现所谓“离婚潮”。有人谴责当事者对于婚姻的轻率态度,认为当事者拿婚姻做儿戏,重物轻人,目中有房少情,缺少美德。批评者从美德角度提出并思考问题本身是有意义的,甚至这种批评本身也不失合理之处。不过批评者并没有涉及问题的关键,其提出问题的方式亦不对。问题的关键是:那些当事人真的希望并喜欢离婚吗?他们为什么在“国五条”面前对婚姻持此等态度?“国五条”作为一种国家行政政策所传达的价值信息是什么?是否将家庭婚姻视为社会的基本价值?什么样的日常生活世界才能滋养那些人类生活不可或缺的美德?人们在何种条件下才能持续自然地保持这些美德?至少就理论思考言,我们不能简单地谴责这些当事者,而是应当认真反思人性与日常生活世界本身。我们应当严肃思考美德与生活世界、与日常生活的关系,尤其应严肃思考行政政策的内在价值精神及其对公民美德塑造的影响,甚至应当严肃反思我们的社会治理能力。

美德与生活世界按照通常的理解有两个方面:美德对于生活世界的价值(或美德自身的价值),以及生活世界对于美德的意义。其实,我们的美德连同我们自身均是在生活世界中构成,我们在过有尊严的生活中养成有尊严的德性。不过,本书的旨趣主要是生活世界在美德形成与演变中的影响。

一、美德与习惯

在作为西方文化源头的古希腊文化中,尽管柏拉图、亚里士多德分别持有理想主义与经验主义两种不同思想路径,但是,他们对如何塑造合格公民、培养公民美德的认识,却惊人地一致。这就是在城邦共同体中生活,养成习惯,形成第二天性。根据他们的看法,美德就是在共同体中受到良好教育所形成的习惯。

柏拉图在《理想国》中强调:城邦成员须在一个具有伦理性约束的框架内过伦理的生活,在伦理生活中养成"精神的"第二"天性"①,进而维系这个伦理共同体自身。在某种意义上,柏拉图的理想城邦是"教育的城邦"②。

亚里士多德承袭了柏拉图的这一基本思想。他在《尼各马可伦理学》中多次表达过一重要思想:过道德德性生活须有外部条件。就幸福言,离不开身体健康、必要财富、朋友、机会等外部条件。③ 就道德德性形成言,离不开健全法律的城邦生活。在亚里士多德看来,只有在"健全的法律"下生活,才能够"接受正确的德性"。因为尽管人有逻各斯,有认知能力,但是人的情感意志未必听从逻各斯的指导。"多数人服从的是法律而不是逻各斯,接受的是惩罚而不是高尚的事物。"所以,一个社会应当通过立法"鼓励趋向德性、追求高尚的人","惩罚、管束那些不服从者和没有受到良好教育的人",并"驱逐那些不可救药的

① 参见黑格尔:《哲学史讲演录》第2卷,贺麟、王太庆译,商务印书馆,1960年,第250页。

② 参见伽达默尔:《伽达默尔论柏拉图》,余纪元译,光明日报出版社,1992年,第84页

③ 参见亚里士多德:《尼各马可伦理学》,廖申白译,商务印书馆,2003年,第310页。

人”。[1] 他强调“正确的制度”是“有力量”引导人们学习过好的生活的制度。一个人要想“成为好人”,就必须首先在“正确的制度”(或好的制度)下过好的生活。[2] 亚里士多德上述思想的核心是:人们在健全的法律制度中过好的生活,在过好生活的过程中形成好的习惯,塑造人的第二天性。

亚里士多德认为知识可以传授,道德德性不可传授,只能通过习惯养成。美德不是知识,美德是习惯养成的第二天性。在亚里士多德看来人能“入德成善”、有道德德性,是因为人有天赋、习惯、理性这“三端”,它们是“培养人生诸善德的根基”。“天赋”为人生而所有的人性资质,“习惯”为人“日后养成”的“积习”,“积习变更天赋”,“理性”则为人所独有的“内在”精神[3]。三端“和谐”方可“乐生遂性”。三者中以理性为要,它是“基调”。三者之间要是不相和谐,“宁可违背天赋和习惯,而依从理性,把理性作为行为的准则。”[4]

在黑格尔那里可以看到古希腊哲人上述思想的影子。黑格尔在《法哲学原理》中有一段文字:“一个父亲问:‘要在伦理上教育儿子,用什么方法最好’”,答“使他成为一个具有良好法律的国家的公民”[5]。这段文字的核心思想有二:其一,道德人格或品格教育是伦理的教育;其二,伦理教育的方法是“成为一个具有良好法律的国家的公民”,过有“良好法律”秩序的生活。黑格尔的思想焦点亦是在过伦理生活中

---

① 参见亚里士多德:《尼各马可伦理学》,2003 年,第 313 页。

② 参见亚里士多德:《尼各马可伦理学》,2003 年,第 314 页。

③ 参见亚里士多德:《政治学》,吴寿彭译,商务印书馆,1995 年,第 384 - 385、394 页。亚里士多德在《尼各马可伦理学》中以另一种方式表达了同样的思想,他在将天性、学习、习惯视为成为一个“好人”不可或缺条件基础上,尤其强调“学习者须先通过习惯培养灵魂”,使之有爱之所当爱、恨之所当恨的“高尚的爱与恨”。参见亚里士多德:《尼各马可伦理学》,廖申白译,商务印书馆,2003 年,第 313 页。

④ 参见亚里士多德:《政治学》,1995 年,第 385 页。

⑤ 参见黑格尔:《法哲学原理》,范扬、张启泰译,商务印书馆,1962 年,第 172 页。

养成好习惯,形成好品德。

习惯是什么?如何形成?黑格尔将习惯理解为精神的自然存在,它是通过“重复”练习将“伦理事物”内容“砌入”人的灵魂[①]。就人的第二天性形成言,人们在具有“良好法律”秩序共同体中生活,直接目的当然是形成遵守法律、合乎法律的良好行为习惯。然而,如果在良好法律秩序共同体中生活仅仅是为了形成良好的行为习惯,那么,所塑造出的只是无灵魂的机械物,而非是具有第二天性的合格公民。显然,在良好法律国家中生活的训练,关键不在于形成良好的行为习惯,而在于接受渗透、贯穿这些行为习惯或行为方式之中的共同体价值精神,塑造出共同体所期待的某种心灵秩序。即,习惯的关键不是行为秩序,而是通过确立行为秩序形成心灵秩序。我们在接受某种行为方式、养成某种行为习惯的同时,也就在无形中接受了与这种行为方式渗透一体的某种社会价值精神。黑格尔以自己思辨的方式揭示:美德是好的伦理事物在个体灵魂中的存在,人在过好的生活过程中养成好习惯,形成好的第二天性。

杜威则在黑格尔基础之上进一步揭示美德(或好习惯)的形成,是一个主体主动参与的开放性过程。杜威将习惯理解为一种人类活动方式。人格、个性、品格即是人的习惯类型。习惯具有连续重构性。在道德人格或美德形成问题上,杜威既反对将其简单理解为被动填充的过程,也反对无视社会环境的纯粹自由意志活动。他认为人不可以完全不依赖社会环境,但人与社会环境的关系不是事物与装事物的容器之关系。在他看来,习惯具有二重特征,既是主体活动的前提,亦是主体活动的结果。习惯是开放、“重构”的连续过程[②]。任何行为均是习惯

---

① 参见黑格尔:《精神哲学》,杨祖陶译,人民出版社,2006 年,第 188 页。

② 就如行人过马路、在城市中开车的习惯。习惯于在本国遵守交通规则的欧美发达国家中的人到中国后,有一个不习惯到“入乡随俗”形成新习惯的习惯重构。

性行为。我们每个人所面对的问题,主要并不是所谓"合理行为"与"习惯行为"之间的对立而是不同习惯之间的对立,是"因循守旧"习惯与"理智习惯"之间的对立。①,我们的行为选择,并不是在(内在或外在)某种习惯的道德权威之间的选择,而是在较多还是较少地采取"有理智且有意义的"各种习惯之间的选择②。习惯是可塑的。习惯的"可塑性"是主体"从经验学习的能力"。这种从经验学习并获得的东西,"有助于应对后来处境"。主体在日常生活中的经验以及从经验中学习的能力,使得主体及其习惯不断被重构。

学习的过程是形成记忆的过程。习惯形成的机理是记忆。习惯是对"人类精神"及其历史的记忆。记忆具有理解与意义的特质③。根据黑格尔的看法,记忆不是对经验的外在现象保存,而是对经验的"内在本质"的保存。④ 因而,习惯一旦形成,就成为人们用以判断事物合理与否的"天然"价值标准⑤。形成习惯的记忆,是主体的主动学习 - 理解性重构——尽管这种主动有时以不自觉的方式呈现。主体既有的经验、既有的文化 - 心理结构、既有的价值立场、既有的生命体悟,选择了记忆的具体内容。在此意义上,习惯的形成过程又是一选择性记忆过程。它是主体自由构造的结果⑥。

柏拉图、亚里士多德、黑格尔等之所以强调要生活在"良好法律的国家",关键在于:只有生活在"良好法律"的环境中,我们才能形成好

---

① 参见费什米尔:《杜威与道德想象力:伦理学中的实用主义》,徐鹏等译,北京大学出版社,2010 年,第 7、20 - 21 页。

② 参见费什米尔:《杜威与道德想象力:伦理学中的实用主义》,2010 年,第 16 页。

③ 参见杜威:《哲学的改造》,许崇清译,商务印书馆,2009 年,第 1 - 4 页。

④ 黑格尔:《精神现象学》(下),贺麟、王玖兴译,商务印书馆,1987 年,第 274 页。

⑤ 参见高兆明:《存在与自由:伦理学引论》,南京师范大学出版社,2004 年,第49 - 50 页。

⑥ 柏拉图"洞穴隐喻"中就隐含有真理、视野、眼光间关系的哲理。

的习惯，进而形成好的第二天性，拥有美德。道德人格、美德总是与社会文化交织一体。个体美德的形成是文而化之、成为“有教养”的个体的过程，它是社会的“文化重构”过程。这一过程，既是个体在社会生活中接受生活共同体文化、形成美德，进而成为社会共同体中鲜活一员的过程，亦是其自觉、主动参与社会文化重构的过程。就个体美德形成而言，在美德形成的这一“文化重构”过程中，个体并不是简单地单向接受，而是具有主动性的能动构建活动。我们并不是纯粹的“白板”，我们总是具有某种意识、文化，我们总是根据既有的认识理解当下的经验，形成自己的判断与选择，并丰富既有的认识与理解。所谓“良好法律”，无非是质与结构两个方面的规定。质的方面是善法而非恶法，结构方面是如黑格尔所说的有机体系，而非支离破碎、彼此抵牾的。当我们生活在“良好法律”的国家中，不仅社会法律制度、规范秩序在质上是好的，而且我们在日常生活中对这种法律秩序的经验感受是逻辑一致、可信赖的。在这种伦理共同体中生活，我们不仅具有安全感，而且人性本身会因这种安全感而能合乎天性地自然生长。在这里，我们自然会形成作为第二天性的美德。相反，如果是生活在一个并非“良好法律的国家”，我们就会通过经验生活的体验性学习，养成另一类型的习惯，或者泯灭、或者扭曲自己的天性，形成恶、伪善、麻木等的品格。

当然，我们可以说一个具有崇高心灵的人可以不为环境所动，执着道义——这就如康德绝对命令、孟子君子人格所要求的那样。然而，问题的关键是：即便是这样一位品性高洁、心灵高尚者，也是生活世界教育的结果，而非天生——这就如中国古代“孟母三迁教子”故事所揭示的那样。康德的绝对命令是要为道德法则奠基，是要通过纯粹理性确立普遍有效性的道德法则。但是，康德并没有回答人在世俗经验生活中如何获得纯粹理性、实践绝对命令的问题。黑格尔就批评康德的为义务而义务思想，认为其空洞。

美德形成对“良好法律的国家”的要求,即是对好的伦理共同体的要求。这就内在地提出了美德与伦理共同体的关系问题。

二、美德与伦理共同体

什么样的国家或共同体是具有“良好法律的国家”或“好”的共同体?

柏拉图在《理想国》中曾表达了一个重要思想:城邦秩序与个人灵魂的同构①。对这一思想的解释可有两个基本方面:个人灵魂对于城邦秩序的意义,以及城邦秩序对于个人灵魂的意义。柏拉图讲个人灵魂与城邦秩序同构,更多的是以城邦正义(和谐秩序)直接规定个体善。在柏拉图看来,公民在正义的城邦中形成正义的品德。柏拉图将城邦理解为一有机体,公民各行其是、各尽其职、各得其所,和谐一体,即为城邦正义。智慧、勇敢、节制、正义四主德,既是城邦正义秩序,亦是个人美德。

亚里士多德承袭了柏拉图城邦秩序与个人灵魂同构的思想。亚里士多德将美德理解为是卓越、优秀,并认为公民是在城邦引导下过优良生活的过程中形成优良品质。更为重要的是,亚里士多德将伦理共同体的“好”、“优良”与人民的幸福生活紧密联为一体。他认为:“最优良的政体……必须是一个能使人人……尽其所能而得以过着幸福生活的政治组织。”②这里有两点值得特别注意:其一,人民的“幸福生活”是判断优良政体的根本依据与标准。其二,每一个人的幸福生活,而不是城邦中的一部分人的幸福生活,才是好的城邦政体。这样,亚里士多德

① 参见柏拉图:《理想国》,郭斌和、张竹明译,商务印书馆,2010年,第172-173页。
② 参见亚里士多德:《政治学》,1995年,第339、344页。

就事实上表达了一个思想：人民是在过幸福生活过程中形成优良品德。古希腊哲人关于在过优良城邦生活中成为优良公民、形成优良美德的思想，成为欧洲的一种文化传统。

众所周知，马克思在批判资本主义社会制度时曾提出自由人联合体思想。自由人联合体的自由是普遍自由。马克思在谈到无产阶级的历史使命及其优越性时讲道：无产阶级要上升为统治阶级，但是无产阶级如果仅仅使自己上升为统治阶级，那么，仍然是特殊、部分人的自由，就与资产阶级无异。无产阶级上升为统治阶级的目的，是要消灭包括自身在内的一切阶级，实现普遍自由。

马克思关于自由人联合体、理想共同体的普遍自由思想，秉承了德国启蒙时代以来的思想精华。康德、黑格尔的哲学思想均以自由的普遍性为特质。康德提出了人是目的、强调权利与义务的统一，否定等级与特权。黑格尔则以自由为基本价值立场，寻求人类历史的自由及其实现可能。黑格尔的《法哲学原理》可以理解为是一部关于自由及其秩序的专门著作。在这部书中，黑格尔将作为伦理共同体的国家理解为地上行走的神，是自由理念的现实化。伦理共同体以法权人格平等为前提，人人权利平等；每个人都有精神意志自由，自主自抉自律，听从良知，追求至善；这些具有自由精神的平等人格，在日常生活的每一个领域（家庭、市民社会、国家公共政治生活等），都能实现权利－义务的统一，都能在特殊规定性境遇中实现自由权利，自由地生活。在家庭生活有亲情之爱，在市民社会中有平等互惠、我为人人，人人为我，在公共生活中有公民自由权利平等。在他的理解中，在作为自由理念现实存在的伦理共同体中，个人自由与类的自由达至统一，个人自由精神（美德）与类的自由生活秩序（正义）实现完美统一。

根据黑格尔的理解，美德中有“我”的意志、“我”的欲望。美德的形成或实现过程，既是欲望摆脱纯粹生物冲动自然性成为理性一部分的过程，亦是人在欲望追求中实现生命意义、自由生活的过程①。人的欲望不同于动物的欲望。动物的欲望是被规定的，是纯粹的“生存”、生命的“续保”。人的欲望则建立在自由意志基础之上，具有价值性。人的欲望满足既需要主体的创造性活动，亦需要被他者“认可”、承认②。欲望通过想象、意愿，通过理性升华为意志目的，并成为希望。正是希望成为推动我们行动的内在驱动力③。有希望就有意向性内容，就有追求与期待。事实上，我们每个人都有自己的欲望与期待：希望生命健康、精神自由，希望住有所居，食有所物，少有所教，老有所养；希望自己的正当财富不被掠夺，自己的正当权利不被侵犯；希望周游世界，享受生活本身的美好，等等。期待是种梦想。伴随着期待的是不安、希望乃至恐惧、绝望等心理情绪及其体验。④ 我们通过快乐、恐惧，体验、理解当下的生活经验，并加以记忆。我们通过这种记忆将当下的经验融入未来，重构我们的习惯，丰富乃至重构我们对生命意义的理解。如果等待我们的是合理期待，是安全、快乐、信任、尊严等等，而不是恐惧、无助、绝望、屈辱，我们的心灵精神就会合乎天性地蓬勃生长，我们的人格就会健全。

美德当然包含着义务及其履行。根据黑格尔的看法，义务从伦理共同体中获得规定。但是，重要的是，此伦理共同体一定是个人的，而不是吞噬个人的。即，此伦理共同体是个人自由生活的实体，它不排斥个人的自由权利，相反，个人自由权利在其中得到实现⑤。一个好的伦

---

① 参见黑格尔：《法哲学原理》，1982 年，第 13 - 14、22 - 23、110 - 114 页。

② 参见纳塔莉·沙鸥：《欲望伦理：拉康思想引论》，郑天喆等译，漓江出版社，2013 年，第 13 页。

③ 参见布洛赫：《希望的原理》，梦海译，上海译文出版社，2012 年，第 29 - 32 页。

④ 参见布洛赫：《希望的原理》，2012 年，第 112 - 118 页。

⑤ 这样，关于黑格尔以良心作为道德向伦理过渡的环节，就会有新的发现。这不仅仅是通常人们所理解的主观道德须有客观伦理内容，更为重要的是主体良知的主观见之于客观的现实活动。这种现实活动包含了出于良知改变不合理社会现实的革命实践。

理共同体是有正义价值与正义秩序的伦理共同体。在这个共同体中，人们能够对自己的行为有合理预期。能够合理预期自己的权利得到有效保护，自己的人格尊严得到足够尊重。人们不再时刻担惊受怕，不再担心权利受伤害、尊严受践踏、生命无保障、公理无处诉，人们不再生活在恐惧状态之中。这样的共同体，才可能说得上是好的共同体。

"好"的共同体是一种客观社会结构及其制度安排。在这种社会结构及其制度安排中，贯穿了一种自由、人性的价值精神。正是在这"好"的共同体中，我们每一个人形成好的习惯，并拥有美德。

三、美德与制度正义

每个人在社会上都有身份认同、人格及其规定性的问题。根据泰勒的看法，每个人的活动都有两个无法选择的背景性安排：作为背景性安排的制度框架，以及作为背景性安排的价值框架。正是这两个背景性安排，决定了我们的文化价值、身份认同与行为方式。作为背景性安排的制度框架，决定社会基本权利－义务的分配方式。正义是制度的首要价值。作为背景性安排的价值框架，是社会的主流价值精神。经过启蒙的现代社会，尽管人们对这些背景性价值可有诸多不同的具体理解——这些只是具体理解、表达上的具体差异，但就其要义言均大同小异，在总体上是坚持自由、人权、人道等基本价值精神。泰勒将尊严、自尊、尊重理解为现代社会的背景性价值框架①。尊严、自尊、尊重，实为自由、人权、人道等的一种具体表达。何为自由、人权、人道？有尊严

① 参见泰勒：《自我的根源：现代认同的形成》，韩震等译，译林出版社，2001 年，第 19－21 页。对于泰勒道德价值三轴心的理解，本人在泰勒基础之上做了某种修正。具体请参见高兆明：《人道主义：谋划与生活—关于中国道德现状认识的方法论问题》，载《哲学研究》2013 年第 2 期。

地生活,是彼此尊重、有自尊感的有尊严生活!

尊严、尊重、自尊作为现代社会的基本价值框架,渗透在我们的日常生活中,我们在日常生活的每一个具体环节都能生动地感受到这种价值的存在及其意义。尊严作为社会基本价值,不是言说的,也不是一般道义要求上的,而是在社会生活中事实上居支配地位的价值精神。它标识人们有尊严地生活,拥有有尊严生活的基本条件。人们不因贫困、饥饿、疾病而丧失做人的尊严与人格,不因身份差异而被歧视、奴役,不因正当财产可以被任意侵犯剥夺而提心吊胆、坐卧不安。

"有尊严生活"之"尊严",不是社会某些人的,而是所有成员的"尊严"。这种尊严内在否定了身份等级制。我们现在都在要求平等、反对不平等。其实,封建社会也有平等,不过,那是等级内部的平等,等级之间的不平等,是特权平等,而不是普遍平等。现代社会的平等,是普遍平等,而不是等级平等或特权平等。这样,有尊严地生活就是社会每一个成员都有尊严地生活。对于社会成员而言,就是彼此尊重,尊重对方存在的平等权利与尊严,每一个人都是目的。我们每一个人的尊严在彼此尊重中实现。不仅如此,我们每一个人都会珍惜这种有尊严地生活,因而,都会尽己所能地发挥自己的创造性能力,使自己配享尊严,并获得他人发自内心的敬重。

有尊严地生活,被他人尊重,使我们拥有自尊。我们不会因为外部的蝇头小利而蝇营狗苟,相反,为了维护自己的尊严与自尊,我们会竭尽全力。我们在有尊严地生活中养成尊严、自尊、尊重的美德,塑造出有尊严的人格。这种美德,是人道、自由、权利等精神在我们心灵中的充盈激荡。

不过,值得特别注意的是,这两个背景性框架是如此交织纠缠一体,以致人们无法将彼此截然分开。背景性的价值框架就存在于背景性的制度框架之中,并通过背景性制度框架获得保证;背景性制度框架从背景性价值框架中获得自身存在的合理性根据，并拥有生命与灵魂。我们日常生活中的这两个背景性框架，彼此渗透，互为支持。作为社会背景性价值框架的社会主流价值精神，当然要通过社会文化意识形态显现。然而，真正能够作为社会背景性价值框架、成为社会主流价值精神存在的社会价值，不仅仅存在于社会文化意识形态中，它还渗透、贯穿于社会日常生活的每一个具体方面，并通过社会基本制度、通过社会权利－义务关系显现自身。任何制度框架都内在地具有某种价值精神，都有某种价值引导。一般说来，社会日常生活的具体制度，更能准确呈现社会真实的主流价值精神及其价值引导。言说的、作为意识形态的价值精神，如果与渗透、贯穿于日常生活具体制度中的价值精神不一，那么，这种渗透并贯穿于日常生活具体制度中的价值精神，才是这个社会真实占主导地位的主流价值精神。在日常生活具体制度的价值精神面前，那些言说的虚假意识形态会轻易地显露出虚假性。人们正是从日常生活的具体体验中，感受并认知这个社会的真实主流价值精神或作为背景性存在的价值框架。

我们从自己的日常生活中体验到是否有尊严、尊重与自尊，体验到人格、正当的权利是否被尊重。当日常生活中的具体制度安排使人们感受到正当财产有可能被掠夺，感受到家庭、婚姻等并不真的被作为社会核心价值对待时，这种社会文化就会以某种特殊的方式在我们的心灵中重构。

过有尊严的生活不能没有规则。有规则即有法度，可以合理预见、预期，可以在合理预见、预期基础之上做出恰当行为选择，减少或免除因不确定性而产生的恐惧。然而，仅仅有规则的生活还可能是有恐惧的生活。恶规则之下的一切可合理预见、预期，都是反人性的（如好人没好报，好人活得很艰难），都是不服从即死亡。在这种规则之下所形成的，只能是强烈的恐惧感。此恐惧下所塑造出的更多的是奴性、反人性或扼杀人性。只有有规则且有尊严地生活,或者换言之,只有过有尊严的有规则生活,才能使人性近乎自然地生长,人性的灿烂之花才能近乎自然地绽放。

有尊严地生活即为好的生活。这样,在做一个好公民、过好生活过程中形成好的品格,就演化为在过有尊严生活中形成好的品格。

现在我们可以进一步提出并思考一个更为基础性的问题:现代社会的道德坚实基础究竟是何?在人类既往历史上,道德的基础曾经或者奠基于超验神秘神圣力量,或者奠基于风俗习惯,或者奠基于理性与良知。启蒙运动杀死了上帝,超验神秘不再能够作为道德的坚实基础。按照黑格尔的说法,风俗习惯缺少确定性,因而,也不能为道德提供坚实基础。康德试图通过绝对命令的方式,确立起普遍有效的道德基础(中国古代阳明心学大致亦属此),但这种普遍性绝对命令所带来的却是另一种景象:良心名义下的任意,在普遍性之下的杀戮。20 世纪两次世界大战就是明证。黑格尔关于良心纯粹主观任意的揭示,则是从思辨立场对此做出的理论回答。当代人类社会道德究竟有无基础?如有,此基础的客观坚实性何在?如果我们不能对此有清晰、准确、合理的回答,当代人类的道德大厦就会进一步崩塌。至少历史向我们表明,在现代性过程中,人类道德基础在经验生活中正持续向两个方向转变:其一,幸福生活。这是奠基于对人的欲望正当性、合理性辩护,以及对这种正当性、合理性限度反思基础之上的一种道德奠基。当然,这是普遍、每一个人的幸福。其二,人权。这是奠基于反抗强权暴力、维护每一个个体生命及其尊严基础之上的一种道德奠基。而欲望本身有一个正当性及其限度问题,此正当性限度,用黑格尔的话说,只能是"自由只能为自由自身所限制",是他者的存在及其权利。这样,从幸福生活为现代道德奠基的寻求出发,结果只能导向从权利或人权来为现代道德奠基。人权为现代社会的道德提供坚实基础。无论是作为背景存在的制度框架，还是价值框架，其核心是人权，是人的尊严。

我们是否生活在一个合乎人性的、正义的生活世界中？如果在这个生活世界中，人们充满希望，权利受到尊重，过着有尊严的生活，家庭作为核心价值受到尊重，正当财产受到有效保护，那么，在整体上，人们还有什么理由不能被塑造成为具有美德的好公民？还有什么理由为了身外之物去藐视与破坏家庭价值？

回到本书开始所提出的具体现象。至少对大多数当事者而言，在突然面对征收巨额税收的社会治理政策时，为了维护家庭正当财产，充分利用政策，选择特殊手段，包括所谓“假”离婚，这种行为不仅是可以解释、正当的，而且甚至也可能是善的——可能是对家庭财富、家庭价值的一种特殊维护方式。当然，如果人们经常面临这种为了保护自身正当权益，包括家庭正当财产，不得不做出此类尴尬选择；如果爱不得不选择以伤害家庭、爱、人性的形式出现，久而久之，家庭、爱、人性的价值就会在不知不觉中被销蚀，本应为我们极为重视的价值，如家庭、人性、爱等，就会从我们灵魂深处悄悄溜走。如果我们要谴责做出这种选择的那些当事者个体，那么，我们在做出谴责以前，应当充分理解他们为家庭、爱而不得不做出的无奈选择。我们与其谴责这些当事者，莫如首先反思迫使人们放弃尊严与道义、迫使人们做出这种选择的这个具体社会治理手段。任何具体社会治理手段都有价值导向作用，都应当引良向善。应当高度重视对社会治理手段选择的人文价值评估。

写于 2013 年 4 月 13 日

导　论

无论我们基于何种道德价值立场，使用何种词语，我们都无法否认当今中国存在严重社会道德失范现象这一基本事实。假冒伪劣泛滥，伪善虚假成灾；暴戾横行、邪恶猖獗、草菅人命、惨无人道，绝非偶见；欺诈蒙骗、寡廉鲜耻、人格分裂亦非个别现象；仁慈同情心被戏弄，阴险奸诈多得逞，好人没好报，坏人常当道，等等。道德价值观扭曲，道德现状混乱，恰如同天空中厚重阴霾一样，社会风尚中弥漫着某种令人窒息的气氛。我们这个民族向何处去？未来何在？我们的精神世界何以如此？我们的灵魂何以能够再生？我们的社会风尚何以清明？这样一些问题压在每一个有所责任担当的中华儿女心头。沉甸甸，难以释怀。我们的物质财富在短期内有了梦幻般的涌流，我们的物质生活在总体上有了空前的改善，然而，我们的精神世界仍然是那么苍白空虚，我们的灵魂与身躯极不相称。甚至我们拥有的财富本身亦成为我们的重负——它是我们这个民族走向自由的推进器，还是桎梏我们灵魂的枷锁，是凝聚全民族的凝聚剂，还是分裂民族的分裂剂？我们要真正挺立于世界先进民族之列、赢得世界各民族心底敬重，其路漫漫。

收拾道德人心，重振民族精神，这是中华民族重新崛起过程中必须完成的历史重任。恰如良医治病，须先察其病因、知其病症、对症下药、标本兼治一样，收拾道德人心、克服道德失范，亦须先察其基本成因，明其大道。中国数千年来，对于社会历史现象——包括道德现象的认识，占主导地位的思维框架一直是心性为本根，借思想、文化以解决问题的方法，即便是以与传统全盘决裂为标榜的五四运动，亦未跳出这个罗网。制度、制度建设对于社会历史进程尤其是现代化进程重要性的认识，始终未能居主导地位。即使是马克思主义传入中国后，即使是马克思主义强调社会经济基础对于全部社会生活具有决定性作用，强调思想道德优先性的中国传统思维模式也未受到根本冲击。相反，中国化了的马克思主义通过强调社会意识对于社会存在的反作用，而事实上被传统思想模式所同化①。在现代化建设过程中，流行一种看法，似乎通过道德启蒙、思想宣传、心性感召，就可以使中华民族克服积弊，进入新的历史时代。然而，现实又以极为严肃的方式令人们无法回避地直面并怀疑这种思维框架的合理性，要求人们别开新路。中华民族应当如何选择自己的现代化进程？当代中国又应当如何在症结交织中选择走向现代化的具体道路？如何克服所面临的日益令人们担忧的普遍社会道德失范现象？每一个有良知与责任感的中国人，都在为此苦苦思索，疾呼陈案。在这种思索中，人们的视野也开始日益注重宪法法治国家建设。现代化建设的实践，将制度在社会历史发展中的重要地位，推到了理论与实践的焦点上。取一种新的视角，从制度供给的角度认识问题，构建一种新的思维框架，已是势所必然。

事实上，20 世纪 90 年代初，中国国内思想界基于两个方向努力所提出的“制度伦理”概念，就以一种特殊的方式表达了这种认识。人们已经以自己的方式提出了制度创新、制度变迁，及隐藏在制度创新、制度变迁背后的更为一般的“制度善”的问题。人们已开始自觉在制度建设的视野中理解道德失范现象与道德建设，反思道德规范自身的合理性及其有效性，明确提出了在改变日常生活秩序过程中改变人的心

① 对此，林毓生在《两种关于如何构成政治秩序的观念——兼论容忍与自由》一文的长篇注释 1 中作了极有见地的论述。载其著：《中国传统的创造性转化》，北京三联书店，1988 年。

灵秩序、社会日常生活秩序与心灵秩序同构等重要思想①。

毫无疑问，罗尔斯的《正义论》将当今人类关于制度公正问题的研究推向了一个新阶段。然而，罗尔斯的工作，在研究对象上，是以其所生活于其中的已经实现了现代化的西方发达国家为对象鹄的，试图回答发达国家向后现代化过渡中所遇到的问题，而不是以正在向现代化迈进的为数众多的晚发国家为基础，研究晚发国家迈向现代化过程中的问题；在思想资源上，是以西方文化传统为养料，以西方文明数千年历史中成长起来的民主法治思想，以及启蒙运动以来所确立起的天赋人权思想为前提，而不是以东方特殊的历史进程及其古老的人文精神为现实前提；其研究工作重点，是探究在已经实现现代化并建立起巩固的民主法治社会秩序基础之上，如何克服社会生活中所暴露出来的弊端，使现代化本身得以发展完善，而不是如何实现现代化，如何克服走向现代化过程中的问题与弊端，克服由于社会结构转型、民主法治不完善而出现的社会生活中的失范无序现象。所以，罗尔斯的工作尽管对于研究晚发国家现代化过程中的社会公正问题有极为重要的参考与借鉴意义，但是却并不能代替对于晚发国家自身现代化过程中社会公正问题的研究。晚发国家在现代化过程中的社会公正问题，是人类在21世纪有待解决的重大课题之一。

尽管本研究围绕制度公正展开，但本研究所指向的并不是制度公正本身，其旨趣并不是探究何为制度公正，而是从制度的角度来理解社会道德失范现象，探究什么样的制度才能使人性自然健康生长、社会风尚清明，其旨趣是通过对道德失范现象的理解，寻求克服道德失范现象的有效途径。当然，换个角度言之，本研究也确实是对制度公正的专门

① 关于“制度伦理”概念的提出及其历史内容，笔者曾有具体论述。具体详见高兆明：《“制度伦理”与制度的“善”》（《中国社会科学》2007年第6期）；《制度伦理研究：一种宪政正义的理解》，商务印书馆，2011年，第36－40页。

思考,其努力揭示的只不过是:"好"的制度,或者能够配称之为"好"的制度,是能使人性自然健康生长的制度。

一、人类文明进程中的中国现代化建设

21 世纪人类将面临的最基本问题之一是现代化(modernization)问题。现代化既指一种人类文明的历史过程,又指人类文明的一种历史发展阶段,它的核心是一种建立在现代大工业基础之上的社会生活范型①。现代化以现代性(modernity)为核心。现代化是一个社会学、历史学范畴,现代性则是一个哲学范畴。现代性标识的是一种异质、独特的现代文明与生活特性,它相对于人类文明的传统特性而言。现代性首先表达的是这种异质、独特的现代文明与生活特性对于传统文明与生活特质的一种断裂,并隐含着一种价值上的超越与优越,意味着一种文明的历史性进步。因而,现代性标识的不仅是人类文明进步过程中的两个不同历史阶段,不仅仅是现代对于传统的一种断裂与超越,更是现代(生活范型)对于传统(生活范型)的一种价值优越。

21 世纪人类社会面临的现代化问题有两个疏中有同的方面:先发国家的后现代化与晚发国家的现代化问题②。发达国家经过数百年的

---

① 美国比较现代化学者布莱克认为:人类历史上有过三次伟大的革命性转变,一次是人类社会的出现,另一次是人类从原始状态进入文明状态,再一次就是从农业文明过渡到工业文明。第三次转变过程被理解为现代化过程。布莱克的这个观点总体上是合理的,但是必须作必要的补充或修正:仅以工业文明作为现代化的标志是不够的,现代化是以工业文明为代表的、包括以信息技术为基础的信息文明在内的历史过程与生活范型。参见布莱克:《现代化的动力:一个比较史的研究》,浙江人民出版社,1989 年,第 1 – 4 页。另关于"现代化"概念的理解可参见 A. R. 德赛:《重新评价"现代化"概念》,汉斯 – 于尔根·普尔:《欧洲现代化与第三世界》,载亨廷顿等著:《现代化理论与历史经验的再探讨》,张景明译,上海译文出版社,1996 年,第 26 – 27、310 页。

② 这里的"先发"、"晚发"国家既指人类历史中事实存在的现代化时间次序,也指已

历程，实现了现代化，获得了高度的物质繁荣，然而，它们又面临着现代化本身所带来的问题与苦恼，这正是当代后现代主义理论兴起的历史内容。后现代批判理论以一种尖锐的方式提出了现代化国家的历史发展方向问题。后现代理论所抨击的发达国家现代化中的两极对立存在模式、彼此孤离的生活方式、机械主义的组织结构、实利主义的价值追求[①]，并不仅仅是当代发达国家的现象，而是人类历史通过先发国家所体现出来的现代化过程本身的二重性。这种二重性以一种特殊方式向包括晚发国家在内的全人类警示：必须关注现代化（已经现代化与正在现代化）中的人类历史命运。如果我们坚信人类历史是发展、进步的，并坚信人类能够凭借理性能力于荆棘丛生处开辟出一条前进的道路，那么，我们就应当同时反思整个现代化过程。

与先发国家现代化后所面临的问题相比，晚发国家现代化过程面临的问题更为艰巨复杂。它们不仅要实现经济的现代化，而且要克服诸如亨廷顿所说的社会秩序动荡和政治衰朽等问题[②]；不仅要完成现代化的历史使命，而且要正视现代化后的问题；因而，它们现代化的过程也不再是传统的历时性，而是时空经过高度压缩了的共时性[③]。更为重要的是，几乎所有晚发国家步入现代化的过程，总是首先从摆脱殖

经实现了现代化与正在进行现代化的区别。这里的“后现代化”概念，并不是指称独立于现代化历史过程以外的另一个历史过程，“后现代化”仍然属于现代化本身中的一个具体阶段。同理，“后现代性”概念并不是指称“现代性”以外的另一个完全独立的事物，它只是标识现代性社会本身中的一些新的特质，这些特质是人类在现代性文明生活世界中必须格外重视的。

① 参见 D. R. 格里芬：《后现代精神》，王成兵译，中央编译出版社，1998 年，第12－20 页。

② 参见亨廷顿：《变化社会中的政治秩序》，1988 年。

③ “共时性”既是后发国家现代化过程中的优势（可以借鉴先发国家的经验教训，避免较大的曲折，乃至可以在某些方面通过某种跳跃式的发展方式，加速现代化的进程），也是后发国家的弱处（诸如在实践中将同一问题的两个对立方面同时提出与关注，这既对现代化过程提出了严格的“中道”要求，也为某种阻扼现代化力量的存在提供了可能）。

民地统治、争取民族独立与解放开始。争取民族独立与解放，是晚发国家现代化中的有机环节。

中华民族追求现代化的历史已有一个多世纪①。1840 年以来，中华民族经过艰苦卓绝的斗争，推翻了半封建半殖民地统治，赢得了民族独立，获得了发展现代工业的可能前提，奠定了发展现代化经济、政治、文化事业的现实基础。中华民族在获得民族独立基础之上，经过艰难曲折、代价深重的探索与奋斗，终于步上了现代化建设大道。我们只有置于中华民族追求现代化的宏大历史背景中，才能完整理解中华民族的近代史，深刻洞悉当代中国所发生的变化。中华民族近代以来的历史，是一部争取民族独立与解放的历史，是一部在民族独立基础之上探索走向现代化的历史。在某种意义上可以说，中华民族近代以来的历史是所有晚发国家走向现代化过程初始阶段的缩影，当代中国正在进行的伟大变革是所有晚发国家探索现代化道路的典型代表。研究当代中国现代化建设过程及其问题，在一定意义上就是在研究 21 世纪晚发国家现代化的途径与基本特征，就是在把握 21 世纪人类现代化的基本脉搏，前瞻 21 世纪人类社会的现代化运动。

社会现代化的过程，就是农业文明向工业文明、前工业社会向工业社会的转变过程，伴随着这个过程的是社会生活范型的转变。两种生活范型的转变意味着两种生活规范方式、两种社会价值体系、两种存在意义系统的更替。这种社会生活规范方式、价值体系、意义系统的更替，既是彻底价值批判的过程，亦是历史的自然过程。这样，在现代化过程中出现包括道德失范在内的社会失范现象就是自然的。然而，现代化的生活方式又应当有其内在的秩序与规范。在某种意义上，现代

---

① 1840 年既是中国近代史的开端，也是中国漫长现代化过程的启始。有些学者甚至将中国的现代化史从 1800 年算起。参见许纪霖、陈达凯主编：《中国现代化史》第 1 卷（1800－1949），上海三联书店，1996 年。

化确立的标志就是新的社会交往秩序与价值规范体系的建立。所以，现代化的过程就应当是克服社会失范现象、建立新的社会交往秩序的过程。布莱克曾将现代化的一般过程归纳为四个阶段：现代性的挑战、现代化领导的稳固、经济与社会的转型、社会整合①。这四个阶段的要义其实就是：在回应挑战的基础之上实现社会文明结构转型，或者说是成功回应挑战，而这恰恰是汤因比所深刻揭示的文明生长方式②。隐含在这个进程中的基本前提是：在现代化过程中，社会由于既有结构秩序的被打破，必定会出现某种无序，必然会有一个由无序向有序过渡的内在压力，因而，必须实现社会结构的重构。人们在日常生活中体验到当代中国正发生深刻变化的同时，也强烈地感觉到某种社会秩序的失落，以及某种社会价值意义系统的缺失。包括道德失范在内的社会失范是一个经验事实。承认这个事实本身并不困难，甚至也不重要，重要的是如何合理地说明这个事实，并在此基础之上重建新的生活秩序，重构具有普遍效准性的价值意义系统。

每个民族都有自己的历史，因而，也都有自己的现代化道路。不过，正如前述，走向现代化的人类各民族，大致可以分为先发与晚发两类，且这两类又分别有各自相对一致的特点。先发民族基本上是以古希腊文明为源头的西方民族，它们有着悠久的民主、法治、个性等文化传统，它们通过市民社会的发展，从内部萌生出现代工业文明，走向现代化。而晚发民族相对说来缺少民主、法治、个性等文化传统。近代以来，在帝国主义、殖民主义世界历史背景之下，它们又缺少内生出现代

---

① 参见布莱克：《现代化的动力：一个比较史的研究》，景跃进、张静译，浙江人民出版社，1989 年，第 60 页。

② 在汤因比看来，文明的生长就在于能够不断对于新出现的挑战进行胜利的应战，文明正是在这种胜利的应战过程中进步的。参见汤因比：《历史研究》（下）郭小凌、王皖强译，上海人民出版社，1986 年，第 456 页。

工业文明的充要条件，且它们所面临的争取民族独立的斗争要求，事实上造成了强力民族政府，并首先取自上而下推进现代化进程的实践方式①。晚发民族的这一特征，凸显了晚发民族现代化过程中的另一特殊性：制度供给作用的突出。制度供给是理解、解释晚发国家现代化过程中秩序失范与秩序重建的重要机制之一。

当代中国现代化过程中存在的社会失范（包括道德失范）现象，既是两种生活范型转换过程中的必然，又是制度有效供给不足的表现。克服现存的社会失范现象固然是一系统工程，需社会诸领域的协同作用，然而，加强制度有效供给则是其关键。因为，首先，在两种生活范型更替时期，社会生活秩序失范的基本原因是制度有效供给不足：旧的生活秩序及其价值系统被打破，新的生活秩序及其价值系统有待建设。其次，新生活范型稳固确立的基本标志是新的交往关系、生活方式的制度化、法治化，以及与其相适应的新价值系统的确立。再次，自上而下有组织的现代化运动，不仅须通过强力政府的一系列有效制度供给而保持其有序性，而且这种自上而下的有组织现代化运动必须有来自自下而上的推动、补充，因为只有自下而上与自上而下两种力量的互动、统一，才能使现代化进程保持健康、良性。而要做到自下而上与自上而下两种力量的互动、统一，社会必须提供或确立一个如同罗尔斯所说作为背景性存在的基本框架，使之规范有度。

这样说，并不是怀疑或否定社会价值系统的作用，更不是意味着在现代化过程中可以置道德于不顾，而是要强调社会价值系统的现实效准性。事实上，无论何时，一个社会总是有其特有的居主导地位的社会价值系统，并借以区别于其他时代。就其根本言，社会价值系统是非言

---

① 参见富永健一：《“现代化理论”今日之课题——关于非西方后发展社会发展理论的探讨》，载亨廷顿等著：《现代化理论与历史经验的再探讨》，1996 年，第 120 页；亨廷顿：《变化社会中的政治秩序》，1988 年。

说性的，而是作为灵魂渗透并存在于日常生活秩序的每一个具体活动过程中。言说的社会价值系统可能具有虚假性，未必是真实的。只有渗透并存在于日常生活秩序中的价值系统，才具有现实效准性，并对民众有潜移默化塑造功能。没有价值意义系统的现代化，社会现代化是不可思议的。然而，问题的关键在于，如何使社会价值意义系统现代化，或者进言之，如何克服社会现代化过程中的道德失范现象？

就社会成员美德塑造而言，生活秩序优先于心灵秩序，制度正义优先于个体美德。我们曾习惯寄希望于理想灌输与说教打动，但经验事实已证明，这在目前至多是一种良善愿望，虽美好却柔弱。如果一个社会作为背景性存在的制度框架以及与制度框架相匹配的价值框架是混乱乃至扭曲的，如果人们的日常生活秩序是紊乱乃至不公正的，那么，在普遍意义上就很难指望这个社会的成员具有健全人格、善良德性。确实，我们生活于其中的这个社会失却乌托邦的理想与激情，过于实利，一个没有乌托邦理想与激情的社会是缺失超越性可能的社会（正是在这个意义上，我们希望这个世界荡漾起一种乌托邦的理想精神，追求正义，追求真理，追求善美，荡涤贪婪暴虐、唯利是图浊流，还世界一股清风；我们应当铁肩担道义，献身真理，造福人类，为天地立心，为生灵立道，继绝学，开太平），然而，只要我们敢于直面现实就不得不承认，在结构性转型时期，当道德失范成为一种普遍社会现象时，问题的关键就不在于社会成员个体，而在于作为整体的那个社会结构自身，在于社会成员生存于其中的那个生活世界。没有生活世界的公平，就不可能有普遍的道德清明，没有生活秩序的正义，就不可能有社会成员心灵秩序的良善。我们在过好生活的过程中成为好公民。在社会转型时期追求道德文明，应当将我们的视野首先对准社会结构及其定型化、实在化了的制度公正问题。

二、基本理念阐释

1. 社会转型

“社会转型”(social transformation)是“社会结构转型”(the transformation of social costruction)的简称。

“社会结构”不能简单地被理解成社会构建的框架。“社会结构”是一个总体性概念,指的是具有相对稳定功能体系的社会存在范型①。这个存在范型使社会生活中的各个具体制度、规范要求达于系统性的协调匹配。它分配社会的各种基本权利与义务,规导通过社会合作所产生的各种利益分配,呈现社会文化的基本内容并向社会成员提供共享这种文化的基本方式,培育与塑造着社会成员个体自身。因而,社会结构是关于社会正义问题的第一主题②。社会结构作为社会存在范型,具有在时空向度上突破具体有限性而延伸展开的特性。它引导着千差万别的日常生活具体实践,并使这些看似千差万别的具体实践成为一个在时空中延伸的系统性存在③。值得注意的是,虽然社会结构可以形象地理解为社会关系存在的某种框架,以及由这种框架所决定了的社会关系秩序,但是,一方面这种框架在表象上不是实体性的,它

---

① 参见沙莲香主编译:《现代社会学——基本内容及评析》(下),中国人民大学出版社,1994 年,第 74 - 75 页。

② John Rawls, *Political Liberalism*, Columbia University Press, New York, 1996, pp. 257 - 258,270 - 271.

③ 社会“结构指的是使社会系统中的时空‘束集’(binding)在一起的那些结构化特性,正是这些特性,使得千差万别的时空跨度中存在着相当类似的社会实践,并赋予它们以‘系统性’的形式。”参见安东尼·吉登斯:《社会的构成》,李康、李猛译,北京三联书店,1998 年,第 79 页。

只是主体间的关系；另一方面，这种内在秩序不似物理现象那样可以被直接描述，它须通过抽象才能被理解，正是在这个意义上，它是一种如吉登斯所说的“虚拟秩序”①。然而，就社会结构本身是主体间关系，是主体间内在关系的整体性存在而言，结构又是实体性的。因为，只要作为实体存在的主体总是以关系状态存在，这种关系就是实体自身所固有的一部分，离开了主体的内在关系，亦无所谓实体。所以，社会结构还应当被恰当地作为实体来把握，如是，才能真正把握社会结构自身的客观性特质。

社会结构又是一种特殊的规则－资源体系，不过，它是社会再生产过程中起着最基本作用的规则－资源体系范型②。它一方面“记忆”了既有的社会关系体系；另一方面又指导着社会关系体系被不断地再生产，使日常生活交往活动关系不断地被组织成一个有序的关系体系而反复地被再生产出来。这个反复再生产的过程，不是简单地照旧复制，而是一个具有开放性特征的再生产过程，是那种不断被“记忆”并引导活动本身不断进行、且在每一具体过程中再生产出其基本特征的过程。即，它只是保证在日常生活具体过程中社会关系最基本特征的被复制。正是在此意义上，社会结构一方面相对于个人而言是先在的；另一方面它又具有如吉登斯所说的“主体的不在场”之特质③，它作为一种超越于主体的虚拟性存在，为主体提供了一个现实的活动整合框架与规则再生产图式。社会结构对于具体社会成员具有基本的制约与模塑作

① 安东尼·吉登斯：《社会的构成》，1998 年，第 79 页。

② 安东尼·吉登斯将社会结构理解为“社会再生产过程中反复涉及的规则与资源”系统。他此处所说的资源包括配置性资源与权威性资源，前者指的是物质资料方面的，后者指的是社会关系、社会组织方面的。在他看来，二者都是社会基础结构性的，它们的具体内容从根本上制约了社会进程。参见吉登斯：《社会的构成》，1998 年，第 52、378－379 页。

③ 参见安东尼·吉登斯：《社会的构成》，北京三联书店，1998 年，第 89 页。

用。这正如罗尔斯所指出的那样，它“在很大程度上决定着他们想要成为的那种个人，以及他们所是的那种个人”，并“限制着人们的抱负和希望”，因为它“不仅仅是一种满足人们现存欲望和抱负的制度图式，而且也是一种塑造人们未来欲望和抱负的方式。”①也正是由于这个原因，罗尔斯才合理地强调社会结构公正优先于个体善。不过，社会结构既是人具体实践的中介，又是人具体实践的结果，在总体上，它必须且也应当从属于人的实践。这是因为，社会结构本身是人在社会活动过程中所形成的关系结构，只有从人的主体性活动角度才能合理地解释社会结构的起源；尽管社会结构具有某种封闭性特征，但社会结构本身却是进化的，正是主体的能动实践打破了社会结构的封闭性、推进其进化。如果离开了主体的能动实践，社会结构本身也就会在被神话的同时而被僵化，失却其生命力。在这一点上，吉登斯所提出的“结构二重性”理论，强调社会结构与人的活动关系的“制约性”与“使动性”，虽然在具体表述上值得商榷，但在总体上却是合理的。②

这样，一方面，认识社会结构转型就应当且必须抓住那个社会特定的规则系统与制度体制；另一方面，社会结构转型就应当被理解为是社会存在范型的根本变化，且这种根本变化须置于主体实践立场来理解③。作为存在范型的社会结构转型，不是社会某些交往规则、资源系统的局部改变，而是系统整体性的改变。这里有如下意指：首先，社会结构性转变只是发生于社会历史性转折时期，它是一种生活、存在、交往方式向另一种生活、存在、交往方式的跃迁。其次，结构本身有局部

① 参见罗尔斯：《政治自由主义》，万俊人译，译林出版社，2000年，第285页。

② 如吉登斯认为社会结构具有“主体的不在场”特点，相对于个人而言并不是什么“外在之物”的说法，至少在逻辑上欠妥。在什么意义上能够说社会结构不外在于个人？至少社会结构对于个人而言，具有强烈的约束性外在特点。参见安东尼·吉登斯：《社会的构成》，1998年，第89－90页。

③ 参见张雄：《历史转折论》，上海社会科学院出版社，1994年，第194－201页。

与全局整体之分，此处社会结构则是作为社会总体存在之结构。局部性的结构变化并不代表社会总体的结构性改变，尽管这种局部性的结构变化可以通过这样那样的方式对社会总体结构性转变起作用。再次，在发生了根本变化的社会结构中，原有的某些因素并没有消失，但是它们会在一种新的秩序中获得新的规定、拥有新的功能。就社会价值要求而言，社会结构转型并不意味着既有的所有价值要求都失却存在的理由，它更多的是意味着一种新的价值结构关系形成，或者如马克斯·舍勒所说的诸价值本身之间的“优先法则”的变化①。

社会结构性转变类似于汤因比所说文明形态间的更替，是社会发展中的历史性跃迁。这意味着同样一种社会结构的历史形态可以有多种现象性存在，外在现象的改变并不能说明社会本身的历史性变化，只有当存在范型发生根本改变时，社会才会真正发生历史性变化②，社会基本结构的成功转变是社会历史跃迁的基本标志之一。社会基本结构性改变是社会发展过程中的连续性中断，这种连续性中断是社会发展过程中的革命性变化，而不是对历史自身的绝对否定，当然，此转变本身亦是一过程。

对于晚发民族－国家而言，社会结构转型的实质就是由农业文明向工业文明、由前现代化向现代化、由封闭一元性社会向开放多元性社会的转化，一言以蔽之，就是由传统社会向现代（性）社会的转化。这里的现代（性）是在相对于人类既有文明的传统特性意义上而言，表达

---

① 参见马克斯·舍勒：《价值的颠覆》，罗悌伦等译，北京三联书店，1997 年，第51－53 页。

② 中国数千年封建社会不乏改朝换代，也不乏汤武革命，但究其要义，则社会的基本存在范型并没有根本的变化，在那轰轰烈烈的改朝换代背后，乃是以小农经济为基础、以宗法血缘关系为特殊内容的既有社会结构的巍然不动。也只是到了市场经济建设阶段，才真正有可能从根本上彻底否定传统社会存在的根基，并开始新的、建立在现代工业文明基础之上的现代化过程。

的是人类文明演进过程中不同于传统类型的一种新的人类文明类型特质，是传统与现代在文明形态上的二分。因而，当我们在使用现代（性）术语时就意味着：现代（性）社会是对传统社会的异质性超越。这有两个方面的具体含义：一方面，它标示的是文明演进过程中的历史性断裂；另一方面，它标示现代（性）社会相对于传统社会在价值地位上的优越性①。

当代中国正在发生的社会结构性转变，至少就其原初发动言，是在社会经历多次劫难、付出深重代价后，首先是由政府顺乎民意、根据群众日常生活的创造性活动自上而下所启动，并以经济体制改革、社会主义商品（市场）经济建设为切入点。这种变革虽然在本质上是场革命，但是在实践上却并未表现为玉石俱焚的彻底否定性，而是表现出更多的理性、建设性、有序性。至少在最初的设想中，这种有序变革以经济变革为切入点，保持社会基本稳定，在经济发展基础之上推进社会发展，从而既避免社会结构性转变过程中常见的大的社会动荡，又避免由于这种可能动荡对历史性变革本身可能造成的延误。不过，这种自上而下有序变革的顺利推进须有两个基本条件：须有自下而上的广泛社会创造性活力，它为这种变革提供坚实社会基础；须能提供有效的制度供给，它为变革提供一种背景性安排，这种背景性安排一方面能够激发出社会的巨大活力与创造性，另一方面又能确定社会变革的基本方向与基本路径。

虽然社会变革可以在不同的意义上被理解，但只有那些在历史发展行程中具有革命性意义的变化，才能真正被称之为变革。社会结构转型正是这样一种具有革命性意义的社会变革。本书所谓“变革时

① 因为传统与现代（性）的区别是在文明形态的意义作出的，故，说现代（性）社会对于传统社会价值地位上的优越性，并不否定传统社会中本身具有值得现代性社会汲取的合理性因素，也并不意味着现代（性）社会中的一切均是优越的。

期”指的正是这种社会结构转型时期,“变革时期”与“社会结构转型时期”两个概念在本书可以互换。就其历史承负而言,它以当代中国正在发生的社会深刻变革为现实载体。

2. 道德失范

“道德失范”(disordered moral , anomie in moral)指因作为存在意义系统的道德价值及其规范要求,或者缺失、紊乱,或者缺少有效性,不能对社会生活发挥正常的整合调节作用,社会所表现出的道德价值混乱、道德行为失范现象。道德失范作为一种社会现象是日常生活的,但它所呈现出的却是社会精神层面的某种冲突、危机,标识着社会主流价值事实上的缺失。一般地说,道德失范首先指的是这样一种社会状态,在这种状态中,社会既有的价值观念与行为范式被普遍怀疑、否定,逐渐失却对社会成员的影响力与约束力,而新的价值观念、行为范式又尚未形成,或尚未被人们普遍接受,对社会成员不具有有效影响力与约束力,从而使得社会成员产生存在的意义危机,行为缺乏明确的规范约束,在现象界形成社会缺少某种正常交往秩序与行为规范的现象。

道德失范以“道德规范”的存在为前提。道德规范是社会生活规范的一种。人们常常将社会生活中的规范理解为游戏规则。然而,游戏规则可以是来自于外界事先确定并加予的规则,社会生活中的规范虽然表现出某种外在加予的特质,但却不能是纯粹外在加予的。它系人们在社会生活过程中所创造,只能是社会生活本身内在所固有的联系与格式。正如黑格尔曾揭示的那样,对义务的考察不仅要有形式的,更要有内容的,对规范的认识也应当有如此。仔细想来,规范有实质与形式两类。形式性规范就是我们日常司空见惯、习以为常的那些以言说、文字所表达的规范要求。可是,如果我们具有一点理性精神或独立自由思想能力,对这些日常规范要求加以反思,则会对此种种规范要求的价值合理性提出质疑:这些规范要求凭什么是合理的？此时,事实上我们就已经将自己的视野对准了规范的实质性方面。安尼尔·吉登斯曾在仔细考察过规则的四种可能意蕴后认为:规则是行动的程序、实践的特征,那些以法律命令、科层规章、游戏规则等言辞表达形式出现的规则,不是规则本身,而是对规则的解释说明①。吉登斯的“解释说明”一说,易引起人们的误解——严格地说,那只是对这些客观规范的主观表达。社会生活中的规范,就其真实内容而言,是社会生活中的固有客观联系方式,这就是实质性的规范,或如笔者曾说过的“社会伦理秩序”。当这些客观秩序被自觉意识并被自觉表达时,即为外在的规范性要求。人们通常所说的规范要求,实为实质性规则的自觉表达。当这种主观自觉表达一旦出现后,它就有可能脱离其实质性规定,而流为纯抽象的规定。这就是说,一方面,主观表达出的规范要求本身必须在与客观实质性规范相联结中才能获得其充足的规定;另一方面,一旦离开了这种联结,它就会成为空洞的形式,失却其本应有的生活意义与实践方式之要旨。更为重要的是,这种“解释说明”、主观表达总是有赖于作为前提性存在的价值意义系统。正是这价值意义系统,规定了人对生活世界、社会的基本理解、解释、说明与表达。道德规范的核心是社会生活的价值意义系统。

通常认为,道德规范是通过舆论、习惯、风俗、良心维护的用来调节人们行为的规范要求,它是一种可言说的要求。然而,此种理解值得疑问。道德规范可以言说,但又不仅仅是可言说的,甚至可言说的并不是其最重要特征。可言说的只是表达了存在的某种内在特性。这样,道德规范首先就是一种存在的内在特性,是生活共同体的一种内在凝聚方式。如是,说道德失范,其主旨就不是指生活中言说的道德规范的缺

---

① 参见安尼尔·吉登斯:《社会的构成》,1998 年,第 82－85 页。

失或无效,而是指生活共同体内在凝聚性及其社会交往内在法则的缺失。这是一种生活共同体及其生活方式自身的内在缺憾,需要通过生活共同体及其生活方式的完善才能得到有效克服①。

“道德失范”内在地隐含着两个方面的内容:其一,人们行为层面的不合某种道德规范,是现象界的行为越轨;其二,人们内在精神世界中意义系统被破坏、动摇、否定或失落。人们现象界中的行为越轨只不过是内在精神世界状态的具象化。人们内在精神世界的这种种变化又大致有两种类型:一是拥有基本的价值意义体系,只是由于种种原因心灵迷茫困惑、意志薄弱,如亚里士多德所说的那样“不能自制”;一是缺失基本价值意义体系,内在精神家园荒芜枯槁。在前一种情形中,存有基本的良知,在后一种情形中,则基本良知迷失。如果将“道德失范”的这两个方面统一考虑,那么,就不难发现:道德失范以人们心灵中的意义系统危机为基本内容,并表现为行为层面的越轨现象;行为中的越轨可能是缘于内在良知缺失,亦可能是缘于意志力薄弱。虽然对于两种行为越轨现象的克服均应以意义系统为核心,但前者的关键在于首先建立一种具有合理性的意义系统,后者的关键则在于通过一系列有效手段增强意志力。统一二者,对于一个社会而言,就是应当向社会成员提供一种合乎人性健康生长的生活世界,使人们在过好生活过程中接受明晰的价值意义系统,养成好习惯,陶冶情操,锻炼意志力。

法国社会学家杜克凯姆(Emile Durkheim)曾首先使用“社会失范”这一概念,并用来描述当社会规范不力、彼此矛盾或规范缺失时在个人与社会中出现的混乱状态。在一个高度失范的社会中,由于社会成员没有共同的生活目标与价值标准,缺少行为的指南与约束,因而社

① 如是,那种“没有规范的伦理学”要求,如果说有合理性的话,也只是在作为形式的规范要求有至高无上且孤独存在这一意义上讲才是合理的。

会有解体的危险①。杜克凯姆认为,个人的行为必须由社会规范控制,社会规范应当是一个完整、没有冲突的体系,当社会存在着规范不明确或规范相互抵牾时,就会出现社会失范;在社会失范的情况下,个人不具备自我实现与获得幸福的条件。后来,美国社会学家默顿又在杜克凯姆的基础上进一步认为社会失范指的是这样一种社会状态,在这种状态中社会所规定的目标同决定着达到这些目的的规范不一致,即,当社会所规定的目标与用以达到这种目标、且为社会所规范引导的手段不一致时,社会出现失范现象②。杜克凯姆、默顿对于“社会失范”的分析,完全可以适用于对“道德失范”的分析。因为,在他们对社会失范的分析中,价值标准、规范体系、意义系统的缺失或抵牾是关键,而价值标准、规范体系、意义系统的缺失、抵牾,即为道德失范的基本特征。道德失范是社会失范的核心。

如果在思维行程中贯注一种历史辩证法精神,如果承认规范体系、意义系统本身不是先在、凝固不变的,而是由社会生活方式所决定、并随着社会生活本身的变化而发展变化着的,那么,就应当承认由生活方式所决定的规范体系、意义系统本身也是一个充满内在否定性的生长过程。随着社会交往方式、生活条件的变迁,既有的社会规范体系、意义系统,或者内部产生矛盾,或者本身已经不能满足社会生活要求时,就会逐渐地或迅速地出现被修正、改变等现象③。规范体系、意义系统

① 参见伊恩·罗伯逊:《社会学》上册,黄育馥译,商务印书馆,1994年,第246-247页。

② 参见G.邓肯·米切尔主编:《新社会学辞典》,蔡振扬、谈谷铮、雪原译,上海译文出版社,1987年,第12页。

③ 日本学者在研究日本社会二战后即出现的社会失范现象,及随着日本经济高速发展,日本国民原有的节俭、禁欲规范功能急剧衰退事实,对此是一个较为生动的实证。参见沙莲香主编译:《现代社会学——基本内容及评析》上册“规范的变迁”词条,中国人民大学出版社,1994年,第212页。

的这种内在冲突、被修正现象,在社会发展过程中来看,是其自身发展的中介环节。没有这种内在冲突、被修正过程,就没有社会意义系统提升之可能。在这种内在冲突及其修正过程中,作为社会价值评价标准的善恶本身,各自亦会向对立面转化。正是在这个意义上,道德失范又是社会新价值体系或意义系统形成必不可少的中介①。严格地说,任何一个社会形态,任何一个社会历史时期,都有可能存在着道德失范现象。根据辩证法的内在否定性思想,社会有道德失范现象并不奇怪,绝对地没有道德失范现象倒是奇怪的。也正是在这个意义上,道德失范现象并不是一个绝对消极的因素——尽管在日常经验生活中,每当我们提到"道德失范"时,在情感上总是对其隐含着某种拒斥、否定性态度。

吉登斯在分析规则时,曾从结构二重性思想出发,依规则的作用性质将其分为两类:意义构成型规则与规范约束型规则。在他看来,作为游戏规则的规则只有简单的规范约束性,他更看重的是意义构成型规则②。吉登斯这一思想给予我们的启示就在于:在社会发展过程中总会出现对既有规范挑战的现象。一个社会固然需要规范及其共识作为整合的基础,但亦不可忽视对规范的挑战问题。这主要关涉两个方面:其一,如何使这种挑战保持在既有社会基本结构中,不至于毁灭既有的基本结构、秩序;其二,更为重要的是如何从这种挑战中获得社会进一步发展的动力。这种挑战构成了社会发展的新契机、新场景,并事实上成为社会进程中的新机遇。在这里,关键的是以一种制度化、规范化了的方式面对并迎接挑战——无论这种挑战的具体内容是何,均以一定的程序与方式进行,进而使得这个社会本身一方面维持在既有的深层

---

① 这样,我们也就不难理解为何恩格斯高度赞扬黑格尔关于恶是历史发展动力借以表现的形式这一思想了。

② 参见安尼尔·吉登斯:《社会的构成》,1998 年,第 93 页。

秩序之中,另一方面又在稳定中具有开放性,不断发展。这个一定的程序、方式,就是类似于吉登斯所说的意义构成型规则,这就是民主制度下的社会自我调适规则或机制。

虽然“道德失范”是一价值判断,不过,它本身却首先是一种现象描述。它所能直接陈述的只是社会处于一种道德价值缺失及其混乱无序状态,除此之外,它本身并不能表白更多的内容。然而,道德失范现象本身又是一定社会生活内容的显现。它可以缘于民族分裂、内战不已,缘于军阀割据、天下大乱,缘于外敌内患、里外勾结,也可以缘于天下无道、社会没落,当然亦可以缘于自觉调整中的两种不同存在范型的过渡,等等。孤立地说道德失范并没有什么意义,但是,一旦深入道德失范所赖以生成的社会生活过程、判断标准,道德失范就有其特殊的质的规定性,它就会在现象描述之外具有了质的判断性,具有价值判断意义。

即使是作为一种现象描述,“道德失范”也隐含着一个前提:某种既定价值标准的存在。正是相对于这个价值标准才谈得上所谓失范与否。这样,说“道德失范”又隐含着另一个前提:存在着某种价值标准,以及这个价值标准本身合理性的自明性,否则,所谓“道德失范”就无从谈起。如是,即使是作为现象描述性的“道德失范”本身也并不是完全价值中性的。它在作出这种描述的同时,事实上就隐含着对某种既有价值体系的偏好,并是对偏离这一价值体系现象的否定。也正由于此,“道德失范”概念与“社会失范”概念一样,当在日常生活中被人们使用时,就事实上多多少少地包含着某种贬义。然而,问题的关键在于:既然“道德失范”这一现象性描述在进入具体生活过程后就具有质的判断性,那么,就必须对隐含其后的判断标准本身的合理性提出理性的质疑。不同的社会历史时代、不同的社会生活方式,具有不同的自身交往关系结构、意义系统;甚至不同的社会利益集团,也会有不同的社会交往方式、关系结构与意义系统。在一特定的社会历史时代,往往有两种价值体系或意义系统:社会共同体在漫长历史过程中所形成的类似于所谓天理、人心的具有普世性、超越性的价值意义系统;以及那个时代在经济、政治上占主导地位的利益集团的价值意义系统。这两种价值体系或意义系统存在着内在紧张与冲突的可能。因而,当我们说"道德失范"时,首先就必须明晰是在何种意义上、相对于何种价值意义系统而言。即,当我们能够说"道德失范"时,首先必须要求这种事实上充作判断标准的、占社会主导地位的价值要求本身具有合理性。如是,我们的视野就通过这种现象性描述深入到社会历史领域。只有在社会历史观的指导之下,"道德失范"才能获得自己使用的充分正当根据。

对当代中国社会道德失范现象的合理认识,视野首先应当对准人类文明演进的历史过程。我们讨论当代中国社会生活中的社会道德失范问题,事实上总是置于社会转型这一话语背景之中,它的要旨是社会转型过程中社会道德失范问题。所以,我们对于现时期中国社会生活中的道德失范现象的把握,就应当是与对中国正在发生的社会转型、社会变革这一历史性过程的认识相联系。

正如前面曾指出的,道德失范首先是一种现象性描述。道德失范可以在任何一种社会背景的不同范围内发生。依据道德失范发生的社会背景,道德失范又可以分为常态下的道德失范与转型期中的道德失范两类。前者指非社会结构转型时期的社会道德失范现象,后者指处于结构转型时期的社会道德失范现象。二者的根本区别在于:出现道德失范现象时的那种社会生活方式本身的合理性基础是否存在。

常态下的道德失范,其所赖以形成的那个社会生活方式在根本上仍然没有失却其存在的合理性根据,因而,一般说来,第一,这种道德失范一般不会形成大规模、全局性、持续性的社会现象,它更多的可能是在一种局部、暂时意义上的。第二，虽然这种道德失范也可能会以不同的方式最终转化为推进理性进步的积极力量，但它本身对社会秩序更多的是具有直接消解性的消极性。然而，值得特别注意的是，常态下的道德失范现象并不是绝对消极的，这不仅是在社会价值系统圆圈运动的辩证法抽象意义上而言，亦是在具体确定性意义上而言。诸如，在已经实现现代化的结构性转变社会中，在新科技革命的冲击下，会出现一系列逸脱既有道德价值体系的社会现象，使社会表现出道德失范现象。就生命领域而言，代孕、人工堕胎、安乐死、克隆、某些特殊的单亲家庭；再如，不同种族间的通婚（如美国最先具有反叛精神的白人与黑人通婚）、不同文化间的融合、同性恋、同性婚姻，等等，都会产生对既有道德价值的强烈冲击。这种冲击本身就是一种具有革命性的事件，其所带来的直接结果可能就是意义系统、价值精神的理性进步。这就是说，即使是在常态下，某些道德失范自身的价值属性具有善的可能。尽管我们不能绝对说常态下的社会道德失范都是消极的，也不能否定常态下的社会道德失范最终会转化为某种改良、推进社会发展的积极因素，甚至也不能否定常态下的某些道德失范现象本身就是积极的，但是，较之社会转型时期的道德失范，它在总体上具有更多的直接消极性特质可能。

社会转型时期中的道德失范，其存在根据在于社会生活方式及其价值意义系统本身正在发生深刻变化。它一方面意味着曾经在一个相当长的历史时期中对社会生活发挥有效调节作用的社会价值规范体系的合理性受到强烈冲击，一种新的社会价值规范体系正在孕育与诞生之中；另一方面意味着这种社会道德失范的原因在于两种生活方式、两种社会价值规范体系的更替。这种失范表明，旧的意义系统、价值体系在日益变革了的社会中已失却其原有的社会效用，新的社会意义系统、价值体系尚未完全建立。它揭示：克服这种道德失范现象的根本途径在于建立健全新的社会生活交往方式，以及与其相适应的社会制度体制；克服这种社会道德失范现象，实践的教化比简单的说教更为重要。以一种历史的眼光观之，转型时期中的道德失范负有建立起一种新的社会价值规范体系、意义系统的历史使命。正是在此意义上，它较之常态下的道德失范，具有更多的直接积极性特质，在它的否定性形式中表达了更多的肯定性内容。

当然，说转型期的道德失范具有更多的直接积极性特质，并不是说转型期中出现的道德失范现象本身都无条件地是积极的，都能自然乃至必然地就可以直接成为社会价值体系、规范世界发展的中介环节。事实上，转型期的道德失范现象自身亦是良莠陈杂、泥沙俱下，其中不乏即使是在新价值体系、规范世界看来亦是没落腐朽的东西。看不到这一点，则过于幼稚。然而，也并不能因为这一点，就无视其在总体上的更多积极性特质。这是其一。其二，历史亦已多次表明：转型时期的社会道德失范亦有可能成为一种文明类型的坟墓。只有以积极的态度对待并选取积极有效的措施建设起一个新的生活世界，建立起一个新的社会意义系统与规范世界，从而以积极的态度、采取积极的措施克服道德失范现象，转型期的道德失范才能成为社会价值意义系统历史发展过程中的现实中介。

社会道德失范现象总是通过一个个成员的现实行为呈现，或者换个角度说，社会道德失范现象只不过是社会成员道德行为失范的具象化、宏大化存在。在此意义上，社会道德失范与个体道德失范只不过是同一问题的两个方面①。正如前述，虽然道德失范揭示了社会成员的内在意义系统危机，但是这种内在意义系统危机仍然可以区分为良知缺失与良知遮掩两种类型。因而，研究道德失范就应当且必须关注与

① 不过，本书以下所讨论的“道德失范”主要是立足于社会道德失范的角度展开的。

研究个体的良知及其意志力培养问题。

社会是一个发展着的可能世界。人类文明在人类不断克服自身所遇到的问题过程中进步。没有新的挑战,没有对问题的不断克服,就不可能有文明的演进。当代中国社会生活中出现了普遍的道德失范现象,确实令人担忧:中华民族向何处去?然而,当代中国社会生活中出现的普遍道德失范现象又是一个社会转型过程中的问题,即,它并不是一般的社会道德失范,而是一种伴随着深刻社会变革而产生的社会剧烈振荡性的道德失范,是文明发展过程中的道德失范。在这种社会道德失范中孕生着新的生活世界及其新的生活秩序。因而,正是在这个意义上,当代中国社会生活中出现的社会道德失范现象,又给中华民族的精神发展提供了一个契机。一个新的生活范型正在来临。只要我们以严肃的态度,开拓进取,拼搏不已,那么,我们这个古老的民族就会进入一个新时代,我们就会拥有一个新的具有生命力的意义系统及其规范世界。

不过,问题的关键在于:社会转型期道德失范的这种价值意义系统重构的历史功能,并不意味着与新时代相适应的新的价值意义系统能够自发到来,相反,它一定须通过我们在创造新生活艰难实践过程中的自觉努力才能获得。如果在现代化过程中,我们只注重外在物的方面,冷落、无视乃至贬抑社会价值意义体系的重构,如果我们只注重物质生活的改善,而无视精神生活的提高,如果我们只注重物质财富的创造,而无视精神财富的创造,那么,我们就根本无法实现现代化的历史梦想——一个身子进入现代社会、享受着现代物质财富,但精神却仍然停留在过去时代的个人或民族,只能是现代精神侏儒,不会成为现代文明的存在者,因而没有未来。转型期的道德失范须通过自觉的现代人文价值意义系统重构得到真正克服。如果经过几十年的物质财富高速积累,我们仍然没有建设起一种新的具有生命力的社会价值意义系统,社会道德失范现象不仅没有得到有效扼制，反而以某种方式变得更为严重，那么，这个民族的未来令人严重担忧。

3. 制度公正

"制度"(institution)在政治学、社会学中既包含"机构"的含义，也表示规范化、定型化了的行为方式，且往往这两个方面交织在一起①，在经济学中则被理解为管束、支配人们经济交往活动的一套行为规则、程序②。然而，无论制度在何种意义上被使用，它都是从非个人关系角度表示一种人与人之间关系且具有规范意义的范畴③。本书从政治－伦理学的角度将"制度"理解为规范化、定型化了的正式行为方式与交往关系结构。这种规范化、定型化了的正式行为方式与交往关系结构，受到一定权力机构的强力保障，它表现于外则体现为具有管束、支配、调节作用的行为规则、程序。

本书所理解的制度与制度经济学所规定的制度有所区别。制度经济学将制度区分为正式制度与非正式制度，正式制度指通过某种组织而形成的正式规章、规则、法则等，非正式制度指风俗习惯、伦理道德、

---

① 参见《布莱克维尔政治学百科全书》，邓正来译，中国政法大学出版社，1992年，第359页。

② 参见诺思:《经济史中的结构与变迁》，陈郁、罗华平译，上海三联书店，1997年，第225页;《财产权利与制度变迁——产权学派与新制度学派译文集》，刘守英译，上海三联书店，1996年，第373－375页。

③ "制度是人和人之间的表示非个人关系的一种手段，在所有的社会里都有，因为即使是最小的原始社会也是建筑在较宽广的基础上，无论如何大于个人直接接触的那个狭窄范围。……原始社会有这样一些制度——表现每年农业周期的宗教;图腾崇拜和外婚制度;戒律，进入社会的仪式和划分年龄级别;在某年龄级别按性别分居，住在不同的居住点"。参见汤因比:《历史研究》(上)，郭小凌、王皖强译，上海人民出版社，1986年，第59－60页。虽然汤因比此处对于制度的解释在历史社会学的角度更多地倾向于某种较为宽泛的解释，但他却合理地揭示了制度从非个人关系角度表示人与人关系这一实质。

信念信仰等社会行为规范①。制度经济学的旨趣是要强调提高经济效益必须重视各种规范对人的激励作用。尽管制度经济学的这种理解有其合理性,然而,它至少存有两个方面的基本缺陷:其一,对制度作了过于宽泛化规定;其二,忽视了制度作为规范化、定型化了的行为方式与交往关系结构这一客观内容。本书更倾向于在一种严格规定、狭义的立场上理解制度,并更注重于制度作为规范化、定型化了的行为方式与交往关系结构这一客观内容。换言之,本书认为要注重"制度"的客观内容并对其作公正与否的讨论,就必须对其作严格狭义的理解②。这种理解不仅可以对变革时期社会规范的客观内容作客观考察,还可以对社会道德失范现象作出较为深入的探究,因为制度化了的规范(institutional norms)与制度化了的措施(institutionalized means),对社会成员的价值目标确定与行为方式选择,具有极为重要的意义③。

作为客观化了的且具有一定拘束力的行为方式与交往关系结构,制度是对社会成员权利-义务关系的一种客观性安排。制度之所以能具有这样一种社会功能,就在于制度本身是社会成员权利-义务关系的实体性存在。制度首先体现的是一种权利-义务关系。迄今为止的制度基本可以分为两类:自由的与不自由的④。所谓制度的自由不自由,所表达的就是那样一种社会关系中的权利-义务关系是否分裂、扭曲之状况。当一个社会中人际关系是如马克思所说的依赖关系时,这

---

① 参见诺思:《经济史中的结构与变迁》,1997年,第373-375页。

② 罗尔斯在讨论制度公正时,也是在这一严格狭义的立场对制度作出规定的。他将"制度理解为一种公开的规范体系,这一体系确定职务和地位及它们的权利、义务、权力、豁免等等"。参见罗尔斯:《正义论》,何怀宏、何宝钢、廖白申译,中国社会科学出版社,1988年,第50页。

③ 参见 Robert K. Merton, "Social Structure and Anomie", *Social Theory and Social Structure*, New York: The Free Press, 1957, pp. 131-160.

④ 民主只是自由的政治性存在,民主本身须以自由来说明。

个社会中的一部分人拥有更多的权利，另一部分人则被剥夺了应有的权利。近代以来思想家在论证制度形成时，总是倾向于取契约论方法。这种方法的最大优点之一，就是能以一种最简洁的方法证明：自由的制度是公民拥有平等基本自由权利的制度，并承担起这个权利本身本应承担的义务。罗尔斯在《正义论》中亦取契约论方法，以“原初状态”的“无知之幕”设定现代社会应当是一个公民拥有平等基本自由权利的社会，并在此基础之上提出了具有词典次序的正义两原则①。马克思曾将自己为之献身的理想社会规定为自由人的联合体。虽然在关于制度问题的思考中，无论就原则还是就方法而言，罗尔斯与马克思之间均有重大区别，然而，二者却有其一致共通处：均将平等的自由权利、权利与义务的统一，看作自己理想社会的特质与标志。他们至少是在这样设想自己理想中的制度：这个制度应当是一个摆脱了人身依附关系、所有公民都有平等基本自由权利的公正的权利－义务关系体系②。

在日常生活中，一个人事实上能（该）做些什么，不能（该）做些什么，拥有什么权利，承担什么责任，做了某事、有某种行为就会得到什么或失去什么，这都是由他/她所生活于其中的那个制度体系先在地规定了的。一般地说来，在大众层面上，一个人事实上只能享受这个制度体系所规定或赋予的权利，一个人事实上必须履行这个制度体系所规定或加予的义务。也正是由于这个原因，制度本身不仅仅是社会的一种整合机制，同时事实上还是社会的一种行为引导机制。也正由于制度首先是作为一种权利－义务关系出现，所以，人们才极为关注制度的公

① 参见约翰·罗尔斯：《正义论》第一编，1988年。

② 虽然诺齐克对罗尔斯的正义论思想提出诘问，但是他所诘问的并不是公民不应当有平等的基本自由权利，而在于如何理解经济生活中的平等的基本自由权利及权利－义务关系，他甚至也同样认为一个制度应当有一种矫正的公正，即经济领域中的某种由于自由竞争所带来的事实上的不平等，不能伤及公民的平等的基本自由权利。参见诺齐克：《无政府、国家、乌托邦》，姚大志译，中国社会科学出版社，1991年。

正性。

“制度公正”(justice of institution)是指规范化、定型化了的正式行为方式与交往关系结构的公平正义性①。“制度公正”范畴本身有两种具有微妙差别的理解:其一是指制度的公正,强调制度本身应当是公正的;其二是指公正的制度化,强调公正的理念与要求应当具体化为制度,旨在揭示制度化了的公正才是具有真实客观性的公正,这种制度化了的公正就类似于罗尔斯所说的公平正义的社会结构背景。这两种具有微妙差异的理解,往往会令人们产生这样的印象:第一种意义上的制度公正意旨所在可能是实质性的,也可能是形式性的,第二种意义上理解的制度公正则是立足于实质性的,并具有一种内在逻辑:要求将这种实质的制度公正进一步外在化为形式的公正,在实质与形式的双重意义上达于公正,因而,第二种意义上的理解更深刻于第一种理解。这种认识未必没有道理,但缺少历史感与贯通性。制度公正本身就是历史的范畴。在历史过程中,公正与不公正各自会向对立面转化。然而,制度又应当是公正的——这种“应当”不仅是人类社会的一种自觉价值目的性追求,亦是一种自由生活的现实存在方式。如是,这种意义上理解的制度公正就如同黑格尔所说“凡是合理的总是现实的”命题一样具有一种革命性,它所指向或要求的正是制度的公正性。这样,制度公正就应当被进一步规定为公正的交往关系的制度化。如此看来,制度公正的上述两种具有微妙差别的理解,实乃二而为一。

对于制度公正范畴的理解,关键在于对“公正”范畴的理解。笔者曾对社会公正范畴作过专门考察,认为社会公正范畴是对社会关系的评价性反映,它以理想完满的方式把握现实。即,它通过对不完满现实的批判,使不完满的现实在观念中被克服,并以理想完满的方式存在于

① 本书的“公正”与“正义”并不做严格区分,并在“公平正义”的意义上使用。

观念中，且进一步以观念中的理想完满反过来要求现实。正由于公正是对现实社会关系的评价性反映，所以，公正的内容就是具体、历史的，不同的时代，不同的利益集团，有不同的公正内容。不过，在最抽象的意义上，公正可以规定为以权利与义务关系为核心的人们相互关系的合理状态。不同的时代、不同的人们，均依对合理的理解赋予社会公正现实内容，而只有与必然相联系的合理才可能是真实的合理①。罗尔斯在《正义论》中曾以提出公平正义两原则的方式事实上对公正作了界定，这就是平等的自由原则与差别原则，以及自由的优先性与正义对效率的优先性的词典式次序②。只要不过分挑剔，就应当承认罗尔斯对公正或正义的这种理解在原则上是合理的，并且在现时代具有某种普适性。不管是哪个国家、哪个民族、哪种社会制度，只要是民主而不是专制的社会，对于正义的基本理解就有某种共通性。罗尔斯关于正义的这种认识，可以看作是对以权利义务关系为核心的现时代人们相互关系合理状态的具体解释。只不过应当注意的是，正如罗尔斯本人在经过深思熟虑后所修正的那样，正义理念可以有普遍意义上的道德正义理解，也可以有严格政治意义上的政治正义理解。虽然道德正义与政治正义有着内在的相关性与某种共通性，但在制度的意义上研究正义问题，首先应当将公正限制于政治正义的范围③。当然，这种政治正义，一方面其范围应当包括通常所说的行政正义；另一方面又应当以某种共同善为前提。社会公正首先是种社会结构，在现代社会，这个社会结构是具有平等基本自由权利的公民的社会合作范型。

在人类文明得到相当发展的今天，公民在平等基本自由权利基础

① 关于社会公正范畴的具体阐释，请参见高兆明：《道德生活论》，河海大学出版社，1993年，第427－433页。

② 参见罗尔斯：《正义论》，1988年，第11、13、39、46节。

③ 参见罗尔斯：《政治自由主义》“导论”，2000年。

之上的权利、义务、责任的统一，是制度公正的最基本内容。应当注意的是，不能简单地以权利与义务的统一来直接规定制度公正。它必须建立在平等的基本自由基础之上，否则，制度就有可能在公正名义下合理地侵犯一些社会成员的基本自由权利。这主要有两种可能：其一，它在剥夺一部分公民权利的同时，隐去这些公民的某些义务，在一种低水平或者说在一种奴役的性质上保持这部分人的权利与义务间的统一性。这就恰如古希腊城邦民主制中的奴隶一样，他们既没有享受民主的权利，也不用去履行作为城邦公民参加战斗勇敢牺牲的义务。或者就恰如人们从中外历史中所熟知的一些专制独裁者所做的那样，剥夺仁人志士的正当权利，将其投入监狱。其二，它以某些公民，诸如残疾人、弱智者等社会不幸者，不能有效践履社会义务为理由，无视这些公民的基本自由权利，在权利与义务统一的名义之下造成事实上的弱肉强食社会格局。一个公正的社会制度，首先是人民平等的基本自由权利得到有效保障的制度，并在此基础之上实现每个公民权利与义务的统一。

这种对制度公正内容的规定是否有抽象人性论之嫌？答案是否定的。就它的现实历史性规定来看，中华人民共和国宪法规定了国家的性质，规定了公民是社会的平等主人。作为社会主人的公民，相互间拥有平等的基本自由权利，这种平等的基本自由权利又反过来确证了这个制度的人道性与人民性，从而使这个制度本身获得价值合理性辩护。就它的普遍性而言，这种对制度公正的抽象规定，又与人类千百年来追求社会公平正义的不懈努力中积淀的、作为人类普遍文明财富的平等的自由要求相一致。

制度公正既是一种现实秩序，又是一种社会理想或社会意识。制度公正作为现实的社会关系状况，是一种现实伦理关系及其秩序，作为人们的自觉要求与价值目标，则是社会理想。作为社会理想的制度公正,既是对现实社会制度的批判性反映,又是引领我们前行、过自由生活的灯塔。

三、研究方法与理路

本书以人类文明历史进程为背景,立足于中国现代化建设实际,从伦理学、政治学、经济学、社会学、法学等多学科交叉的角度,以制度公正为切入点、制度有效供给为理论分析框架,从宏观上研究社会道德失范问题。本书的关注焦点与其说是制度公正的具体内容,不如说是:从制度这一特殊生活世界的角度认识当下中国社会道德失范现象,并强调制度公正建设对于当下中国现代化事业、对于克服社会生活中普遍存在的道德失范现象的基础性意义。本书尤其关心:人性为何如此?个体在何种社会生活环境中更容易做一个好人并趋向于成为一个人?在变化了的生活环境中,自利的个人如何组成有序的社会①?理性的个体为何、又是如何遵循社会规范的?社会规范体系如何构成,如何被更新?在构建良序社会中,个人能做、应做些什么?制度又能做、应做些什么?本书的基本立论是:以制度公正建设为内容的制度有效供给,是社会变革时期克服道德失范现象的现实途径。本书的这个结论并不意味着从根本上否定下列通常的看法:克服道德失范现象应当且必须加强对社会成员个体的思想教育,注重个体内在情趣操守的升华。本书只是想换一个角度,从制度公正的角度探讨同一问题。因为,作为客观存在的事物本身是多维度的,不同的维度、不同的视角,会有不同的认识。只有从多维度去认识事物,才可能对问题有真正全面、合理的把

① 说自利的个人并不等于说个人是自私自利的。因为,一方面,从一般意义上说,人的个体性与社会性双重身份存在,以及现实的市场经济生活机制,使每一个人必须考虑自己的现实利益;另一方面,自利的个人可以通过不同的环节达到高尚的精神境界。

握。执着于单一维度的认识，于事无补。

本书分析有一前提：社会物质生活方式是全部社会生活的基础。在此前提下本书设定：a. 社会成员具有理性能力。这种理性能力主要不是指认知与学问思辨，也不是指“经济人”假设中的追求利益最大化之能力，而是指一种反思性生活智慧。即，能够从生活过程中学习如何生活与做人，形成、丰富或修正对人生意义价值的理解；能够从自己的基本利益出发，根据存在的场景环境，选择自己的生活类型，确定自己的行为方式，形成、丰富或修正自己的观念与信仰体系。这种生活智慧是一种主动适应过程。b. 社会成员的在场性，生活世界对于社会成员是现实袒露的，他们是生活世界全景袒露中的在场①。从根本上说，人就是其现实生活世界；有什么样的生活世界，就有什么样的人（或人性）；生活世界是他们的现实生活环境，他们是现实生活世界中的具体存在，他们是在场的具体选择。这种在场性，正是马克思关于人在本质上是其社会关系总和思想所给予我们的最深刻思想启迪。这种在场性，决定了对他们的考察，必须首先考察包括社会结构在内的他们的生活世界。这种在场设定不同于罗尔斯的无知之幕设定。罗尔斯从抽象理想逻辑出发构建现实良序社会，本书则从生活现实出发探讨如何能够走向良序社会。

马克思在准备《资本论》研究时，曾对研究－表达方法作了深入探究，并揭示了从抽象到具体这一事物在思维行程中再现的研究－表达方法。这种研究－表达方法通过理论生长的方式达到了逻辑与历史的

---

① 这里的“在场”概念不同于现代性理论中基于时空分离所提出的相对于“缺场”之“在场”。它所标识的是人作为主体存在，主动投入构建自己的生活世界，并与这个生活世界互动。社会成员的全景袒露在场，不等于他们对生活世界的全景把握，恰如一人置身于丛山峻岭中，这些丛山峻岭对于她/他是全景袒露呈现，但她/他的不同位置、视角，不同审美情趣，会形成不同的认识。

统一①。马克思在评价黑格尔哲学时认为,黑格尔哲学最唯心、最抽象,但又最充满历史感,其原因就在于黑格尔以思辨语言表达了现实历史内容。理论必须关注现实,必须把握时代的脉搏,但是理论应当有自己的表达方式。理论的现实性不在于理论表达的浅显通俗,更不在于感性材料的罗列,而在于对现实的本质把握。本书注重对现实问题的学理分析,并力图以范畴把握现实。本书在全部研究中,试图贯穿内在矛盾分析的方法,揭示事物的双重性、两极对立的过渡性,从而表达一个基本信念:人类社会是一复杂存在,任何简单化的做法都将无补于事,在理论研究中亦是如此。

众所周知,当年马克思曾揭示改变环境与改变人自身的一致性②。人就是其所在的那个生活世界。人在改变自己所生活于其中的那个丑陋生活世界的同时,改变自身的丑陋性;人在使不太完美的生活世界变得比较完美的同时,亦使自己变得比较完美。马克思毕生致力于的就是要建设一个合乎人性的环境,这就是自由人的联合体。马克思曾对那种割裂环境与人,不深入探究社会成员堕落的深刻社会根源,而是简单地罪责于社会成员的做法,深恶痛绝。马克思曾说过这么一段令人警醒的话:

“并不需要多大的聪明就可以看出,关于人性本善和人们智力平等,关于经验、习惯、教育的可能,关于外部环境对人的影响、关于未来的重大意义,关于享乐的合理性等的唯物主义学说,同共产主义和社会主义之间有着必然的联系。既然人是从感性世界和感性经验中的经验汲取自己的一切知识、感觉等,那就必须这样安排周围的世界,使人在其中能认识和领会真正合乎人性的东西,使他能认识到自己是人。既

① 参见马克思:《〈政治经济学批判〉导言》;《马克思恩格斯选集》第2卷,第102－111页。

② 参见马克思:《关于费尔巴哈的提纲》;《马克思恩格斯选集》第1卷,第17页。

然正确理解的利益是整个道德的基础,那就必须使个别人的私人利益符合于人类的利益。既然从唯物主义意义上来说人是不自由的,就是说,既然人不是由于有逃避某种事物的消极力量,而是由于有表现本身的真正个性的积极力量才得到自由,那就不应当惩罚个别人的犯罪行为,而应当消灭犯罪行为的反社会的根源,并使每个人都有必要的社会活动场所来显露他的重要的生命力。既然人的性格是由环境造成的,那就必须使环境成为合乎人性的环境。既然人天生就是社会的生物,那他就只有在社会中才能发展自己的真正的天性,而对于他的天性的力量的判断,也不应当以单个人的力量为准绳,而应当以整个社会的力量为准绳。"①

马克思在此所表达的既是一种积极的社会批判,亦是一种思维方法。这种思维方法应当成为我们自觉的思想武器。

既然本书是以制度分析作为基本框架,其视野主要就是宏观的,主要关注的就是社会结构、制度本身及其意义,尤其是其对于社会成员行为选择、心理结构、自律精神、思想型塑、社会风尚、交往秩序的意义。这种理论探究所表达的是社会自身的反思性,它所追问的是:合乎人性的环境是何?合乎人性的环境如何可能?公正的制度是何?公正的制度如何可能?而这些正是人的现代化生活方式与现代化生活世界如何可能的问题。

---

① 《马克思恩格斯全集》,第 2 卷,第 166 - 167 页。引文中的着重号为引者所加。拉法格也曾表达了同样的思想:"人生活在双重的环境里:在宇宙的环境或自然的环境里和在经济的或他们自己所创造的人为的环境里。这两种环境的共同作用和反作用决定人和人类的进化。""为了使人类变好,需要改变他们的生活环境。人自己创造了自己的社会环境,但是它又是环境的作品。当你改变环境的同时,你同时也在改变人的风格、习惯、激情和感情。"参见:《拉法格文选》上卷,人民出版社,1985 年,第 168、364 页。

第一章 伦理实体

除非一种社会秩序与社会进步保持一致，否则，任何真正意义上的秩序都不可能确立，尤其不可能持续。除非与社会进步相一致的社会秩序制度化了，否则，任何社会进步与秩序都不能巩固

人们的生活世界、存在方式发生了重大变革，人们在实践－交往活动中所形成的相互关系结构、交往秩序及其价值合理性基础，以及人们原本在生活实践中所形成的道德观念与价值偏好，亦会发生相应变化。生活、存在、秩序、制度、伦理、道德，应当是一体性的东西。

世界以被理解的方式存在。当人们对世界的理解发生了变化，当人们发现了自我、看到了那广袤的外部世界，确立起了新的价值目的，一个新时代就已经在精神中孕育。这个新时代的到来可能会伴随着诸多曲折、代价乃至牺牲，但是，新生命既然已经孕育，她总是要顽强地来到这个世界。新世界、新时代、新人、新精神、新生活，将构成我们新的生活世界。

一、生活世界

生活世界是关系世界，是存在的价值合理性基础①。我们生活于

① “生活世界”是一个本体论范畴，这是一个由人类相互交往而形成的现实的生活环境，它是我们共同生活的世界。胡塞尔曾用“生活界”范畴表达基本相同的内容。

其中的伦理共同体是我们的现实生活世界,我们的生命内容及其意义既在这个伦理共同体中被规定,亦在这个伦理共同体中被我们自身所创造。理解我们自身,关键是理解这个伦理共同体,理解我们所生活于其中、并构成我们自身生命内容的这个生活世界。

1. 伦理实体

"伦理实体"原本是黑格尔哲学伦理学中第一个极为重要范畴。我们于此借用"伦理实体"这一理念以表示构成我们现实生活世界的伦理共同体,此伦理共同体有其内在伦理精神与伦理秩序,且伦理共同体的伦理精神通过伦理生活及其秩序呈现。本书试图通过对"伦理实体"理念的考察,从抽象学理意义揭示:变化了的生活世界、伦理共同体意味着伦理共同体的伦理精神、伦理秩序自身有重大变化;正是这变化了的伦理共同体,一方面成为判断伦理秩序公正与否的基本依据,另一方面成为培育(当然亦是理解)社会成员道德精神状况的关键。

对于"伦理实体"范畴的思考,我们将借助于黑格尔展开。这主要是基于如下考虑:一方面,黑格尔本人作为欧洲近代集大成的思想家,是后人探究人类文明发展过程中难以绕过的一座思想巅峰,从他那儿可以获得宝贵的精神资源;另一方面,"伦理实体"范畴在黑格尔那里获得了充分的哲学本体论意义,并成为价值哲学与伦理学的一个极为重要范畴。黑格尔曾经将"伦理实体"理念作为绝对精神在客观精神阶段的真理性存在,并从"伦理实体"中寻求对伦理精神、伦理关系与伦理秩序的理解。在他那儿,"伦理实体"事实上是价值合理性根据,是把握伦理精神、伦理关系与伦理秩序的钥匙。

要理解"伦理实体"理念,就得首先从"实体"、"伦理"范畴起。

"实体"通常被理解为物体或实有之物体,然而,作为一哲学范畴,它有着极为丰富的内容。"实体"是一个本体论范畴。"实体"范畴在人类思想史上的意义，就在于它是对世界本原、本质的一种形而上思辨表达。古希腊时期的水、火、原子、理念等，中国古代的气、天、道等，均是以各种不同方式所表达的作为世界本原的"实体"。"实体"范畴所包含的真实内容是存在的本原性、普遍性、统一性本质①。黑格尔将"绝对精神"或"绝对理念"视作世界的本原，在黑格尔那里"绝对精神"或"绝对理念"就是"实体"。在黑格尔的著作中，"实体"与"理念"是同义词②。要理解黑格尔的"实体"就必须回到斯宾诺莎的"实体"理念③。斯宾诺莎克服了笛卡尔精神与物质的二元对立，他认为只有唯一的实体是真的，实体的属性是思维和广延，神就是这唯一的实体，神是统一，是绝对的实体。实体、属性、样式，成了斯宾诺莎解释宇宙的框架④。黑格尔在对斯宾诺莎实体思想予以赞扬的同时，又深刻批评了其死板性，批评其缺少内在否定性、主观性与个体性⑤。在黑格尔那里，"实体"有两个明显的内在规定：实体是自因，是主体。即，一方面实体是无待他物而自成原因，且成为他物存在的根据；另一方面实体又是自主运动变化着的，它要成为"具体的实体"⑥，在实体的具体生成过程中，普遍要变为具体、特殊的存在，在特殊性、个别性包含了普遍

---

① 参见樊公裁：《黑格尔的实体学说与当代哲学思潮》，天津人民出版社，1995年，第3章。另外值得一提的是柏拉图的ousia通常被译为"本质"，而这就是亚里士多德所说的"实体"，即实体与本质两个范畴在古希腊时期就是相通的。关于此可见颜一：《流变、理念与实体——古希腊本体论三个方向》，中国人民大学出版社，1997年，第55页。

② 黑格尔在《小逻辑》中说逻辑本身"是精神和自然的绝对实体，是普遍的、贯穿一切的东西"；在《美学》中他说"理念就是世界的实体"；在《精神现象学》中他强调"不仅把真实的东西或真理理解和表达为实体，而且同样理解和表达为主体"。

③ 黑格尔对斯宾诺莎特别推崇，认为"要研究哲学，就必须首先作一斯宾诺莎主义者"。参见黑格尔：《哲学史讲演录》，贺麟、王太庆译，商务印书馆，1983年，第4卷，第101页。

④ 参见斯宾诺莎：《伦理学》第一部分，商务印书馆，1991年。

⑤ 参见黑格尔：《哲学史讲演录》，1983年，第4卷，第101－131页。

⑥ 参见黑格尔：《法哲学原理》，范扬、张启泰译，商务印书馆，1982年，第144节。

性①。概要地说，在黑格尔那里，"实体"是存在的原因、根据，它一方面具有普遍性、统一性之品性；另一方面又要变为具体、特殊的存在，在其特殊性、个别性存在中包含了普遍性本身。

虽然通常人们将"伦理"与"道德"两个概念等同通用，然而，在精准的学术理论思维过程中，还是应当将二者区别使用。在"伦理"与"道德"范畴区分的意义上，"伦理"范畴立足于社会，强调客观方面，"道德"范畴则更立足于个体，更强调主观内在精神方面。这种区别有助于伦理学自身理论研究的深化、细化。在这方面，黑格尔曾给后人留下了丰富的思想资料。黑格尔将"道德"与"伦理"相区分，自由意志在内心中实现就是道德，自由意志既通过外物又通过内心，获得充分的现实性就是伦理。伦理是主观与客观的统一，是绝对精神在客观精神阶段的真理性存在，伦理赋予道德客观内容②。

黑格尔认为伦理性的东西具有强烈的现实性，所以他特别强调了对于伦理的考察有两种方法："或者是从实体性出发，或者原子式地进行探讨，即以单个的人为基础而逐渐提高"③。他主张前一种方法。为什么黑格尔要如此强调对伦理的考察方法？这与他对"伦理实体"的理解直接相关。在他看来，伦理实体具有现实性，是存在的根据。不是个体规定实体，而是实体规定个体。因而，他反对单子式的理解方法，反对将个体与共同体二元割裂对峙的方法，强调普遍与特殊的统一，强调这种统一的现实性，强调这种统一是（伦理共同体）内在的而不是外

---

①　参见黑格尔：《哲学史讲演录》，1983年，第4卷，第106页。

②　黑格尔认为："无论法的东西和道德的东西都不能自为地实存，而必须以伦理的东西为其承担者和基础，因为法欠缺主观性的环节，而道德则仅仅具有主观性的环节，所以法和道德本身都缺乏现实性。"伦理是"自由的理念"，是"活的善"，是"自在自为存在的神"，对于个人是"永恒的正义"。参见黑格尔：《法哲学原理》，1982年，第141、142、145节。

③　参见黑格尔：《法哲学原理》，1982年，第156节。

在的。只有从伦理实体出发才能做到“单一物和普遍物的统一”，实现特殊性与普遍性的统一，才能为具体事物寻得价值合理性之现实必然性根据。

既然伦理实体是存在的根据，是普遍性与特殊性的统一，因而，从伦理实体出发就必然得出某种崇高与敬畏的存在，必然得出人的存在及其活动价值合理性基础正在于伦理实体的结论①。

“伦理实体”是实有，不过，这是必然性、普遍性的实有（社会关系体系）。在现实生活中，社会关系体系可能是多样的，然而，并非所有社会关系体系均能具有伦理性的实体属性。只有那些具有必然性，或者说，代表了时代历史发展必然方向的社会关系体系，才能成为伦理实体，才能成为社会价值合理性根据之所在。正如黑格尔在《法哲学原理》中以思辨方式所揭示的那样，社会历史领域中的自由通过“伦理实体”被规定②。这种思维方向不仅与历史主义、社群主义寻求价值合理性根据的思维方向吻合③，而且甚至还是自由主义寻求价值合理性根据的事实前提。尽管自由主义从个人及其权利的立场寻求价值合理性根据，但是，这种思维方向以西欧经过文艺复兴、启蒙运动所确立起来的人文思想作为不言而喻的前提。而西欧经过文艺复兴、启蒙运动所确立起来的自由、平等、民主等价值思想本身，恰恰正是西欧数代人不懈斗争的结果。它是集体活动的结晶、历史的产物。

---

① 这恰如黑格尔在回击有人谴责斯宾诺莎的哲学扼杀了道德、为斯宾诺莎辩护时所说的那样，人们确实能够从斯宾诺莎那里得到一个“崇高的结论，即：一切感性的东西都只是限制，只有唯一的真实实体是存在的，人的自由就在于向往这个唯一的实体，并在思想和意愿方面以这个永恒的太一为归依。”参见黑格尔：《哲学史讲演录》，1983 年，第 4 卷，第 130 页。

② 参见黑格尔：《法哲学原理》，1982 年，第 142、145 节。

③ 这种思维方向不仅在西方文化传统中有深厚的根基，在东方古老文化传统中亦有深厚根基。

值得注意的是,黑格尔本人将国家看成是伦理实体,看成是绝对精神的真理性存在。他认为国家是“实体性意志的现实”,是“作为显示出来的、自知的实体性意志的伦理精神”,是“地上的神”,“神自身在地上的行进,这就是国家”,并明确将国家的“实体性”注释为“必然性”,并理解为“伦理自身的丰富组织”①。这该如何解释?是否在其文字背后还隐藏着更为深刻的合理内容?这里的关键是对黑格尔“国家”概念的批判把握。

事实上,在黑格尔那里“国家”有两种基本规定:一是必然性、普遍性意义上的,一是现实政府组织意义上的。在这两种基本规定中,前者更为根本。正如笔者曾揭示的那样:对于黑格尔国家学说的把握,取决于解读的方法与维度。如果我们不是在实然的意义上,而是在“国家”理念的意义上理解,如果我们不是过多地注意其关于国家生活的特殊表达方式,而是注意以这种特殊表达方式所承载的一般内容,那么,我们就会从黑格尔的国家学说中获得诸多来自启蒙时代思想家的启示。事实上,如果我们注意到黑格尔关于作为伦理性存在真理性环节的国家,是“普遍性和单一性相互渗透的统一”的思想;注意到黑格尔强调“在谈到国家的理念时,不应注意到特殊国家或特殊制度,而应该考察理念,这种现实的神本身”,强调特殊的国家制度可以是坏的,但国家理念本身却是“现实的神本身”的思想;注意到黑格尔强调在现代国家中“特殊性的权利必须予以保持”的思想;注意到黑格尔在整个法哲学研究中所表现出的那种普遍性与特殊性、整体性与个别性互相渗透统一的思想方法立场;注意到黑格尔对国家所做出的好的与“坏的”区

---

① 黑格尔在批评哈勒的《国家学的复兴》时明确将“实体性”与“偶然”相对立。他批评哈勒“不是以实体性的东西、而是以偶然性事物的领域作为国家的本质”。参见黑格尔:《法哲学原理》,1982 年,序言及第 257 – 258 节。

分;①注意到黑格尔关于人们所要求的国家是"合理性"的国家这一思想,那么,就应当承认我们的这种理解是有充分根据的。黑格尔通过对"国家"的思考,是要努力表达一种现代宪政思想。在黑格尔看来,宪政保障个人的自由权利,宪法在规定了政府权威的同时,亦对其做了明确限制,宪政是个人抵制政府专横的屏障。② 能够作为现代伦理共同体存在的伦理实体,一定具有宪政正义的政治关系及其秩序。如果我们能够对黑格尔"国家"思想做如上理解,将其理解为具有必然性的社会关系结构,那么,伦理实体的必然性品质就是显然的。

"伦理实体"相对于个人而言,并是个人的本质。它在具体规定个人义务的同时,亦使个人获得了存在的价值③。个人义务原来就是在特定社会关系体系中她/他所应做的,这种义务要求是实体对于个体的关系性要求,具有确定性,并不以某一个体的意志为转移。如果我们再联系到黑格尔将家庭、市民社会、国家作为伦理实体的不同发展环节,那么,就不无理由地由此推论出:伦理实体与个人的关系在一定意义上是整体与个别、社会与个人的关系。黑格尔要在伦理实体的各个环节,即人现实生活的各个方面,将个别性提升到普遍性,实现普遍性与个别性的统一。"伦理实体"作为必然、普遍性,并不是与个别、特殊性绝对对立的东西,相反,它是个别性的普遍性,是作为个人真实存在的生活共同体。

当代自由主义思想大家罗尔斯虽然并没有使用"伦理实体"一词,但其实上他以自己的方式论述了自己所理解的伦理实体,这就是公平正义的社会。这个公平正义的社会,既是由平等自由权利的人们自己

---

① 参见黑格尔:《法哲学原理》,1982 年,第 280 页。

② 参见高兆明:《黑格尔〈法哲学原理〉导读》,商务印书馆,2010 年,第 507 – 508 页。

③ 参见黑格尔:《法哲学原理》,1982 年,第 145、146 – 151、258 节。

所组织起来的,又是每一个社会成员不可退出、终身居于其中的社会。这个社会结构所确定的各种责任、义务,既为个人所认肯,又是个人必须践履的。罗尔斯所做工作之一,就是要替现代性社会确立一个具有普遍性、客观性、必然性的伦理共同体,这个伦理共同体既是社会价值合理性之依据,又是个体与共同体的现实统一①。罗尔斯所做的工作与黑格尔有异曲同工之妙。

"伦理实体"是关系体系,具有内在结构性。家庭、市民社会、国家都不过是社会交往关系体系的不同环节。伦理实体的多样性在于具体生活共同体、生活领域的多样性。多样性的伦理实体各自在其自身的特定领域与特定层次均具有合理性、客观性。不过,正如黑格尔以思辨方式所表达的那样,存在的并非就是合理的。并非所有具有实体性样式的存在都具有合理性——此"合理性"是客观性、必然性、普遍性意义上的。根据黑格尔的思想,只有那些作为绝对理念现实化存在的东西才是合理的。即,只有具有必然性的社会结构关系体系才是合理的、善的。这个必然性若基于人类的立场,则就是指向历史进步、人类自由、人性提升、时代精神。

根据黑格尔的看法,"伦理实体"具有规范性,它是人类自我立法的规范关系体系②。一方面,伦理实体作为一种社会关系范式,为特定社会交往活动提供了背景性安排,一切具体交往活动都在这背景性安排中进行,并服从此背景性规范安排。另一方面,伦理实体作为关系结构体系,为社会所有组织、成员规定了基本权利－义务。一切权利－义务关系的具体内容,离开了伦理实体难以得到合理说明。一切具体规

---

① 参见罗尔斯:《正义论》,何怀宏等译,中国社会科学出版社,2009 年;《政治自由主义》,万俊人译,译林出版社,2000 年。

② 黑格尔称这种规范的关系体系为"自在自为地存在的规章制度","它们是从事物的本性中产生出来的规定"。参见黑格尔:《法哲学原理》,1982 年,第 144 节。

范要求，不过是主体对伦理实体规范关系体系的自觉意识与自觉表达。黑格尔以思辨方式通过“伦理”所做工作最有意义的内容之一，是对人类社会历史领域价值合理性根据的寻求。而这种工作是理解一个时代、社会的前提与基础。当今时代由罗尔斯所引发的关于社会正义的思想争论，其焦点之一也正是现时代的价值合理性基础。

以伦理实体作为理解当代社会价值合理根据的基础，是否意味着某种对个人平等自由权利的否定？当代社会对价值合理性基础的解释图式虽然多样，但主要有自由主义与历史主义两种解释图式。自由主义的解释图式中虽然可以进一步分为古典自由主义与新自由主义，不过就其要义而言，以罗尔斯、诺齐克等为代表的新自由主义基本继承了古典自由主义的个人自由权利为价值要旨的精髓。即使在新自由主义内部，从个人自由权利的价值立场出发也可以事实上导向两个不同的方向。罗尔斯通过对个人自由权利保障的关注将视野引向了社会制度正义、义务论的立场。而以社团主义为代表的历史主义对新自由主义的批判，则是击中了自由主义价值合理性解释图式的弱点：人毕竟不是作为纯粹的单子或个人自我存在于世。人是社会性的存在者。人作为交互主体或共主体存在于社会中，人类社会的存在需要某种共通的基准与共通的语言①。所以，从社会历史、社会关系结构寻求价值合理性基础，并不必然否定个人的自由权利及其价值。

不仅如此，现代自由主义在社会日益发展的今天面临一系列新的挑战，这种挑战集中表现为集体性目标、集体性权利要求的兴起。这种集体性目标与集体性权利，虽然在学理逻辑上与个人自由权利的价值

---

① 参见万俊人：《现代社会道德合理性基础论证——兼及中国现代化运作中的道德问题》(《北京大学学报》〈哲学社会科学版〉，1996 年第 2 期)，《美国当代社会伦理学的新发展》(《中国社会科学》1995 年第 3 期)。另参见阿佩尔：《哲学的改造》第 5、7 章，孙周兴等译，上海译文出版社，1997 年。

有着一致性,乃至它们本身就是从个人自由平等权利的独立价值立场上进一步产生出来的,但是,这种集体性目标与集体性权利要求,事实上又会在一定程度上限制个人的自由权利。这种由自由主义内部所产生的悖论,至少要求对个人自由权利价值本位立场进一步审慎审视、修订①。其实,无论是从欧洲近代以来的历史,还是从当代中国社会变革的现实来看,个人自由从来就是依赖于个人所从属的利益集团的自由②。马克思曾在阶级与阶级斗争学说中所表达的集体利益对于个人利益的优先性思想,在今天似乎以一种新的形式获得了新生。更何况我们所说的作为价值合理性基础的伦理实体是具有必然性的伦理关系体系,如果这种关系体系真的是绝对否定个人自由权利及其价值,那么,就不能说这种关系体系具有必然性。所以,对"伦理实体"理念及价值合理性基础的上述理解,并不必然否定个人自由权利的价值,相反,它却有可能使我们对个人自由权利及其价值有一种新的认识。

2. 伦理关系

"伦理关系"范畴原本是黑格尔用来指称具有必然性的伦理性关系③,本书借用这个范畴用来表示一种特殊的社会关系,这种社会关系是日常生活中经过反思的、具有必然性的伦理共同体内在关系。问题的关键是伦理关系作为一种社会关系,是如何与其他社会关系相区别的,或者说,构成伦理关系的内在规定性是什么?我们仍然借助黑格尔展开自己的思考。

黑格尔将家庭、市民社会、国家作为伦理的不同环节,并在这些不同的环节中仔细讨论了人与人的关系,这就意味着伦理关系以人与人

① 参见汪晖、陈燕谷主编:《文化与公共性》"导论",北京三联书店,1998 年。

② 关于此可参考托克维尔的《旧制度与大革命》,冯棠译,商务印书馆,2012 年。

③ 参见黑格尔:《法哲学原理》,1982 年,第 148 节。

的关系为内容①，并存在于家庭、市民社会、国家生活中。他还认为在家庭、市民社会、国家生活中“各种伦理性的规定都表现为必然的关系”，在这些必然的关系中，人们获得现实义务的内容，拥有权利，成为实体性的存在，“达到了实体性的自由”②。这样，在黑格尔那里伦理关系的最基本规定就是具有“必然”性的“伦理性的规定”，这种“必然”即为伦理共同体中的“自由”——自由以这种必然性的伦理性规定为内容。正因为它是必然性的，所以它同时就是普遍、客观的，并在人们的自由意志活动中成为应当的。人们在这种必然性的关系中获得现实的自由。

令人感兴趣的是，为什么黑格尔在“伦理”之下讨论家庭、市民社会、国家这样一些似乎属于血亲、经济、政治等的关系？除了其思辨的体系需要之外，是否还有什么真正有意义的内容？如果说他给予我们的启示是伦理关系存在于经济、政治、血亲等关系中，那么，伦理关系与这些关系的关系又是如何？血亲、经济、政治等关系又是如何成为伦理关系的？血亲、经济、政治关系就其直接性而言，属于实然性关系，然而，实然的未必就是合理、应然的。黑格尔在“客观精神”的伦理阶段所要揭示的正是这种存在的合理性。经过反思的实然关系才具有合理性，才是应然的。这种应然性通过人的意志就成为必然性③。换言之，

---

① 伦理关系是一种人与人的关系，尽管人与自然的关系也会被纳入到伦理关系中来，但那只是在作为人与人关系的具体表现形式意义上被纳入进来的，即，伦理关系虽然在具象上会包括某些人与自然的关系，但就其实质而言却是关注的人与自然关系背后所隐藏的人与人之关系。否则，伦理关系就既不能作为一种社会关系存在，也不能作为一种价值关系存在，乃至整个人类实践的价值目的性也会是惘然的。这种对于伦理关系的最基本把握，涉及伦理学一些应用学科的基本学理合理性及其发展方向与发展前途问题。

② 参见黑格尔：《法哲学原理》，1982 年，第 148、149 节。

③ 必然性可以有两种理解：一是客观规律意义上的客观性必然，一是意志执着不已、必定化为现实行动的执着性必然。在人类主体的立场上思考，若是一种人民普遍意志，那么这种意志中就包含了社会历史发展中的客观性必然与意志执着性必然二者的统一。

实存的血亲、经济、政治、社会等关系均不天然正当合理的,它们均有个应然性、合理性问题,均须获得应然性、合理性辩护。没有经过这种反思的应然性、合理性辩护的血亲、经济、政治、社会等关系,均不具有正当性与合理性。这是问题的一方面。

另一方面,伦理共同体作为丰富的体系,自身不仅应当拥有血亲生活(关系)、经济生活(关系)、社会生活(关系),而且还必须拥有自己的政治生活(关系)。伦理共同体只有建立起属于自身的以爱为规定的血亲关系、以互利互惠为规定的经济合作关系、以基于平等权利的公平正义为规定的政治关系,有正义的制度、健全的法律,才可能是真正自由的"体系"或生活秩序。在这种伦理共同体中,每一个成员通过日常生活被引导向善与正义,形成"合乎人性"的"第二天性"。这就如同亚里士多德在深入思考做一个"好人"何以可能时,自然将自己的眼光引向政治学、引向城邦政治共同体、引向健全法律制度时所揭示的那样:一个人如果不是在健全的法律中成长,则很难形成正确的德性;一个具有从日常经验生活中学习能力的人,只要生活在"正确的制度下"且此制度"有力量",就能形成好习惯,养成好的第二天性。① 这意味着,伦理生活并不如同人们通常所理解的那样,仅仅只是"道德"生活——仅仅只是个体内向心性的修养,而是个体的日常生活过程。在日常生活过程中,每一个人遵守健全的法律,通过理性与经验体悟认知伦理共同体的价值精神,接受既有文化,在做一个好人的日常生活中形成好的习惯,形成好的第二天性,拥有好人的品质。

现在的问题是,伦理关系自身的合理性根据何在?黑格尔从两个方面对此做了回答。其一,就其思辨体系环节而言,通过绝对精神先验

① 参见亚里士多德:《尼各马可伦理学》,廖申白译,商务印书馆,2003 年,第313－314 页。

地加以解决;其二,直接以自由的时代精神为规定①。如果我们将黑格尔的绝对精神批判理解为终极目的,将绝对精神的运动理解为合目的的、定向展开的社会历史客观过程,那么,其绝对精神的论证其实又是一种特殊的历史论证:历史必然性——而这正是其在《历史哲学》中揭示他那个时代的时代精神所秉持的理路。② 这样,事实上,黑格尔将伦理精神自身合理性依据诉诸(或奠基)于自由。即,人自身的自由成为伦理关系合理性与否的判断依据。伦理实体、伦理关系、伦理秩序都只不过是人的存在及其关系与秩序,只有人自身的自由才有充足理由成为伦理关系及其秩序合理性的最终依据。在自由关系、自由秩序、自由精神中生活,成为自由的人,这就是伦理实体、伦理关系合理性根据的真实内容。

伦理关系具有反思性。伦理关系作为应然的社会关系范型,直接规定了生活于其中的人们的权利－义务关系。值得注意的是,黑格尔在谈论义务时不同于康德,他立足于实质的而不是形式的立场,从关系、环境的角度强调义务内容的客观性,因而,给人留下的印象似乎是伦理关系、尤其是黑格尔那儿的伦理关系淡漠权利,它所关注的主要是义务。这是一种误解。其一,黑格尔在家庭、市民社会、国家等伦理关系中,事实上讨论的是权利－义务关系。事实上他在客观伦理关系中就没有离开权利讲义务,他强调权利和义务的统一,即使是在道德领域也是如此③——他甚至讲“道德”亦是以个体平等的法权人格为

---

① 黑格尔在《法哲学原理》中直接将“自由”拿来并设定成理解全部“国家”现象的出发点。参见黑格尔:《法哲学原理》,1982 年,第 11 页。

② 参见黑格尔:《历史哲学》,王造时译,上海书店出版社,1999 年,第 454－455 页。

③ 黑格尔明确认为“通过伦理性的东西,一个人负有多少义务,就享有多少权利;他享有多少权利,也就负有多少义务。在抽象法的领域,我有权利,别一个人则负有相应的义务;在道德的领域,对我自己的知识和意志的权利以及对我自己的福利的权利、还没有、但是都应当同义务一致起来,而成为客观的。”参见黑格尔:《法哲学原理》,第 155 节。

前提①。例如,他在家庭中就讨论了父母与子女间的权利－义务关系,在市民社会中讨论了私人间权利－义务关系,在国家中讨论了公民与国家间的权利－义务关系。不过,值得指出的是,仅仅强调权利与义务的统一还不够。因为这隐含着一个危险的推论:以免除一个人的义务为条件剥夺他的正当权利②,或者因为一个人先天残疾或后天不幸患重症而不能履行社会义务,就以此为借口剥夺他的基本自由权利——这样做在逻辑上并不与权利与义务统一的价值要求相矛盾。正是在这个意义上,当代罗尔斯在研究社会公正时强调"平等的基本自由权利"。强调个人间的基本自由权利平等,这无论在学理上还是在实践上均十分重要。其二,伦理关系以权利－义务关系为核心,这有其学理上的依据。伦理关系是客观的,即相对于任何单个人而言,伦理关系都是一既有的存在,这种关系不仅规定了个人的义务,同时也规定了个人的权利。一个人应当拥有的权利与应当履行的义务不以其意志为转移,这是被伦理关系客观规定了的。这就是如黑格尔所说的权利、义务的普遍性。恩格斯曾在研究氏族社会时揭示权利与义务间的直接一致性及其客观规定性,恩格斯的这一思想也完全可以从伦理学的角度被把握③。中国学者在对中国古代社会生活的考察中也揭示了同样的内容④。在中国古代思想史中,如对"伦"、"慈孝"等的原初注释,也可以发现同样的学理。

---

① 从黑格尔《法哲学原理》三篇构成即可窥见。其第一篇"抽象法"是第二篇"道德"的前提,而第一篇的核心是平等的法权人格的确立。

② 事实上在历史中就确实存在过这样的情形,如古希腊时期的奴隶与贫穷的自由民,他们不享有或很少享有权利,因而也就不承担或很少承担对城邦公社的义务。关于此恩格斯在《家庭、私有制和国家的起源》的"雅典国家的产生"一部分中曾作了具体揭示。

③ 参见恩格斯:《家庭、私有制和国家的起源》;《马克思恩格斯选集》,第4卷,第155页。

④ 参见何炳棣:《原礼》;《释中国》第4卷,上海文艺出版社,1998年,第2328－2329页。

这种权利与义务的统一，不仅是一种缘于对存在感悟的信念（如果一切权利都在一边，一切义务都在另一边，那么整个社会就会因为极端的不公正而瓦解，只有二者的统一才是我们所应坚持的基础），更是出于一种严密的学理逻辑——既然这种关系是客观的，那么它对于生活在这个关系中的每一个人而言就是先在的，既不可剥夺，又不可推卸。

作为个人操守的道德义务与作为客观关系的伦理义务不同。在一定意义上可以说，道德义务由“我”主动承负构建，“我”是道德义务的在场者，在这里“我”虽也珍视自己的正当权利，但“我”更关注自己的义务，“我”为了义务甚至在特殊情况下牺牲自己的权利。而伦理义务则不是“我”主动构建。这种义务近乎是某种神祇的安排，“我”只能面对并接受它，她在为“我”安排了义务的同时亦为“我”安排了相应的权利。在这里，权利－义务是一体化的。伦理关系中的权利－义务安排是一种客观化了的制度性安排。**道德义务是一种主体－主观的立场**（当然，这种主体－主观的立场并不意味着道德义务内容是纯粹主观的，相反它以对道德义务内容的客观性理解为前提，具有合理性的道德义务内容并不是一个人纯粹率性而作的自我规定），**伦理义务是一种客体－客观的立场**。在道德义务中，“我”必须以一种主体的身份投入其中；在伦理关系中，“我”则必须以一种客体的身份接受客观规定与要求①。在某种意义上，道德与伦理的差别正是这种主观与客观的差别。②

---

① “道德的立场作为与社会伦理相区别，是主体的权利的立场。这里的主体声称是绝对地自我决定的，是 个对自己的准则。”参见 W. T. Stace, *The Philosophy of Hegel*, Loden, 1924, p.365。

② 客观伦理是“社会伦理”。社会伦理的规定至少有两个方面：一是内容外延的，它包括家庭、市民社会、国家、民族、国际社会，包括经济、政治、法律、环境、文化等各个宏观领域；一是方法视角的，以一种旁观者的身份客观观察思考问题。这样，社会伦理就暗含着以公正为主旨并从方法论上提供公正的前提。正是在此意义上，何怀宏提出“转换”道德观点的建议是建设性的。参见何怀宏：《走向道德观点的转换》，载《底线伦理》，辽宁人民出版社，1998 年。

伦理关系作为反思的、因而是应然、必然、普遍的权利－义务关系，本身存在的价值或意义是何？这就是社会生活的自由。在伦理关系中，社会成员的权利与义务得到了统一，存在的特殊性与普遍性得到了统一，主观的自由通过客观的制度变为现实，主观的自由与客观的自由得到了统一。这就如同麦金太尔通过对以亚里士多德为代表的古典德性考察后所揭示的那样，自由、善就是做那个关系结构中所要求做的①。

伦理实体通过伦理关系一方面获得了丰富的内在规定性，另一方面又由于伦理关系的结构性而表现为一种现实的秩序。

3. 伦理秩序

“伦理秩序”是伦理关系的结构性存在。伦理秩序首先是一种客观性关系结构，这种客观关系结构自身具有客观交往规则系统，这就是伦理关系的内在秩序；这种内在秩序通过人的行为活动表现于外，即为现象性的交往秩序，这就是伦理关系的外在秩序；对这种客观交往关系及其交往规则系统的自觉意识与主观表达，即为规范要求。②

哈耶克认为“秩序”一词可以用系统论中的“系统”（system）来替代③；“秩序”是事物的一种状态，在这种状态中，事物各要素之间的关系极其密切，以致只要根据对系统整体中的某些特殊部分要素的认识，

---

① 仔细琢磨可以发现黑格尔关于伦理实体与伦理关系的思想，与孔子“从心所欲不逾矩”中所包含的有关思想有异曲同工之妙。

② 因而，对社会伦理秩序的建设，关键并不在于规范条文的订立，而在于现实客观社会伦理关系及其结构的调整构建。

③ 参见 Hayek, *Law, Legislation and Liberty: A New Statement of the Liberal Principle of Justice and Political Economy*, completed ed., Routledge & Kegan Paul, 1982, p. xix。

就能形成对其他部分的正确预期①;社会秩序在于人类活动的有效合作,它在本质上意味着生活在这个关系结构中的行为者,可以有效地运用他们的知识,且能够极有信心地预见到他们能从其他人那里所获得的合作,他们的行动为正确的预期所引导②。就哈耶克揭示秩序是系统的状况而言,确实富有洞见。不过,对哈耶克的上述思想必须作进一步补充:其一,秩序一般只是表明系统关系的稳定健全状态,而不表现其体系本身的性质内容,因而并不能将二者简单等同。其二,哈耶克对于秩序的认识主要还是立足于规则、而不是客观关系的立场,而人们之所以能够做出正确的预见,就在于社会客观存在着某种社会交往关系结构,正是社会关系结构本身的稳定协调性,才形成交往过程中的通行规则。作为特殊社会关系之一的伦理关系本身是一结构体系,每一具体伦理关系均是这一结构体系中的纽结,各个纽节错落有致、协调稳定,表现在宏观上就是社会伦理生活的秩序。家庭、社会、民族-国家、国际,公域、私域,职业活动与业余活动等,各有其章(此"章"非文字规范章程,而是客观联结方式之"序"),且彼此契合有体(此"体"乃"系统整体"),那么,社会伦理关系就呈现出秩序。中国古代的三纲五常、四维八德,与其说它们首先是道德规范要求,不如说它们首先是中国古代社会伦理关系的客观结构。这种社会伦理关系结构以主观的方式自觉表达出来,就成为中国古代社会的道德规范要求。三纲五常、四维八德,至大至内,至慎至密,密而不乱,疏而不漏,浑然一体,构成了缜密牢固的中国古代社会伦理关系结构③。

---

① 参见 Hayek, *Law, Legislation and Liberty Rules and Order* (I), The University of Chicago Press, 1973, p.36。

② 参见哈耶克:《自由秩序原理》上卷,邓正来译,北京三联书店,1997 年,第199-200 页。

③ 正是从这缜密牢固的古代伦理关系结构中,我们可以解读中国古代社会超稳固之秘密,并领悟到要使道德规范具有普遍有效性,首先就必须使它具有世俗性。

伦理秩序的这种内在规定性,隐含着伦理秩序是在社会生活实践中历史性地生成的结论。哈耶克在研究社会自由秩序时,曾将秩序分为两类:“自生自发的秩序”与“人造的秩序”,即“非设计的秩序”与“设计的秩序”,他又称前者为“传统”,后者为“制度”,他认为伦理属于自生自发的秩序这一类①。事实上哈耶克于此已以自己的方式揭示了伦理秩序是人们在社会生活实践中历史性地生成的这一道理,只不过哈耶克完全否定伦理秩序的自觉设计、制度化,这有点绝对化。确实,伦理关系、伦理秩序就其最初形成而言,是人们于实践中自生自发的产物。然而,一旦伦理关系、伦理秩序被人们自觉反思意识,并通过恰当的方式将其中的一部分固定为社会制度性安排时,伦理秩序事实上已经成为某种特殊的被设计的秩序。或者说,伦理秩序这种原初“自生自发的秩序”在其充分展开过程中,至少会有部分被提升为“人造的秩序”。哈耶克的这个绝对化失误,可能与其对“伦理”的狭义理解、与其缺少对伦理秩序是伦理关系结构的认识有关。

伦理秩序在本质上应当是自由的秩序。正如黑格尔以其思辨方式所说的,“德毋宁应该说是一种伦理上的造诣”。即,当伦理实体的要求变为行为者的内在精神时为德;当伦理秩序表现为“个人的普遍行为方式”、成为人们的“第二天性”时,为风尚习惯;当伦理秩序通过思想被“明确规定,并作为法的东西和有效的东西予以公布”时,为实在法②。客观的关系结构及其主观规则表达,对于社会成员均是一种拘束,然而,这种拘束性仅仅对于逸脱于这个秩序之外的人才存在,在此伦理实体秩序之内的行为则是自由。

伦理关系的内在秩序、外在秩序、规范要求,在学理逻辑与客观生

---

① 参见哈耶克:《自由秩序原理》上卷,1997 年,第 26 页。

② 参见黑格尔:《法哲学原理》,1982 年,第 150、151、211 节。

成的意义上应当是一致的。然而,无论是从历史还是现实的角度观察,均会发现现实存在的伦理关系体系并不是唯一的,这样,就可能存在着内在秩序、外在秩序、规范要求彼此错位现象,甚至那些失却必然性的规范要求也会在外力强制之下,维持一定的外在伦理秩序。因而,生活中有秩序,并不能证明这种伦理关系本身就是合理的。更为重要的是,社会结构转型时期,同时也就是新旧伦理关系更替时期。在这个时期中,不仅充满了冲突与斗争,也会伴随着某种暂时的秩序紊乱。这种紊乱状态的消失,在根本上有赖于新的伦理关系、从而也是具有必然性规定的社会公平正义制度体制的确立与巩固。伦理秩序的这种变化,亦从一个侧面证实了伦理实体是自因,是一个发展变化的过程。对伦理实体的认识应当贯注历史的眼光。

作为价值合理性根据的伦理实体自身是一个历史的范畴。伦理实体的革命性变革,不仅意味着社会伦理关系、伦理秩序的革命性变革,更意味着伦理精神(或社会价值坐标体系、善恶标准及与此相关的社会观念、信仰)的某种革命性变革。在这种革命性变革中,社会自身经历艰难的阵痛后,将开启一个新的生活时代。

二、社会进步

人类社会在不断自我否定中由蒙昧走向开化,由野蛮走向文明,由原始走向现代。由市场经济建设所触发的这场社会变革,则是人类社会有史以来已经发生和正在发生的最为深刻的社会变革之一。在这场伟大变革中,人类社会的既有一切在重铸中获得新生;在这场伟大变革中,人们正在以自己的交往活动构建起一个新的生活世界,并以一种新的眼光审视自己的现实生活世界。

1. 进步内生

当我们能够说社会历史进步内生时,首先遇到的就是对“进步”本身的理解问题:在何种意义上、又凭何称一些社会变化是进步,另一些社会变化是退步?在这里,我们至少遇到三种意义上的“进步”纠缠,或者说“进步”概念至少有三种意义的理解:其一,单纯分化性的进步;其二,可以客观度量与比较的社会物质生活基础改善,社会生产力的提高,社会生活手段与技术上的进步;其三,价值的提高①。虽然我们也可以在前两种意义上理解社会进步,但是仅仅如此则有明显欠缺。只有将前两种理解统一于第三种意义上的理解,社会“进步”概念才具有充分合理性——它表示社会历史只有在人的维度中、且在人自身自由解放的意义上,才能有充分的理由谈论进步与否。

进步内生是指社会历史进步不是外在力量强加的,而是缘于自身内在因素生长出的。具体地说进步内生有两个不同角度的含义:一是本体论的,一是主体论的。从本体论的角度来说,根据马克思的基本看法,生产力与生产关系、经济基础与上层建筑的矛盾构成社会基本矛盾,以社会基本矛盾为基础的社会自身内在矛盾运动推动社会的进步,社会自身内在矛盾运动有其内在规律性,因而,社会历史发展行程中表现出一定的规律性。这种意义上的社会进步是个自然历史过程。然而,这种本体论的解释却必须以主体论的解释为前提才能获得充分的合理性。即,必须从现实的人及其活动的角度来认识社会生产力与生产关系、经济基础与上层建筑的矛盾及其所构成的社会推动作用。从主体论的角度来说,社会历史过程无非就是人的创造性活动过程。是

---

① 参见马克斯·韦伯:《社会科学方法论》,李秋零、田薇译,中国人民大学出版社,1999 年,第 114 页。

人的选择及其现实活动构成了历史，并构成现实的伦理共同体。社会历史进步由现实活动着的人们的自觉选择及其能动实践所推动。主体的实践论立场，才是认识社会历史进步的科学立场。

社会进步首先是一种社会变革。社会变革是对社会变化现象的直接表达。社会变化是一种事实判断，它只是说明今昔不同。社会变化虽然本身是一事实判断，但是在特殊意义上，它也能转化为价值判断。变化相对于僵化而言，它意味着某种新事物的出现，意味着某种进步的可能，因而，没有变化就谈不上进一步的进化，正是在这一特殊意义上，变化相对于僵化、相对于墨守成规、不思进取，是某种弱善、弱好。然而，人们使用社会变革这一术语时事实上总是赋予其某种积极的价值判断，总是暗含着在这种变革中存在着进步的因素。正是在此意义上，社会变革与社会进步在使用中往往具有同等意义。社会进步在根本上属于社会历史范畴，它可以从经济、政治、文化等诸多方面加以考察。本书所讨论的社会进步，主要侧重于社会交往关系及其结构体系方面。

尽管社会进步包含着时间的因素，但它主要不是一个时间的概念[1]。社会进步包含着时间先后次序，意味着在既有基础之上产生了一个新的事物或情景，但后来的却未必就是价值上更好的，新颖的未必就是更公正、善的[2]。在社会历史领域，甚至并不排除后出现的新颖事物可能更糟糕、有更多的罪恶。所以，社会进步并不是指人类历史活动的前后相继，而是指后来的活动、事物在价值上比以前的更善、更好。或者说，社会进步表示的是，在社会历史活动中以善的、好的，取代恶的、丑的；以更善、更好的，取代欠善、欠好的；对既有不公、丑恶的克服与消除。

---

① 时间是历史的过程或展开。

② 参见柯林武德：《历史的观念》，何兆武、张文杰译，中国社会科学出版社，1987年，第363－379页。

这样，社会进步就以某种价值目标为前提。它表示社会通过变革更接近于某种既定的目标。"人是万物的尺度"，"天生万物，人为贵"①，东西方古代哲人的这一系列思想深刻揭示了人在世界中的主体性地位。人类中心主义，在宇宙论、本体论的意义上是荒谬的，它可以导致宗教神学，然而，在主体论、实践论的意义上则是合理的。人的一切活动最终都是反指向自身、为了人自身的（甚至人类保护环境与自然资源，在最终意义上也是为了人类世世代代能够幸福地生活）。康德当年提出"人是目的"，一方面是对资本原始积累时期那种人与人之间互相敌对似狼一样状况的反思；另一方面是对社会终极目的性的反思。而他通过人是目的、意志自由、德福一致的结论，以自己方式所揭示的正是社会历史进步的终级目的性。马克思恩格斯所提出的自由人联合体理想境地，更是以一种简洁深刻的方式揭示了自由是人类社会进步的最终价值目标②。进步是一种趋向于某一已知目标的发展③，这一已知目标就是人的自由解放。

既然社会进步过程是历史发展中以好的、善的取代坏的、恶的，以较好、较善的取代较坏、较恶的，那么，这就隐含一个命题或一种可能：社会历史过程中也有可能出现以坏的、恶的取代好的、善的，以较坏、较恶的取代较好、较善的现象。虽然人们对于这种现象会从情感与理智上表现出更多的拒斥，但是，这种现象的出现在人类社会发展过程中并

---

① 参见：《郭店楚墓竹简》，文物出版社，1998年，第213页。

② 对于科学社会主义必然性的论证，至少可有两个不同侧面：一是本体论的，一是主体论或实践论的。本体论论证的基本逻辑是社会生产力的发展以及生产力与生产关系的矛盾运动，使得科学社会主义的理想境地必然要实现。主体论或实践论论证的基本逻辑是科学社会主义是人类梦寐以求的理想境地，在这个境地中，人实现了真正的自由。她是民心所向。凡是民心所向、为人民普遍追求的，在社会历史领域就是具有必然性的。人民在追求自由的实践活动中，将创造出科学社会主义的理想境地。

③ 参见哈耶克：《自由秩序原理》上卷，1997年，第44页。

不是绝对无意义的。在一定意义上它甚至是人类社会进步过程中的一个中介环节。恶是具有丰富内在规定性的范畴。一方面,它是与善相对的范畴,彼此可以互相转化。在历史的过程中审视,恶甚至就可能是一种新的善。另一方面,它取决于不同的价值标准,对同一社会现象,不同的价值标准可以有截然不同的评价。即使是在通常意义上所理解的恶,由于作为一种存在的否定性方面而使人类正视并采取有效方法加以克服,从而使人类的实践交往方式、智慧生存能力、精神境界,均能在克服恶的过程中得到有效提升。正是在此意义上,人类又是在不断抗争恶的过程中走向自由。没有恶,就没有善,没有对恶的抗争,就没有进步。

当我们说社会历史进步缘于人自身的创造性活动、是人追求自身利益的活动创造了自身的历史时,已从根本上否定了宿命论。然而,人自身的存在又有两种形态:个体的与类的,那么,当我们说是人的创造性活动构成了社会历史的进步时,究竟是在哪种意义上的人?是个体的,还是类的,抑或是二者兼而有之?如果说是类的,那么,一方面,对于个体而言,仍然没有从根本上摆脱宿命论。因为在那样一种观点看来,个体的所作所为对于社会历史而言,均无任何影响,既然如此,个体的存在及其活动既是无意义的,又是在根本上完全被规定的,这只不过是一种变形了的宿命论而已。另一方面,则又使类虚化为空无。类是由个体组成的,没有个体即无类,故,我们不能离开个体奢谈人的创造性活动。正是日常生活中个体的创造性活动,构成了人类自身进步的动力。确实,在一个宏大背景中,社会历史发展是有规律的,个体的活动与发展受社会的边际条件制约,但社会本身又由个体组成,社会的运动发展亦由活生生个体的活动构成,没有个体的活动,就没有社会及其运动规律。社会与个体存在一个互反馈效用。这个互反馈效用只不过是整体与个体、社会与个人统一的呈现。在对社会历史过程的认识中,应当寻求一个能兼统二者的立场。这就是前述主体实践的立场。这是马克思的伟大功绩。哈贝马斯亦曾表达了类似的思想:“个体的认知发展是在社会边界条件下发生的”,但社会自身又存在着一个进化的问题。“古代社会的初始状态又只能由社会化了的个体部分的建设性学习使自身得以改变”。这样,“社会学习与个体学习之间就有了一个循环过程。”①离开了活生生个体的创造性活动,就无所谓人类社会及其历史进步之可能。

社会进步及其规律存在于人的日常生活创造性活动过程中。社会趋于进步、人类趋于自由解放的过程,是人在日常生活中的创造性探索活动过程。这个过程是一开放的可能世界。

2. 可能世界

“可能世界”是指社会历史并不是既定、宿命论的,而是具有丰富多样可能性的开放性世界。它有两方面的基本意蕴:其一,社会历史进步只是一种可能,这种可能要变为现实,有赖于人们的现实创造性活动;其二,社会历史发展的可能性是多样的,多样性的可能性中究竟哪些可能性变为现实,取决于人们的现实活动。社会历史发展中的必然性存在于可能性之中,并通过人的现实创造性活动变为现实的存在。在“可能世界”的背景中,人不仅可以感受到作为社会历史主人存在的主体性地位,更可以感受到自己所承负的历史使命与责任。在可能世界中,人的命运在于自身的创造性活动状况。对于一个民族、一个国家而言,亦如此。

社会发展应当顺应历史潮流、合乎历史规律,这是人们的一共识。在这种共识中包含了一个基本前提:历史发展有客观规律。然而,正是

① 参见哈贝马斯:《交往与社会进化》,张博树译,重庆出版社,1993年,第124页。

在人们的这个习以为常的认识中却可以包含着大相径庭的内容:依据于对唯物史观这一内容的不同理解,可以得出宿命论的结论,也可以得出主体论的能动论的结论。如果说历史规律不包含人的现实活动,那么人的一切现实活动就将是毫无意义的,至多不过是那神秘安排的现象或显现;如果说历史规律并不外在于人的现实活动,它只不过是人活动的规律,那么历史就是人自觉能动活动的历史,历史规律就存在于人的自觉能动活动之中,社会发展就是人的创造性活动过程。

历史有客观规律,这不仅是个信念,更是对宇宙自然存在的深刻识见。宇宙自然有规律性,作为宇宙自然一部分的人类历史自然也是有其客观规律或必然性的,她是一个自然历史过程。不过,社会历史规律如同任何其他规律一样,都只是具体存在的规律。社会历史规律既不是超越于万物之上、游荡于冥冥天国的宇宙主宰,也不是先定存在并寻找机会跳出来施展魔力的潘多拉盒子中的魔鬼。它只能被理解为是人的活动的规律,它滋生并存在于人的现实活动之中。只有这种理解才既合符事物的本性又具有革命性,才能逻辑地于当今时代提出当代中国社会发展的历史方向问题,才能必然地提出当代人的历史责任与历史使命问题,才能合理地提出变革时期制度公正建设及其对克服道德失范现象的意义问题。离开人的创造性活动奢谈历史规律,在本质上跳不出泛神论或宿命论的巢穴,因而为马克思主义创始人所坚决反对①。社

① 马克思主义创始人认为:"'历史'并不是把人当做达到自己目的的工具来利用的某种特殊的人格。历史不过是追求着自己目的的人的活动而已。"历史规律只不过是"人们自己的社会行动的规律"。他们曾尖锐地批判过那种以宇宙目的论来解释人类历史的观点,并明确指出下述观点是"泛神论",这种观点把整个社会历史过程看作"不是由活生生的人民群众(他们自然为一定的、也在历史上产生和变化着的条件所左右)本身发展所决定,——整个的历史过程是由永恒的永远不变的自然规律所决定,它今天离开这一规律,明天又接近这一规律,一切都以是否正确地认识这一规律为转移。这种对永恒的自然规律的正确认识是永恒的真理,其他一切都是假的"。参见《马克思恩格斯全集》,第 2 卷, 第 118-119 页;《马克思恩格斯选集》,第 3 卷, 323 页;《马克思恩格斯全集》,第 7 卷,第 306 页。

会历史活动的规律既是主体活动的中介，又是主体活动的结果，既是对主体创造性活动的约束，又是主体创造性活动的产物①。

规律的本质是必然，主体性的本质是自由。自由并不逸脱于必然之外，但是自由又不简单地等同于必然。在社会历史领域，历史规律、社会必然被人们认识、把握、应用。人类在世世代代的实践、体悟、理解中，一方面将那些对社会历史起基本作用的规律于意识中升华为信念、信仰，这种信念、信仰使人类于峰回路转、柳暗花明曲折中，始终保持作为主体存在的一贯态度、稳定方向。另一方面，人类又于长期历史经验的锤炼中，将规律同人类自身存在的真、善、美直接连在一起，使之成为人类应有或理想状态的价值期望：尊严、人格、公正等。这既是一种主观的信念、人心的取向，也是一种历史的力量。蕴含其中的是善良必定战胜邪恶、公正必定战胜偏私的社会信念与历史趋势。

历史发展充满了选择，选择是必然与自由的统一。未来不是注定的。历史只是给未来提供了大致趋向，在这种趋向中存有多种可能，或者说社会历史在现实中孕育着未来发展的在一定范围内的多种可能，人的自觉选择及其创造性活动则实现（社会历史发展过程所提供的）这些可能性中的某个（或某些）可能，从而使可能与现实、偶然与必然达于统一。现实并不是某一可能的充分实现。现实是历史诸因素综合作用的结果，是某些可能的部分实现。没有选择，就没有发展、没有历史。

历史在选择中前进，与历史在人的能动实践中发展是同义语。这就不得不涉及社会历史发展的目的性问题②。“社会目的性”或“人的目的

---

① 吉登斯在论述“结构二重性”观念时认为规则既是人的活动的中介，又是人的活动的结构，并对无视主体性及主体性的狂妄作坚决的批判。这个批判是合理的。参见吉登斯：《社会的构成》，李康、李猛译，北京三联书店，1998年，第89－90页。

② 这里的“目的性”不仅仅是在客观定向展开意义上使用，更是在主体能动活动的价值指向意义上使用。

性”不同于“自然目的性”。自然目的性是自然界的自在定向展开过程，是其规律性、必然性的显现。而社会目的性或人的目的性则不仅仅是一个存在必然性与规律性的定向展开过程，更是一个有意识的自觉选择、能动实践过程。人的一切活动最终都反指向自身。选择是对目的以及实现目的的手段的选择，是对结果以及实现结果的活动过程的选择，归根结底是对人的自由解放以及实现自由解放道路的选择——因而，也是对创造如马克思所说“合乎人性”生长环境的选择。一个社会无论怎样选择自己的具体发展道路，都应当以社会成员人性健康发展、人民生活自由幸福为最高宗旨①。

存在总是不完满的，主体对自身存在状态也总是存有不满。创造历史的实践活动总是从对自身及其存在条件的不满开始②。选择，就是在目的性生活过程中的比较、批判——在一定意义上可以说是基于一定目的对规律发生作用条件的改变，并通过改变条件来改变规律的作用及其效果。改变存在的条件就是改变人自身。人在使不太完满的环境变得比较完满的同时，也使不太完满的自身变得比较完满。改变环境与改变自身是一体两面之事。人们往往总是抱怨环境的丑陋、风气的败坏，希望有合乎人性的公正社会环境以利自身的生长。这种愿望是善良的。不过，人们亦不可忘记：我们每一个人并不是观剧者，而是剧中人。改变

---

① 要实现人民生活的自由幸福，就必须发展经济、发展社会生产力，否则，人民的自由幸福就可能是空幻的。正是在这里，我们可以体会到发展经济、发展社会生产力的目的性，同人民自由幸福生活的现实基础与实现途径的内在相通性。不过，人民自由幸福生活并不仅仅是物质的享用，更重要的还在于政治自由与精神自由。

② 马克思恩格斯在《德意志意识形态》中曾指出：“自古以来‘条件’就是这些人们的条件；如果人们不改变自身，而且如果人们即使要改变自身而在旧的条件中又没有‘对本身的不满’，那么这些条件是永远不会改变的。”参见马克思恩格斯：《德意志意识形态》，人民出版社，1987 年，第 440 页。

自己的日常行为与日常生活状况,就是改变社会环境的现实活动。我们就是社会的主人与主体。选择社会进步,就是选择改变自身生活条件与生活环境的活动。

社会在选择中进步。然而,值得指出的是:首先,这里所说的选择并不是一种无限制的主观任意,而是在一定范围内、受限制的选择。客观存在及其必然性、规律性提供历史的趋向,提供选择的可能范围及解决矛盾的现实可能手段,并从根本上提供可能与现实、偶然与必然统一的基本内容。其次,存在着如同黑格尔所说的理性狡黠。人们自以为是聪明算计与选择,但结果却往往事与愿违,人们至多只能大致实现自己的理性目的。存在的必然及其发生作用的条件难以被完全提供与把握,再加之人们的眼前利益又往往会遮碍其洞见、迷惑其心智。这往往会使必然以一种扭曲了的方式发生作用并给人们以教训。人们总是受自己的存在及其条件所限制,总是基于自己的立场来理解与把握这种必然与规律,甚至往往狂妄自大,以"力"作"势"、对抗"天命",依个己意志安排历史,因而往往不得不受到历史规律的惩罚。再次,任一时代的人们总是在解决自身所面临的一系列问题中进步,既有问题的解决只是为新的、甚至是前所未有新问题的出场开辟道路。人类永远面临着自我发展过程中所提出的新问题。选择进步就是选择自我挑战。害怕新问题,或者以新问题为遁词而安于现状,既是没有生命力的表现,又不可能杜绝新问题的出现。复次,社会解放、人类进步以人性提升为内容。人性提升的综合标志是人的实践能力的提高,这不仅指改变外部自然的劳作能力的增强,更是指如同亚里士多德、康德所意指的实践理性生活能力的提高。

通常人们总是认为过去决定现在,过去与现在决定将来。这是单向度的机械决定论。其实,将来也能决定现在。将来通过价值目标及其引领的方式决定现在。历史就是"过去的事件与前进中出现的将来的目标之间的谈话”①。当社会经济生活处于重大变化、社会结构处于系统调整之时,这种价值目标选择对社会发展的引领作用就格外明显。社会发展的方向在很大程度上取决于价值目标选择的方向。当然,人们价值目标选择、能动实践也受历史条件的规定,并非能完全随心所欲。只有那些既合乎历史发展方向、又具有现实条件的选择,才能取得存在的理由并最终变为现实。不过,在既有历史条件中,人的价值旨趣、目标选择不同,历史发展的方向与进程就可能大不相同。人的实践状态不同,存在的价值就不同,现存的事物对人类社会的意义就不同。当社会处于历史性的结构转型时,应当充分把握千载难逢的历史机遇,充分发挥价值选择对现实与未来的积极作用。

社会进步、社会生活中的秩序性与公平正义,这些均是一种可能。由可能变为现实有赖于人自身的创造性活动。人是社会性的存在。人的社会性在其原初意义上首先是政治性②。人的社会组织结构、制度体制并非先天就是公正、善的。公平正义的社会政治生活及其组织是人自觉创造的结果。休谟在谈到自由的政治制度设计时曾提出著名的“无赖原则”。休谟的本意并不是相信人在本性上都是恶的,但是他却要假定人在进入政治生活后可能成为无赖。他的本意是要确保理性设计的制

---

① 参见艾德华·卡尔:《历史是什么》,商务印书馆,陈恒译,1981 年,第 135 页。

② 人的社会性由动物的合群性演化而来,而社会又是有组织的。正是在这个意义上,说人是“社会的动物”与说“人是政治的动物”是同等意义的命题。其实,亚里士多德本人对人的规定是 zoon politikon 即“政治的动物”,亚里士多德的这一命题最早被译成 animal socialis 即“社会的动物”。后经托马斯·阿奎那阐释成一个标准译名 homo est naturaliter politicus, id est, socialis,即“人按其本性便是政治的,亦即是社会性的”。social 一词源自拉丁文,在古希腊文中无对等词,也无对等的观念。然而,拉丁文的 societas 却有十分明确的政治涵义,这即意味着现今所说的“人是社会的动物”其本意是“人是政治的动物”。“社会性”首先是“政治性”,或者说人不同于动物之处不在于合群性,而在于组织性。参见汉娜·阿伦特:《公共领域和私人领域》,载汪晖主编:《文化与公共性》,北京三联书店,1998 年,第 58 – 61 页。

度体制应当使无赖行为发生的可能性最小。休谟这一思想的真谛在于：假定了无赖的可能，就能理智地防止与杜绝无赖变为现实；公共生活的秩序并不维系于个人私德，而依靠严密的制度体制。社会制度公正与否，均只是社会历史发展中的一种可能。只有考虑到社会不公的存在可能，并争取社会公正可能的现实实现，社会才会变得公正。

历史发展、社会进步是一个可能世界。它既不是宿命的，也不是线性的。历史进步存在于人们追求自由的现实活动中。在这个过程中，可能变为现实。只要人们追求自由的活动不停息，历史就必将一步步前行。

3. 理性累进

人是理性的存在物。这里的"理性"并不是通常仅仅局限于现代实证科学范围、并将其当作与"科学"可以相互替代的概念范畴，它在最一般意义上表示人类的自觉意识活动这一普遍特征；亦不仅仅指人有认知、推理的能力，更重要的是指人的反思能力。反思能力不能被简单地理解为是在认识论立场上对思想、思维本身的再思考，而应当在实践论立场上被理解为在实践过程中对生活、实践本身的批判性审视，它是在对存在本真性把握基础之上的具有转化为现实行为内在冲动性的实践理性。这种反思能力主要不是纯粹学识认知的，而是生活认知与生活行动性的①。人类是世间唯一能够自觉意识到自己正在创造自己历史的存在物，也是世间唯一能够通过反思而自觉推进自己历史的存在物。

社会历史的进步过程，在马克思看来是人的能动实践过程，在哈贝

---

① 当年康德提出人要"为自然立法"，"为自身立法"，并反问"我是什么"，"我能做些什么"，"我应当做些什么时"，所透露出的正是这种实践理性之睿智。

马斯看来是人的学习过程,在哈耶克看来则是人的理性累积过程。哈贝马斯通过将社会理解为是由交互主体组成的共同体,揭示社会成员通过相互间平等对话商谈学习的历史进化机制①。哈耶克则从认识论立场,以个体的“理性不及”否证了超人、完人对社会发展过程先验设计存在的可能,从而揭示了社会的“自生自发”进化过程②。这里需要特别需要注意的是,应当避免简单无条件地搬用哈贝马斯商谈、对话理论来理解人类进步、规范有序过程。否则,就有可能使人们淡漠现实社会物质生产活动,遗忘现实社会利益矛盾及其冲突,无视斗争在解决社会利益矛盾冲突中的作用,从而陷入浪漫奢望之中。迄今为止,人类尚未摆脱利益对立与冲突,有时这种利益对立与冲突甚至还以血腥的方式出现。生活在社会最底层的民众不能将自己的命运寄托在上帝、救世主身上,相反,只有通过自己的不懈斗争才能获得与维护自己的正当权益③。当然,由于现代社会建立起了基本法治制度,因而,现代社会中的各个利益集团在争取自身利益的斗争中,逐渐变得更加理性、聪明起来,逐渐提高了处理这些矛盾冲突的能力。没有利益矛盾与斗争,就不可能有实践理性能力的提高④;没有法治,就不可能有商谈、对话的基本背景。哈贝马斯、哈耶克的思想具有现代社会的历史背景且不失机智,然而相比之下,马克思以社会物质生产过程为基础、从实践角度揭示社会历史进步过程的做法,更具有深刻的历史感。只有在马克思

---

① 参见哈贝马斯:《交往与社会进化》,1993 年。

② 参见哈耶克:《自由秩序原理》,1997 年。

③ 正是在这个意义上,马克思主义创始人所揭示的在观察社会历史问题时的社会利益分析方法,仍然保持强大的生命力。尼布尔在其《道德的人与不道德的社会》中亦对现代社会中的利益对立作了很精彩的分析。

④ 正由于这些原因,本书尽管在后面亦会使用“商谈”、“对话”、“协商”等概念,但本书在使用这些概念时,都以对这种利益冲突的承认与理解为前提,并以坚持人们的理性能力是在包括这种斗争与冲突在内的实践中得以提高为基础。

相关思想基础之上来理解哈贝马斯、哈耶克的上述思想，才能把握他们的思想真谛与精髓。虽然马克思、哈贝马斯、哈耶克关于社会进步过程的思想表述方式乃至出发点互不相同，但就其要旨而言，三者则有相通一致之处：都拒斥历史宿命论，都认为社会进步是人在生活实践基础之上理性学习且这种理性学习能力逐渐提高之过程。本书用“理性累进”概念概括这一过程。此处“累进”表示人的反思性自由实践能力提高的累积性。

文明的进步过程，是人在生活实践中学习、试错、改进的过程。人只能根据既有的知识、能力，大致地描绘未来世界的轮廓，选择自己的行为，安排自己的活动；人也只能在生活实践中才能发现自己的缺陷与不足，从而努力使自己与生活环境达成相对调适。这个过程就是人对自我、对自我与周围环境关系的调适过程。人的这种不断调适过程，就是文明的累积进步过程。人的理性能力只有在日常生活经验基础之上才可能得到提升。正是在这个意义上，社会进步不是预设的，而是人类在日常生活实践中的创造性适应性。虽然从结果的角度回溯，历史发展、社会进步似乎是一个有目的的过程，但是，它们并不是某个伟人的安排，也不是出于某个大师的计划，它是日常生活变迁的系统结果。一系列条理井然、关系复杂的制度体制，虽然其中也充满了具体的设计，但这具体设计一方面是过去实践理性累积之结果；另一方面其本身又须经受生活实践持续反复的批判。不是某个（或某些）人选择了某种制度体制加于社会之上，而是无数活动着的个人为争取自己现实利益的活动构成，或者说选择了这样一个制度体制框架①。

如果我们不是希望社会以无政府状态自发演进，而是以某种代价较小的有序方式演进，那么，对于任何社会宏大进步而言，当然希望要

---

① 参见哈耶克：《自由秩序原理》，1997 年，第 65 – 67 页。

有某种顶层选择、设计、安排。但是，这种顶层选择、设计、安排，只可能是方向、原则、框架、背景性的，而不可能是包揽一切、代替众人日常生活创造性活动的。

文明的进步过程，同时就是文明自身的自我筛选、积淀之过程。人在日常生活中会遇到各种经验事实的冲击。在这种日常生活经验冲击下，人会暴露自身的欠缺——甚至那些一直被人们奉为圭臬神圣且具有极强稳固性的道德价值原则，也会在经验生活世界的持续顽固有力冲击之下，失却既有的存在根基①。人们会在日常生活经验的刺激下，通过理性反思的自我批判，对这种欠缺做出某种修正。这种修正最终受制于它对日常生活的意义或有效性。从根本上说，对人自身存在的意义、功用、效用，是人们日常生活理性累积学习最直接且最根本的取舍依据②。日常生活经验是理性的基础，日常生活经验基础上的理性才有可能是合理的。

社会进步的理性累进过程表明社会历史自身的开放性。历史不是既成不变的。既有的历史或生活方式总会有缺陷。社会发展的机遇存在于普遍民众的日常生活中。如果一个社会、一种文明是封闭的，那么它必然是僵化的。一个封闭僵化、停滞不前的社会、文明，并不是因为这个社会、文明进一步发展的各种可能性已经穷尽，而是因为其已有的识智控制了其发展的可能，以致扼杀了促使理性累进可能机会的出现。一种文明的生命力，就在于自我批判与自我否定的勇气与能力。

理性累进发生在个体、组织与社会的所有层面上。然而，无论是发

---

① 参见黑尔：《道德语言》，万俊人译，商务印书馆，1999 年，第 70 – 72 页。

② “文明的所有手段或工具，都必须在人们追求其当下目标的过程中证明其自身的效度，无效者将被否弃，有效者将被保留。”值得注意的是，虽然哈耶克此处所论是在“各种制度与习惯”意义上的，但它可做更广泛意义的理解。参见哈耶克：《自由秩序原理》，第 37、71 页。

生在哪个层面的理性学习累进，最终都必须通过现实个体的学习才能得以实现。即，即使是组织、社会层面上的理性进步，也是由现实个体的理性进步所构成。个体的自主、自由、自觉创造性活动与价值批判，是社会进步的现实承负。没有这种富有个性的个体活动，就不可能有社会历史进步乃至社会历史自身。每一个个体由于其具体的生活环境、生存境况、生活阅历的不一，对生活的领悟能力、情趣爱好、观察角度的差异，有可能对生活本身产生不同的认识，形成不同的价值判断，作出不同的选择，做出不同程度的创造性活动。这种具体各别、带有强烈个性特色的活动，对于社会历史过程而言似乎是偶然的。然而，正是在这个多样性的偶然个别中，一方面，现实的人们逐渐学会如何相互协商对话沟通，学会如何在多元中生活，学会客观评价异的存在及其价值；另一方面，在这多样性的偶然性中又隐藏着某种必然性，或者说，为社会历史的可能世界提供了一些新的可供选择的可能。这样，原初偶然个别的学习活动，就会在社会过程中逐渐积淀为集体的学习活动，演化为社会集体的财富。人类理性进步，原本就是通过个体理性进步实现。个体自由精神的张扬、理性精神的创造性发挥，是人类理性（或社会）进步的原动力。

理性所累积的是在实践中被证明行之有效的思想观念、行为方式。这些被习得的思想观念、行为方式，在持续过程中变为习得性习惯（于个人为习惯、于社会为风尚），并固定化为一种社会制度性存在。这些习得的习惯与制度，反过来又成为制约、规范人们社会生活的新准则。

理性累进总是在既有历史时空、社会规范中进行。这些既有的时空、规范，既是人们理性学习的基础，又是人们理性学习过程中所要改造的对象。理想的社会有序演进过程，不是对既有社会规范的彻底抛弃，而是在现有基础之上寻求构建新规范秩序的现实途径。正是在此意义上，发现既有规范制度体制的缺陷并不是最重要的，最重要的是如何在既有基础之上有效地克服这种缺陷①。这就意味着，在建立新社会生活方式过程中，必须谨慎地对待既有的行为规范，在建立新规范、准则的同时，应避免规范缺失的真空状态。

建设以市场经济为基础的新社会生活方式过程，是一个理性累积进步过程。人类在进入市场经济初期，一切都处于原初混沌之中。运行规则缺失、交往狭隘、关系混乱、物质匮乏、目光短浅、急功近利，整个社会呈现为一个人对所有人的战争状况。人们在经受了这种切肤之痛后，逐渐变得成熟、有序。这不是超人力量作用的结果，而是日常生活经验教训使人逐步摆脱自身的狭隘、野蛮、愚昧、丑陋，并变得比较自律、文明。恩格斯在经过近半个世纪的观察后，晚年对资本主义社会有了新的认识。在他看来，资本主义的较发展阶段与其"较早阶段"或"早期阶段"有相当的不同，在社会交往秩序上表现出相当的文明、进步②。如果我们抛开资本主义这一特殊社会形态，在市场经济这一背景中认识恩格斯的这一思想，那么，从中所能体会到的就是：以市场经

① 以暴力革命为特征的社会变革中的规范化过程则应另当别论。哈耶克以自己的方式表达了同样的思想，他认为人总是在既有的价值框架中学习、理性累积的。"价值框架的这种给定性意味着，尽管我们必须不断努力去改进我们的制度，但是我们绝不能够从整体上对它们做彻底的重新建构，而且即使在我们努力改进这些制度的过程中，也还是必须把诸多我们并不理解的东西视为当然。这就意味着，我们必须始终在那个并非我们亲手建构的价值框架和制度框架内进行工作。"既有社会交往规则与行为习惯"是我们实现目的的基本条件；当然，它们也是社会做出的成功调适的一部分，它们一方面经常为人们所改进，而另一方面它们又是人们能够实现多少成就所赖以为据的基本条件。发现它们的缺陷固然重要，但是我们的发展却一刻也不能不以它们为基础。"参见哈耶克：《自由秩序原理》，第 73 – 74、35 页。

② 恩格斯认为他早年在《英国工人阶级状况》"这本书里所描写的情况，就英国而言，现在在很多方面都已成为过去。""资本主义生产愈发展，它就愈不能采用作为它早期阶段的特征的那些琐细的哄骗和欺诈手段。""那里商业道德必然发展到一定的水平上"，他还以大量实例证明自己的这一观点。在他看来，资本主义发生这样的变化并不是因为资本家不愿追逐剩余价值，恰恰相反，他们这样做"纯粹是为了节约时间和劳动"，仍然是为了追逐剩余价值。参见《马克思恩格斯全集》，第 22 卷，第 311 – 312、315 页。

济为基础的社会在自身发展过程中会逐渐变得规范化、文明化,其内在根据就是人们在日常生活经验中的理性学习、自律、自调适。

三、制度变迁

每一特定社会历史形态都有区别于其他历史形态的基本特质。这个基本特质既有物质的,亦有精神的,既包括质料内容的,也包括形式结构的。正是这些基本特质,使得一个社会的历史形态在总体上保持自己的独特性与秩序。特定社会历史形态作为整体有其自身的同一性或统一性。

社会变迁可以有不同层次的理解,本书此处在社会哲学、历史哲学角度将其理解为社会历史形态间的历史性变化。制度变迁是社会变迁的核心内容①。社会通过累积进步会达到一个临界点,伦理共同体的具体内容及其关系与秩序会发生某种根本性变化,呈现在人们面前的似乎是一个全新的生活世界。此时,既有的社会同一性被打破,新的社会同一性呼之欲出。广义的制度变迁正是指这种历史形态变迁背景下的制度体系间的更替。为了使制度变迁范畴有更大的解释性,制度变迁范畴还应当有狭义的理解。一个社会,尽管社会历史形态本身并没有发生根本的变化(人类有史以来也只不过就那么屈指可数的几次),但是,在这种历史形态中,社会生活方式、交往关系结构也会发生某种重大变化,甚至这种变化使人们产生进入一种新生活世界的感觉。这

---

① “制度变迁”原本是制度经济学中的一个重要范畴,它主要指的是经济活动中活动规则的变更,制度变迁是在竞争背景之下既有制度与组织之间交互作用的结果。本书于此借用这一范畴用以表示社会交往结构及其规则的变革,因而,在这里“制度变迁”主要不是一个政治学、经济学的范畴,而是一个社会哲学、政治哲学范畴。制度经济学关于制度规范对于经济活动的意义、以及制度变迁的机理分析方法,对于哲学－伦理学分析认识社会结构的规范意义及其变革机理,有积极启迪作用。

种意义上的社会关系结构变化亦应当被理解为是种制度变迁。应当注意制度变迁的广义与狭义之区分。

社会同一性既是一种存在的同一性，也是一种意识的同一性，还是一种制度的同一性。所谓存在的同一性是指伦理共同体的同一性，以及由此伦理共同体所规定了的权利－义务关系的同一性（或统一性）。生活在此伦理共同体中的人们有一种基本相同的生活方式，且这种生活方式以某种基本共同的经济活动方式为基础。意识同一性则指这个伦理共同体有某种占主导、主流地位的价值观，这种价值观能够统摄人心、整合社会（这并不意味着这个社会中的每一个成员在日常生活中都事实上接受这种价值观念）。制度同一性则是指这个伦理共同体具有某种稳定的社会关系结构，且这种稳定的社会关系结构通过具体制度体制对共同体进行有效的社会规范整合与治理。这三种同一性的统一，构成社会的系统整合。

1. 生活变革

存在同一性是社会同一性的基础。存在同一性的变更将引发社会同一性变更①。市场经济是前现代社会与现代社会存在同一性得以区别的基础。市场经济建设启动了全新的社会历史进程。

市场经济建设给社会带来的最深刻结构性变化莫过于生活的自由②。市场经济是通过市场配置社会资源的经济体系，因而市场经济

① 马克思的唯物史观在解释社会历史进化过程中并没有过时，甚至哈贝马斯亦是在马克思的基础展开自己的工作，坚持经济结构在全部社会结构转型中的“领头作用”。参见哈贝马斯：《交往与社会进化》，1993 年，第 147－152 页。

② 20 世纪 80 年代初，农村改革刚起步且争论激烈时，笔者曾奉命深入农村调查。当农民们谈到“大包干”的好处时，几乎众口一言：“自由了！”。笔者当时几乎为“自由”出自农民之口而震撼。农民们通过日常经验生活体验到了启蒙思想家竭力鼓噪的自由！对此，记忆犹新。

的第一前提就是造就出无数相对利益独立的经济行为主体。正是在此意义上又可以说,市场经济使人们发现了自我——社会成员通过发现自身利益而发现了自我的存在。市场经济甚至以一种无情的方式使人们感受到个人的自由:个人被抛到自由中,个人不得不自由;个人必须作出选择,必须对自己的选择、生活、存在负责。市场经济所造成的经济自由在带来某种解放的同时,亦带来自由的重负。自由不仅是一种现实的权利,更是一种现实的责任。尽管如此,自由精神仍然是人类理性觉醒、走向新时代的向导①。

自由是人的基本特质。人的历程就是逐渐走向自由(或不断获得自由)的过程。关于自由,可以说是一个歧义颇多、争论激烈的问题。它可以从哲学的角度去把握,如霍布斯、洛克、康德等关于天赋人性理解,斯宾诺莎关于自由是对必然的认识的理解,尼采、叔本华、萨特等关于生命冲动或人的选择的规定,当然还有黑格尔及被马克思批判改造过的自由是对必然的认识与利用的深刻揭示。自由也可以从伦理学的角度去认识,如以康德为突出代表并给宇宙留下人的崇高感的自由意志学说。自由还可以从政治学的角度去规定,如以霍布斯、卢梭、孟德斯鸠等为代表的自由权利思想。其实,关于自由的各种论争,无论从何种角度、何种立场展开,它们都是在关于人的立场与角度去思考、探究的。不同的立场与角度,应当在人及其存在方式这一核心中得到统一。换句话说,对自由的完整理解就是对人及其存在方式的完整理解。对自由的哲学、伦理学、政治学等的认识,实质上是对人及其存在方式这一完整问题不同方面的把握,是同一问题不同方面的揭示。自由既是人的起点又是终点。作为起点,自由是人的本体规定,为人禽之别的根本分界线,没有自由就没有人格尊严。作为终点,自由始终是人的目的

① 参见黑格尔:《历史哲学》,王造时译,北京三联书店,1958 年,第 458 页。

性追求，人须通过自身的创造性活动才能获得自由。

在政治哲学、道德哲学角度看，自由是一种人们相互关系状态，离开了社会关系，就难以把握自由，也根本无所谓自由。社会关系中的自由是约束与强制的不存在①。自由是一历史范畴，只有人类才有自由与不自由问题，并且人类自有史以来就区分为自由与不自由两类。“自由原本指自由人或自由生产者地位或身份，与奴隶状态适成对照”②。从语义学来看，“自由的”条顿词根描述的是共同体中受保护的成员的地位，拉丁文中的自由 liber 与希腊文中的自由 eleutheros 源出于意指部落氏族成员之语词，即自由原指有保障且有权利的人③。而这种自由的原初含义，与个人从共同体获得权利与义务规定的原初做法相一致。因而，历史地看，个人首先是作为自由或不自由来到世界的。在一个存在奴役的社会中——包括来自物的、社会的及传统精神的奴役，自由就是对奴役的抗争。自由是在反抗奴役的过程中得到体现并得以变为现实。

这样，个人是否自由并不取决于他可选择范围的大小，而是取决于他人是否有权力操纵各种条件，使这个人按照他人的意志而不是自己

① 哈耶克曾对“自由”作了认真探究。他仔细区分了几种自由：政治自由、内在自由或意志自由、认知与技能力量的自由、物质生活自由，并给他所理解的自由下了一个否定性的定义：“约束与强迫的不存在”。他对自由所作的区分是有意义的，他事实上立足于政治学角度理解自由的做法是敏锐且深刻的。遗憾的是，哈耶克在对几种不同角度理解的自由作出区别时，并没有看到彼此之间的联系。不过，我们于此主要感兴趣的是他研究问题的方法及其结论。他认为自由是人的一种状态，在这种状态中，一些人对另一些人所施加的强制被减至最小可能之限度。参见哈耶克：《自由秩序原理》，1997 年，第 5、11 - 13 页。值得注意的是，说自由是约束与强制的不存在，并不意味着自由否定通常所说的日常生活中法律的约束与强制。因为，就这些约束与强制要义而言，它们是自由的自我限制，是人民的自我约束与自我强制，而不是外在异己力量所强加的约束与强制。这些正是这些法律约束与强制的合理性根据之所在。

② E. Barker, *Reflections on Government*, London: Oxford University Press, 1942, p. 1.

③ 参见哈耶克：《自由秩序原理》，1997 年，第 319 页。

的意志行事;是否有个人的独立,是否有如同哈耶克所说的"他人所不能干涉的"、"确获保障"的情势、权利。没有权利,自由子虚乌有①。

经济自由是人一切自由活动的前提,只有在经济自由基础之上所获取的各种权利,才可能是真实且不可剥夺的权利。没有经济自由的政治自由,难免流于空中楼阁②。经济上的被奴役,意味着政治上的被奴役;经济上的被绝对控制意味着经济自由、政治民主的缺失。

莱布尼茨曾将世界理解为是由无数封闭单子构成的体系,每个单子都在全知全能的上帝的安排下自由变化发展着。这就是其著名的"前定和谐说"。如对其"单子论"与"前定和谐说"不过于挑剔并加以冷静反思,那么,我们可以得出这样的结论:莱布尼茨以自己的方式把握了他那个时代商品经济社会中的个体存在方式,以及相互间关系的调节方式。其"单子"就是以特殊方式表达的存在于商品经济社会中的个体,其"前定和谐"就是以特殊方式所表达的、后来为斯密所揭示的那只"看不见的手"的自发调节之结果。事实上,商品经济社会中拥有自由经济活动权利的个体,首先作为一个个"单子"表现于外。正是这"单子",一方面显现了个体的自由权利,另一方面又显现了个体存在的某种自然状态。在此意义上,经济中的自由首先就是一种孤独的自由。这种孤独并不说自由从事经济活动的个体并不与外界交往,并不与他人发生一定的联系,而是说自由从事经济活动的个体首先是为了自身的利益而存在的,彼此间由于利益独立所首先显现出的则是对立、孤离。这正是古典个人主义得以存在的历史根据。

① 参见哈耶克:《自由秩序原理》,1997 年,第 1 章。

② 西方近代市民社会的兴起首先源于市民对于自身经济自由权利的争取,西方近代以来兴起的政治民主潮流亦源于商品经济及其大规模发展。中华民族近代以来争取自由的斗争虽然是从反对外国列强、反对封建专制开始的,但这并不意味着中华民族的自由可以不以经济自由为前提。历史已经证明,中华民族要获得真正政治上的自由,就必须首先争取实现经济自由。

相对独立的利益主体，经济自由，意味着每一个体的兴衰成败、损益得失首先有赖于自身的创造性活动。市场竞争充分调动了社会每一个体的积极性与创造性。这种创造性与积极性表明社会富有活力。虽然活力较之僵化富有生命力，然而活力本身未必就是善的（癌细胞就充满了活力，但正是这活力可以葬送生命本身）。这样就不难理解霍布斯所描述的人与人之间像狼一样竞争的自然状态。当人们第一次拥有竞争的权利，并被推向竞争时，当人们第一次发现拥有自由从事经济活动的权利，并被自身利益所推动行使这种权利时，首先伴随着这种竞争出现的是由生命本能冲动、物欲贪婪所支配的攫取。在这种情况下，每一个个体似乎都是自己的主人，但每一个个体又都对自身的命运无能为力；每一个个体都在努力攫取，但每一个个体又都在失缺某些做人的最基本内容。拥有经济自由活动权利的个体，在欣赏、品味自由权利的同时，也饱尝了自由权利的苦涩。个人的经济自由权利给人带来了解放，也给人带来了苦涩。正是这种苦涩，才使人们反思经济自由权利及其合理使用，反思人们相互关系及其应有状态。个体自由不是任性，而是一种不侵犯他人自由、不伤及做人基本准则、不危害社会行为规则的自由，是一种包含着宽容的自由，是一种尊重他人正当权利、维护共同体正当利益的自由。

市场经济的起点是多元利益主体，是一个个现实的自我－主体。然而，市场经济具有开放性。每个自我－主体处于相互联系中，并从这相互联系中发现了其他自我－主体的存在，且通过相互交往进一步构成我们的共同生活世界，成为我们－主体或共主体。每一个自我－主体由这个共同的生活世界所规定。每一个现实的利益主体以双重身份存在：既是自我的，又是共同生活世界的。这样，尽管人们在以市场经济为基础的社会生活中发现了自我，作为主体挺立于世，然而，主体自身又内在地包孕着作为个别的自我－主体与他人、社会的紧张与对立，因而存在着由自我－主体向共主体过渡的要求。

以经济自由为基础的生活方式，是对身份制、等级制、高度集权制的否定。这是一种从根本上不同于身份等级制、高度集权制的生活方式，它会孕育出一种与自身相适应的交往方式与价值精神。

2. 价值重估

此处“价值重估”首先是在事实描述的中性意义上使用，指人们因社会生活本身发生了重大变化，对既有价值观念体系产生怀疑、批判这样一种客观实存现象①。

虽然意识同一性与存在同一性各自有着独特的内在发展逻辑，但是，二者在总体上具有演进的内在逻辑一致性。既有存在同一性的变更会消解既有的意识同一性，而既有意识同一性的消解则会消解存在同一性的根基。

意识同一性是维系、整合社会的精神灵魂。如果说存在同一性是以自在的方式整合社会，那么，意识同一性则是以自觉的方式整合社会——这是一种精神上的统一、整合与维系。无论一个社会物质生活多么艰难困苦、多元复杂、斑驳陆离，只要存在着那样一种能够统摄民众的价值信念、精神信仰，这个社会仍然会保持内在基本秩序，仍然会有相对稳定的基本生活方式，人民会有坚定的目标并对自己国家的未来满怀信心，会为社会克服一切困难提供不竭精神动力。也正是由于这样一些原因，马克思恩格斯特别注意科学的世界观，杜克凯姆尤其强调社会整合中的道德因素，西方马克思主义者十分关注日常生活意识批判，乃至当代制度经济学家们提出了以道德、信念、信仰为核心的价

---

① 尽管如此，作为事实描述性的“价值重估”仍然隐含着某种价值评价上的善之意蕴。相对于法祖宗之法的思想僵化，价值重估本身就隐含着某种思想解放的积极价值倾向。

值规范对于经济发展的作用问题。

当然，意识同一性并不表明一个社会只有一种社会意识，也不是意味着社会精神的整齐划一或意识形态专制，而是说这个**伦理共同体有健康文明的主流价值观，这个主流价值观作为社会背景性价值对整个社会生活起支配性作用，生活在这个伦理共同体中的所有成员对这种主流价值观有基本共识，并据以对自己的日常生活世界有较为完整与稳定的认识**。尽管不同社会成员对于这个日常生活世界的认识会有差别，但对于特定的社会成员本身而言，这种认识却是基本完整与稳定的。正是这种完整稳定的认识，一方面使得社会成员对这个生活世界有一个总体把握图式，并根据这个图式安排自己的现实生活；另一方面，又构成社会成员自身人格完整性的一个不可分割部分。对于意识同一性的这种理解，与现代性多元社会的多元价值精神理解并不相悖①。在一个新的生活世界中建立新的意识同一性问题，不是所谓的社会精神的绝对同一化问题。

意识同一性的失落，是严重的社会精神危机。它一方面表明既有占主导地位的价值精神陷入存在合理性危机；另一方面标识人们对社会新主流价值精神的期待，人们会在这种精神危机中努力构建起新的意识同一性。也正是在这个意义上，意识同一性的失落，又是社会精神提升的契机。伴随着价值重估现象出现的，可能是一次深刻的社会精神洗礼与变革。经过这种深刻精神洗礼与变革，社会有可能形成一种新的、具有生命力的、能够统摄人心的主流价值观。汤因比在考察文明历史演进过程时，曾详细考察了古代文明解体过程中的杂乱感。他通过语言、宗教、风俗等方面的考察揭示：杂乱感是既有民族价值观失落的消极表现，同时亦是新价值观形成的过程——新的文明形式正是在

① 多元社会的精神多元问题，本书第四章有专门论述。

这种既有价值观经受挑战、衰败过程中生长起来的①。如果我们不过于挑剔,应当承认汤因比这一思想的深刻性。

以“打倒孔家店”为口号的“五四”新文化运动,在中国由前工业社会向工业社会转换的漫长历程中具有里程碑意义。“打倒孔家店”,其实是要打倒以孔子儒学为代表的中国传统价值体系,进而建立一个适应新社会发展的新的价值体系,这个新价值体系以自由、民主、科学为核心。“五四”新文化运动价值重估中所要确立的个性觉醒、理性启蒙精神等,正是对中国绵延数千年的宗法传统价值精神的根本否定。“五四”新文化运动在中国历史上的意义,完全可以与欧洲14世纪发生的文艺复兴运动相媲美②。就“五四”新文化运动斗争矛头直指以孔学为代表的儒学思想体系、试图摧毁旧的价值体系而言,其影响与作用毫不逊色于欧洲14世纪的文艺复兴运动。中国要完成向现代化的过渡,就必须完成由“五四”新文化运动所开启的价值批判任务,必须完成精神启蒙。

中国传统价值(这里是在以孔子儒学为代表的古代价值体系的意义上使用“传统价值”这一概念)虽然内容丰富,然其核心是宗法血缘等级的家族精神③。家族精神一方面以先在的血缘等级为前提,另一

---

① 参见汤因比:《历史研究》,郭小凌、王皖强译,上海人民出版社,1986年,第19章。

② 胡适在“五四”新文化运动40年后回顾这场新文化运动时,多次将它比作欧洲14世纪的文艺复兴运动。虽然他是在文学的立场作这种界说的,虽然中国“五四”新文化运动并没有取欧洲文艺复兴的复古之形式,而是断然主张与传统决裂,但是,胡适的这种比较则是深刻与得当的。参见胡适:《中国文艺复兴运动》,载《胡适作品集》第24卷,台北远流出版公司,1994年。

③ 章太炎先生在其《社会通诠商兑》中依据考证,认为中国古代自春秋战国即有许多不排外之事,所以中国古代社会早就不是宗法社会了。章先生的这个分析欠当。确实,中国古代社会早就有民族融合,然而,这只能证明中国古代早就形成了民族国家,却不能证明不是宗法社会。因为民族国家与宗法社会并不互相排斥。中国古代民族国家的社会结构原理,乃是宗法血缘的家国一体、以家推国逻辑,故,就其实质而言,仍是家族宗法性质的。

方面以家族规定个人。在家族精神与家族制度中,没有个人观念①,没有个人的独立人格与权利②。也正是这种家族制度与家族精神的存在,造成了如鲁迅先生所尖锐揭露的传统礼教"吃人"现象。"五四"新文化运动中对个人权利与人格觉醒给予极大的关照。不过这种对个人权利与人格独立的肯定,并不如同欧洲启蒙运动中"天赋人权"式的肯定那样,主要是为世俗生活中的幸福、为资本主义运动鸣锣开道,而是在国家民族命运存亡关头,更关注尼采式卓尔不凡、献身救亡图存的个人觉醒及其激情③。1949 年建立中华人民共和国以后,虽然宗法礼教与宗法家族血缘制度在政治上被否定、在思想文化上被强烈批判,但是,由于政治、经济等生活领域中的高度权力集中与个人崇拜,这种宗法血缘精神事实上以一种特殊方式从现实生活中获取营养顽固残存着,乃至一度出现全民族范围内对个人独立与人格尊严的否定——"文革"时期达到了登峰造极的地步。市场经济建设从物质生活层面唤醒与确立起个人的主体性地位与权利,并以一种现实物质力量的形式对宗法血缘精神作出根本否定。

相对于欧洲启蒙运动中所兴起的科学精神,中国传统价值精神在总体上缺少经世济用的科学实证精神。这不仅导致近代中国落后挨打,还直接导致"五四"新文化运动中科学与玄学之争。在付出巨大代价之后的中华民族,经过实践标准讨论与生产力标准讨论,以一种前所未有的科学务实精神武装自己。实践标准与生产力标准本身,就是对传统价值精神的一种根本否定。

严格地说,价值重估过程应当是除旧布新过程(此"旧"、"新"非时

---

① 梁漱溟对张东荪在其《理性与民主》一文中的这个论断十分赞成。参见梁漱溟:《中国文化要义》,学林出版社,1995 年,第 89 - 91 页。

② 参见林语堂:《吾国与吾民》,中国戏剧出版社,1991 年,第 161 - 165 页。

③ 参见刘再复、林岗:《传统与中国人》,北京三联书店,1988 年,第 96 页。

间意义上的,而是指内容本身的合理性)。虽然在逻辑上讲,价值重估的可能结果之一是否定一切新的可能价值体系,然而,不要任何价值体系本身就是一种价值体系。因而,即使事实上真的出现这种现象,它也只是以一种特殊方式表明价值重建的存在,问题的关键是建立何种价值体系。困难在于新价值体系的确立自身就是一过程,社会很难能够在价值重估的同时迅速确立一个为人们普遍接受且自觉践履的新价值体系。这样,价值重估的直接结果之一,可能就是价值要求的多元化。个性意识的觉醒,个体主体地位的存在,使这种可能变为现实。价值多元化本身并不一定就是消极的,问题在于如果是一种纯粹绝对的多元,不能形成某种一元共识共生,那么,多元就蜕变为杂多。

在历史过程中鸟瞰之,价值重估过程本身即是思想解放过程。尽管伴随着这个思想解放过程的可能会有诸多思想混乱。所谓泥沙俱下。但这只能被看作是思想解放过程中的副产品,并不能因此而否定思想解放本身的存在及其意义。在这种思想解放过程中,曾经长期支配着人们思想与行为的既有价值体系,失却了原有的神圣性与权威性。伴随着这个神圣性、权威性失落的,是既有行为规范与精神家园的失落:人们会一方面从价值重估中感受到个性的解放与活力,另一方面又会感受到某种漂浮无根无所措。如果此时社会的制度体制、客观运行机制是基本健全的,那么,至少还可能在行为的现象层面保持社会交往过程中的基本秩序,并使社会成员在对这种客观制度体制所表达与维护的、维系社会正常交往的最基本道德规范要求表示认肯与遵守的同时,小心维护着灵魂深处那一方做人的最后天地与起码良知。如果此时社会的制度体制、客观运行机制本身是严重不健全甚至扭曲的,那么,不仅会出现普遍的社会道德失范现象,而且社会有实效的价值要求也会在不经意间崩塌,甚至会造成普遍的良知泯灭、道德冷漠现象。

价值要求与制度规范保障社会共同体的存在。如果一个社会的价值要求与制度规范本身沦落，那么，这个社会共同体就岌岌可危①。在一个有组织的社会重大变革时期，如果社会出现了较为普遍的价值迷惘、精神混乱现象，唯一能够做出合理解释的只能是：这个生活共同体本身的内在结构及其价值精神亟待拯救。此时，这个社会唯一能做的就是使社会共同体的内在结构及其价值精神重获生命力，向社会成员提供基本正义的日常生活秩序，并使社会成员在基本正义的日常生活秩序中逐渐形成新习惯，澄明第二天性。而既能保持社会基本交往活动规范化、又能保持社会生动活泼有创造性的有效方法，莫过于走制度创新之路，向社会提供作为一种作为背景性存在的公平正义的制度框架——这种制度框架既是新的社会关系结构及其行为范型，又表达了社会最基本的健康价值精神。

3. 制度创新

“制度创新”原是制度经济学中的一个概念，指在竞争的环境中，创造出新的经济行为规则或“游戏规则”，以减少交易费用、提高经济效益。本书在一般的意义上借用这一概念以表示：创造出新的社会交往活动一般规则框架，以维系社会发展过程中的规范有序性，并为社会成员形成健康价值精神提供坚实基础。

在社会历史发展的重大转折时期，由于既有伦理实体会在不同程度上失缺合理性，由于既有制度体制本身会在不同程度上失却权威性，因而，既有的制度必须被创新。现在的问题是：一方面，既有社会结构及其制度体制应当且必定要被创新；另一方面，这个创新过程同时亦是两种不同制度体制的转换、取代之过程，在这个转换、取代过程中，将可能出现普遍的社会无序、失范现象。如何使这个过程中的社会无序、失

---

① 参见哈贝马斯：《交往与社会进化》，1993 年，第 149 页。

范现象减至最少？在抽象思维中，人们解决问题的大致方向可能是：其一，采取集权强制的方式，以强力维护既有的社会结构及其制度体制。然而，这与社会历史文明趋势、与现代化的方向背道而驰。这样做尽管能给社会带来表面上的暂时规范与秩序，但代价巨大，既不利于现代化的社会结构及其规范秩序的确立，亦不利于社会的文明进步，在总体上利少弊多。其二，或者采取强化手段推进经济建设，寄希望于“无形之手”的自然过程。然而，无形之手真的那么灵验吗？新的社会交往秩序真的能够无须人们自觉努力就自然出现吗？何况离开了一定的社会交往秩序，以市场经济为基础的经济建设真的能够顺利发展吗？显然，这种无为而治的思想有点趋于过于浪漫。思想理论界对新自由主义的不断诘难，亦从学理上显示自由主义的明显内在局限性。其三，或者采取强化社会价值体系、道德规范的手段，首先收拾人心，建立新的意识同一性。然而，这种社会价值精神真的是时代精神的精华？真的具有合理性与生命力？新的意识同一性建立的现实基础是何？人们接受这些价值观念的内在缘由及其机制是什么？等等，这些原本都是作为前提值得讨论的。其四，或者通过建立与新生活方式相适应的社会结构及其制度体制，以制度同一性实现社会现代化过程中的基本秩序。然而，制度体制本身都是人的创造物，这种新的制度体制从何而来？又如何证明其合理性？没有相应社会价值精神的支持，制度体制的合法性如何为民众承认？显然，任何一种单一的做法都有明显的局限性。事实上，生活本身就是多方面的。在一个有广泛自下而上民众基础，又表现为自上而下有组织、有领导自觉进行的社会结构转型过程中，尽可能避免社会无序失范，只能是一项社会系统工程。不过，这项系统工程中的关键点是何？突破点何在？答案似乎只能是制度创新以及隐含在制度创新背后更为一般的法治建设。

制度体制是社会结构的具体存在。用黑格尔的语言表达，制度体制亦是自由精神的定在。一个良好的社会结构及其价值精神，若不能转化成现实的制度体制，那么，这个社会结构及其价值精神的稳固性值得怀疑。此外，制度体制还能以自己的实证规范方式，给社会全部交往活动提供最基本的行为范式与行为框架，从而为社会全体成员提供一个学习形成新价值观念的实践读本，并成为新社会同一性规范生活方式的引导员。更为重要的是，按照吉登斯的理解，制度体制是具有潜在实践指向的社会自身再生产过程中的规则及其转换体系。它可以在时空延伸过程中使个体超越“在场”的局限性，为社会自身再生产提供（或者说再生产）秩序①。正是在此意义上，在社会结构转型时期，制度创新与供给就是实践中最紧要的任务。如果再考虑到我们的现代化过程在总体上是一个由上而下、有组织的政府领导行为，那么，现代化建设过程中保持社会的正常交往规范秩序，就更有赖于政府经过创新的有效制度供给。转型期的制度体制不仅应是有效的社会规范结构，更应是能够坚定不移引导社会有序走向新时代的规范结构。

这种规范结构为社会所提供的不再是简单地构造约束性内容，而是开辟理性行为的结构可能性，追求社会日常生活中的规范化了的行为。在这种社会规范结构中，人们一方面在日常生活过程中学会成为新社会的成员，另一方面则通过日常生活规范的行为学习，在理性上逐渐自觉接受新价值精神②。

不过，值得注意的是，当我们说通过制度创新为现代化建设提供（或供给）适合现代化社会的合理制度框架与价值范型时，由于语言

---

① 参见吉登斯：《社会的构成》，1998 年，第 101 页。

② 哈贝马斯曾对社会进化过程中的规范结构情有独钟。他认为：“这些规范结构的发展乃是社会进化的领步者，因为新的社会组织原则意味着新社会一体化的形式。”他这里所说的规范结构并不仅指主观的精神规范，亦指具体化了的制度体制。参见哈贝马斯：《交往与社会进化》，1993 年，第 124－125 页。

"提供"或"供给"本身的局限性，很可能给人留下一种印象，以为所要供给的创新的制度是外在于现代化过程、存在于现代化实践之外的某种东西。事实上，制度是对人的反复不断实践规则的"记忆"，并协调着人们的现实交往活动过程。制度本身就同样具有如吉登斯在谈到社会结构时所揭示的那种"二重性"特征，它既是被它所组织起来的反复实践的中介，又是这种反复实践的结果。在一个时空延伸的过程中，它在调控社会自身再生产的同时，又"记忆"下主体在实践过程中所创造出的新的内容，"所谓制度化实践，就是在时空之中最深入地积淀下来的那些实践活动。"①制度本身作为虚拟性存在、作为社会自身再生产的规则调控系统，与其所调控对象即主体及其活动处于一种双向互动状态。更为重要的是，制度的这种"记忆"是对制度所在的那个伦理共同体中的人们日常生活实践的记忆，因而，总是具体的、生成着的，具有地方乡土性。

实践中的制度创新供给过程，正是人的理性学习累积进步过程。此过程发生在个体与社会两个层面上。理性学习、累积进步首先是通过一个个现实个体进行。普通个体的日常生活实践为制度创新提供了不竭源头与养料②。每个生活共同体中总有这样一些少数人，他们由于特殊的经历、思想、情趣、志向、理想、能力，能够最先敏锐感觉到日常生活本身的变化及其发展方向，他们会将这种在日常生活中所学习到的东西，升华、系统化为一种新的世界观与价值理想，并将这种价值理想与世界观推向全社会。这些人通过自己的行为，一方面使自己成为社会大脑与时代良知，另一方面又将个体学习过程转化为社会理性学习进步过程。社会由无数个体组成。社会活力的泉源不是作为整体的

① 参见吉登斯：《社会的构成》，1998 年，第 85、89 页。

② 所以哈贝马斯主张"学习的机制必须首先在心理学水平上去寻求"，这是一个个体学习进入社会学习的过程。参见哈贝马斯：《交往与社会进化》，1993 年，第 124 页。

社会本身，而是一个个现实的个人。在某种意义上可以说，创造性的活动总是由生活共同体中的少数杰出人物首先提出并实践的①。在社会结构转型时期，杰出人物的历史作用表现得尤为突出②。正是这种新的世界观、价值理想，自觉表达了社会新生活方式的发展方向与基本原则，并转化为一种推动社会进步的精神力量，因而，它成了引领新生活的灯塔。然而，观念中的理想、价值精神要改变既有的社会同一性，就必须变为一种现实的物质力量，化为民众的现实行为；就必须使观念中的理性结构实在化，使已经在世界观中发展起来的理性结构实在化为新的制度体制；就必须通过具体的制度体制，为社会提供作为一切行为活动条件和背景的行为框架，给日常生活具体赋值，从而使得日常生活行为合乎新生活世界的要求③。

自觉表达新生活方式要求的世界观与价值理想的具体制度体制化，为转型中的社会提供了基本制度框架。这种基本制度框架只是总体方向性的，且其本身需要在日常生活实践中进一步经受检验、完善，其内容亦须根据日常生活实践而具体化。当这个新的制度同一性能够有效地在日常生活行为层面上规范协调主体间的交往关系，且为民众自觉认同并内化为习惯与意志，那么，这个社会就会有一种新的生活方式，及其健康的心灵秩序与生活秩序。

社会结构转型时期的道德失范以社会生活方式变革为内容，以社会进步可能为前提，以价值体系更替为直接原因。既然如此，克服社会

---

① 参见汤因比：《历史研究》，郭小凌、王皖强译，上海人民出版社，1986 年，第 368 页。

② 普列汉诺夫在《论个人在历史上的作用问题》中，曾对个人在社会历史发展中的作用问题作了精彩的分析，在该文中，他事实上也注意到了个人在社会发展重大历史转变时期的特殊作用。参见普列汉诺夫：《论个人在历史上的作用问题》，唯真译，北京三联书店，1972 年。

③ 参见哈贝马斯：《交往与社会进化》，1993 年，第 123 - 125 页。

结构转型时期道德失范现象的关键是：在深入推进社会改革基础之上，努力确立起一种新的社会价值精神，且这种价值精神通过改变了制度体制实在化。这种制度体制既能规范社会行为，又能作为民众日常生活的现实读本，使民众通过日常生活体验内化为一种自觉价值意识。正是在此意义上，在社会结构转型时期，社会的首要任务之一就是加强有效制度供给。当然，这样说并不意味着鼓吹社会结构转型时期的政府应当是集权专制的，而只是揭示现代化进程中人们实践的第一要务，更何况加强制度有效供给不等于集权专制。集权专制是指无限权力的政府，这个政府对人民行使绝对的控制权，并要求人民在包括日常生活在内的所有方面都臣服之①。集权专制与社会主义现代化价值目标相悖。加强制度有效供给只有通过推进宪法法治实现：确立宪法法律的绝对权威，使人民在日常生活中拥有广泛的自由权利，将政府权力置于人民有效监督之下，使政府在宪法法律的范围内活动。这样，制度有效供给在本质上只不过是社会主义民主政治的一种实践方式。如果我们能对中国古代"无为而治"的政治思想作积极的解释，那么，这种制度有效供给实践，就是一种基于积极的、宪法法治的"无为而治"②。

① 参见《布莱克维尔政治学百科全书》，邓正来译，中国政法大学出版社，1992 年，第 193 - 196 页。

② 参见石元康：《自发的秩序与无为而治》，载《中国社会科学季刊》，香港，1994 年春季卷，第 92 - 101 页。

第二章　制度供给

社会基本结构及其制度体制作为社会背景性安排之一①，是社会的最基本规范体系。杜克凯姆在考察社会越轨行为时揭示：造成社会普遍越轨行为出现的根本原因在于社会结构本身，是社会的规范职能及其发挥作用的方式发生了重大变化，人们的越轨行为只不过是对于这种变化了的社会结构的特殊"规范性"反应②。杜克凯姆从社会、从社会的结构与制度体系，而不是从个体寻求社会行为普遍失范原因，这一思维方向是合理的。相对于个人而言，社会的制度体制更为重要。一个比较公正的制度体制会使人良知清醒、选择公正、少犯错误、多做好事，使坏人不能为所欲为、肆无忌惮，反之亦然③。即使是处于结构转型时期的社会，只要其基本社会结构、基本制度体制是合理、公正的，那么，在总体上这个社会就会表现出宏观的生动有序。

社会处于结构转型时期，有极为强烈的制度需求：新的生活世界、交往方式、关系结构，需要有相应的交往规则系统，通过此规则系统，明

---

① 参见罗尔斯：《正义论》，何怀宏等译，中国社会科学出版社，2009 年；泰勒：《自我的根源：现代认同的形成》，韩震等译，译林出版社，2001 年。

② 参见杰克·D. 道格拉斯等：《越轨社会学概论》，张宁、朱欣民译，河北人民出版社，1987 年，第 51－56 页。

③ 好的制度"可以使坏人无法任意横行，制度不好可以使好人无法充分做好事，甚至会走向反面。即使像毛泽东同志这样伟大的人物，也受到一些不好的制度的严重影响，以至对国家对他个人都造成了很大的不幸。"参见邓小平：《党和国家领导制度的改革》，载《邓小平文选》（1975－1982），人民出版社，第 293 页。

确基本权利－义务关系，框定社会交往范型。无论这种制度需求所面对的阻力有多大，社会总是会以自己的方式在生活实践中顽强地创造出这样的规则系统①。这其中隐含着更为深刻的内容是：向社会提供的这种规则系统不能是任意的，只能是那种代表了新的生活世界、交往方式的规则系统与意义体系；且制度需求与制度供给均源于现代化建设生活实践自身；制度需求与制度供给的主体在根本上是同一的，均是从事现代化建设的实践者。人们在现代化建设过程中要求并产生出新的规则系统。正是在此意义上，“制度需求”成了“制度供给”的合理前提、基础。

制度供给，就是通过变革给社会提供一种基本合理、健全、公平正义的制度体制，使社会确立起一种基本的交往关系范型及其行为规范体系。在这种交往关系范型中，合乎新社会同一体的善的行为，不仅是美好的、应当被称赞的，而且同时也是有现实功用、能够给人们带来现实利益的。社会成员在这种生活范型中进行创造性劳动，他们在改变自己生活环境的同时，也在改变着自身。制度供给的这种社会规范与引导作用机理，就在于制度本身具有社会激励功能。

一、制度激励

制度激励（motivation of institution）是指通过社会结构的制度性安排，按设定的标准与程序将社会资源分配给社会成员（或集团），以引导社会成员（或集团）的行为方式与价值观念向设定的价值标准方向

① 所以恩格斯曾说生活本身产生的需要要比十所大学更能推进社会进步。当社会产生了对新社会制度的普遍要求时，它就不再仅是囿于少数精英范围内的“奢侈品”，而成了社会大众的日常“必需品”，就会呼之欲出。一旦客观条件具备，它就会变为现实。

发展①。制度激励应当作广义的理解，它既包括奖励，也包括惩罚，且激励的具体内容也应当是根据个体差异而有选择性的。收益是一种广义激励，没有收益自然就没有激励，然而，有收益也可能未必有激励，只有有选择性的激励才可能是真正有效的激励②。制度性安排本身就是一种社会激励，因为制度性安排首先是一种权利－义务关系的安排。这种制度性安排事实上指向的价值目标、价值体系，与设定意向中的价值目标、价值体系应当一致，若这种制度性安排不当，则会导致激励不当或激励失灵。

制度激励以特定价值目标、价值标准的设定，拥有一定的社会资源为条件。在历史的大时空尺度里，制度激励的这种特定价值目标、价值标准，又应当是能够为多数社会成员认同的。即，制度激励以这种制度本身的价值合理性为前提，否则，这种社会激励机制会因遭到社会多数人的拒斥而失效③。然而，在某一具体时段、具体事件中，并不排除下述情况的出现：尽管某种制度本身失缺了存在的合理性根据，但由于它掌握大量的社会资源并同时又有一套有效的强力控制维护手段，因而仍然能够在一定时间内对社会成员具有一定激励作用——尽管这种激励作用以一种扭曲的方式出现并以社会成员人性被扭曲为代价。也正是由于这种原因，制度激励对社会成员行为及其精神的可能影响问题，才应当被高度重视。我们不能因为历史大尺度中的某种趋向，而缺少对事件具体演化过程的具体分析。

制度激励的核心是通过适当方法，向一个特定方向强化或改变社

---

① “激励”一词含有激发动机、鼓励行为、形成动力之义。该词在中国古代并不陌生，司马迁在《史记》范雎、蔡泽列传中就有“欲以激励应候”之说。

② 参见奥尔森：《集体行动的逻辑》，陈郁等译，上海三联书店、上海人民出版社，1996年，第41、70－71页。

③ 参见郑杭生、李强等：《社会运行导论——有中国特色的社会学基本理论的一种探索》，中国人民大学出版社，1993年，第411－420页。

会成员既有的行为方式乃至价值信念。这里就隐含一个前提:社会成员在价值上是可塑的,其既有的人性内容是可以改变、向善的。

1. 善之可能

此处"善之可能"是指:社会通过制度性安排所要引导社会成员确立起的基本行为方式、价值目标是善的,且社会成员完全有可能被引导向此善的目标。

人何以可能被改变向善?中国古人早就揭示人性是可以改变的所谓化性起伪、注错习俗、潜移默化、陶冶性情等,皆为此谓。西方古代哲人亦如是。人因其理性及其学习能力而能够改变、向善——此理性学习能力不仅是认知意义上的,更是实践行动意义上的。生活的过程同时就是学习并接受教育的过程。生活就是学习,生活就是教育。人在自身的日常生活环境中学会做人、学会向善。人在做人的过程中成为人,人在与环境的互动过程中成为其自身。这也正是在进化论中所能够包含的哲理①。

生活在社会结构转型时期的具有自由意志行为能力的社会成员,原有自我同一性。拥有自我同一性的社会成员改变这种既有的自我同一性、形成新的自我同一性是如何可能的?生活实践中的理性累积学习仍然是理解这个秘密的钥匙。皮亚杰关于儿童心理发生学的理论,经过适当修正,也完全可以在具有自由意志行为能力的社会成员理性

---

① 也正是基于这种考虑,笔者曾提出"伦理环境"概念,并对伦理环境范畴作了广义的解释,将一切在具体个体以外存在着但关涉社会成员心性修养的所有因素,均理解为伦理环境的有机内容,主张应当重视伦理环境对于社会成员个人品质形成与濡养的作用。现在看来,这种认识基本是合理的,只不过其中应当特别强调的是制度在伦理环境中的特殊地位。参见高兆明:《道德生活论》,河海大学出版社,1993 年,第405 - 409 页。

累积学习的理论框架中发挥其应有的解释作用①。在皮亚杰看来智慧的本质在于适应；由于每一个智慧活动都包含有一定的认识结构，因而，这里的适应就不是通常意义上对环境的简单消极适应，而是一个对外部世界的积极反应过程，它包含同化与顺应两种基本机能；人的智慧在同化与顺应的动态过程中不断丰富。皮亚杰的这一思想是深刻的②。

在社会结构转型时期，人们原已熟悉、习惯了的生活方式发生了根本的变化，存在与观念、生活与信仰、曾有的交往方式与现有的交往方式，激烈碰撞。既有的行为习惯、价值信念、规范体系受到深刻冲击，人们会陷入惘然、痛苦、焦虑之中（真正意义上的虔诚宗教徒不在本书考虑范围之内）。尽管人们因诸多原因在情感上对曾有的生活方式、行为习惯、规范体系怀有某种眷念，甚至亦不排除对新的生活方式、行为习惯、规范要求的某种强烈批判与抵触情绪，然而，生活本身是最好的学校，理性是最好的老师。人们会在强烈的情绪抵触稍稍平静之后，以一种较为理智的态度对待自己与日常生活世界，协调与日常生活世界的关系。在来自外部日常生活世界变化的冲击之下，人们既有的某些价值观念、行为习惯，虽然缓慢但却确实地被解构。解构的进行就意味着建构的开始——虽然这两个过程有时并不同步。这个过程亦是一个探索、适应性的学习过程。每个人都有保持人格同一性的倾向。适应

---

① 当然，具有自由意志行为能力的社会成员与儿童的心理构成及其变化仍然有差别。这种差别主要是在形成一种新的价值观念时，一个具有自由意志行为能力且拥有一定的价值解释图式，另一个近似白板。然而，二者在均要形成一种新的价值观念这一点上，则是一致的。如果考虑到儿童在出生后可能从双亲或环境中接受的先在的潜意识价值熏陶，从而形成某种类似于成人所具有的那样一种价值过滤镜，那么，甚至在一定意义可以说，二者都以某种特殊方式以一种已有的价值观念认识变化着的生活世界，并通过适应来发展自己的心理内容与心理结构。

② 参见 J. 皮亚杰、B. 英海尔德：《儿童心理学》“译者前言”，吴福元译，商务印书馆，1986 年。

性学习使人与环境保持动态平衡①。

人是反思性的存在。我是什么？我能是什么？我应当是什么？人在时空中痴迷地询问，不断地探索。在空间中，人演化为一种神圣——上帝的神圣只不过是人对终极性的一种理解，对自身完满性的一种祈盼与寄托。自由人及其联合体则是这种神圣的尘世表达与存在。在时间中，人虽背向过去、脚踏现实，但却始终面向着未来。未来会是怎样？人应当是怎样？人在未来－现在－过去的连接中把握自身。不过，这不是一种由过去决定现在、由过去与现在决定未来的单向度过程，而是未来亦决定现在的双向度过程。未来存在于人的现实中，未来以理想、价值目的性的方式引领着人的现实活动。所以，人不仅属于现在，更属于未来②。人在时空中的这种探索汇集为一统一体：人永恒地追求自由，自由是完满理想生活境地。如是，人的反思性以极为冷峻又极富热情的方式，使人把握判断一切具体生活、存在、交往关系的一般尺度，这就是自由。只要能够给人带来某种真实自由的，人的理性最终都能以某种恰当的方式、在某种恰当的位置上加以接纳③。这样，在不断变化的日常生活环境中，人们既有的价值观念会在理性的指导下作出某种修正，乃至彻底的修正，从而逐渐形成一种新的价值观念。

从个体心理发生与变化的角度来看，人通过理性适应变化了的环境，形成新的心理结构与内容，是在有规则的交往活动背景中进行的④。如果没有规则，人们也能够在日常生活实践中形成一定的规则。

---

① 参见皮亚杰：《发生认识论原理》，王宪钿等译，商务印书馆，1985年。

② 卡西尔认为作为理想的未来是对现存的、经验世界的否定，它包含了人的伦理、宗教等精神生活。参见卡西尔：《人论》，甘阳译，上海译文出版社，1986年，第69－70页。

③ 然而，自由又是一个永远生长着的不可穷极的存在，所以，人类注定为之劳碌始终。人在追求自由的劳碌中获得意义。一旦停止了对自由的追求，人就将彻底返璞归真，回归动物界。

④ 这里的“交往活动”又可在一般意义上称之为“游戏”。

现在的问题是,假定在一个较长时期内都不能建立一种行为规则,那么,社会生活会出现何种情形?或者,假定现有的,或最后所建立起来的规则就性质上来说不是善的、公正的,那么,社会生活又会出现何种情形?一个没有制度规则的社会,是一个没有任何可预期性、极端混乱的社会,是一个由纯粹偶然性支配的社会。在这样的日常生活世界中,人们会于日常生活实践中逐渐形成某种通行的交往习惯与规则——不管这种交往习惯与规则本身的具体内容是何。虽然不公正的规则较之绝对的无规则,会使社会交往具有某种秩序,并具有某种可预期性,但是,由于制度规则本身就是一种最基本的社会激励机制,因而,不公正的制度环境可能会诱发出人性中的邪恶部分。这种制度环境会使社会成员贪婪自私、厚颜无耻、不择手段、互相为敌、舍善趋恶,并可能使一个原本品行端正的人趋于不端。更为严重的是,当人们长久生活于这种环境中时,其存在的意义系统会发生危机:或者心灵麻木,或者对生活本身失却信心,或者诅咒这个社会,或者对历经千百年积淀而成的那些神圣信念、信仰发生怀疑①。而一个基本公正的制度环境,则会鼓励社会成员恪守本分、尊重法度、公平友善、平等互惠、抑恶扬善,会使一个原本品行不端的人行为得当②。一个人生活在基本公平正义的制度环境中,会更易于确立起一种合理的价值意义系统,塑就善良人性③。如果社会能够提供一种事实上比较公正、比较善的社会结构体系与行

---

① 当人们生活在社会财富分配严重两极分化、正当致富无门,当日常生活中习惯以权力、财富作为衡量人的价值与尊严唯一标准时,有一些妇女在无奈之下选择做性工作者就是不太奇怪的事。她们虽然应当受到社会的谴责,但她们难道亦不是这种不公正社会环境的牺牲品吗?

② 参见马斯洛:《人性能达到的境界》,马良诚译,云南人民出版社,1987 年,第 211 页。

③ 在南斯拉夫解体期间,前南斯拉夫地区的人们由于民族敌视仇恨而造成的冷酷残杀暴行,就是血淋淋的实例。

为规则，那么，无论对于社会成员的身心自由生长而言，还是对于社会共同体自身的健康发展而言，益处均显而易见。基本公平正义的社会结构体系、制度化了的行为规则，是守护社会良序的最重要武器。

公平正义的社会结构体系、制度化了的行为规则，易使社会成员形成一种社会责任感。皮亚杰等在考察儿童责任感形成时揭示：个体责任感的形成有两个前提性条件，即外部命令，接受命令者对发出命令者的敬重，且敬重包括爱与怕两个方面①。外部的命令即为客观存在的社会结构及其规则体系。这种社会结构、规则体系代表了社会对其成员的责任要求。接受命令者对发出命令者的敬重，则表明命令者、从而也是规则体系自身的权威性，这种权威性以个体内在情感认同与外在社会权力为依据。罗尔斯在讨论社会成员正义感的形成时，也以自己的方式表达了同样的思想。他将一个组织良好的社会作为社会成员正义感形成的社会前提。规则及其权威只有在这种社会条件中才能与个体情感实现普遍统一②。在社会生活中，这种情感与权力统一的权威，只能建立在社会与个人间的合理关系基础之上。因为，如果社会与个人间关系是不合理的，那么权威就会因社会成员缺失内在情感认同而缺失内在权威性。

仅仅惧怕不能形成责任感。依靠权力强行加予社会成员个体的至多是一种外在责任，出于惧怕的服从至多是一种基于外在权威的他律，至多只能在现象界形成一种有规则的行为活动，尚不能形成自觉的、从而也是具有内在稳定性的责任感。对外在制度规则的他律服从，应当上升为自觉自律。对外在制度规则的自觉自律，已不再是简单的行为活动，而是一种稳定的心理结构。强制的他律变为自觉的自律，以实践

① 参见J.皮亚杰、B.英海尔德：《儿童心理学》，1986年，第92－93页。

② 参见罗尔斯：《正义论》，中国社会科学出版社，何怀宏等译，1988年，第8章。

中对规则的体验认知为前提。社会成员在既有基本价值意识基础之上，根据日常生活经验体悟，理性地审视社会所提供的制度规则体系，形成自己的初步判断，并在此后的日常生活过程中，有意识地将这个初步判断回归生活，观照存在，经过修正、巩固，形成稳定的价值判断。如果他认为这个制度规则体系缺少基本公正、善，他就会认为其缺少存在的合法性，在情感上抵触，表现在行为上或者是阳奉阴违，或者是公开抵制。如果他认为这个制度规则体系是基本公正、善的，那么，他会因其存在的合法性，而在情感上敬重，从而具有一种自觉遵从的内在冲动。对于一个人的心理结构、行为模式形成而言，认知与情感不可或缺①。尤其是基于体验性认知所形成的情感，更值得重视。

情感以认知为基础，并成为由认知到行动的中介。认知的形成并不意味着善的行为的必然性。理性认知主要是一种主观观念分析，其虽有实践基础，但正如休谟合理地指出的那样，理性认知基本上是静态、非现实活动的，没有行为的主动力，不能成为活动原则的源泉②。即使有了正确的认知，若缺乏情感，也会表现为行为中的无动于衷，从而在认知与行为之间存有一条鸿沟③。情感则不同，情感则具有一种内在冲动力，这种冲动力要转化为现实的行为。所以狄德罗认为没有道德情感，人的任何行为都不足观④。冲动与激情是一切行动的生命线，没有激情，任何伟大的事业都不能完成⑤。现在的问题是，如何使社会成员在正确认知基础之上，拥有道德情感，从而变为自觉的行为？个体在生活中的主动修炼自当必要，不过，本书此处主要关注的仍然是

---

① 参见皮亚杰、英海尔德：《儿童心理学》，1986 年，第 118 页。

② 参见休谟：《人性论》，吴文运译，商务印书馆，1981 年，第 497 - 499 页。

③ 参见季塔连柯：《情感在道德中的作用和感觉论原则在伦理学中的作用》，载苏联《哲学问题》，1984 - 8。

④ 参见狄德罗：《狄德罗哲学选集》，江天骥等译，商务印书馆，1983 年，第 1 页。

⑤ 参见黑格尔：《精神哲学》，杨祖陶译，人民出版社，2006 年，第 474 - 475 节。

社会。社会能为此做些什么？个体的道德情感是需要培育、激发的。对于社会而言，最重要的莫过于在权威性基础之上提供一整套公正、稳定的制度体制，以及与之相适应的存在意义系统，使社会成员在长期的日常生活经验中，通过与自身利益的休戚相关体验感受，通过对发生在身边的人与事的观察省悟，时刻感受到这种制度的公正性与权威性，这种存在意义系统的合理性，经过体悟，陶冶出对这种制度及其存在意义系统的自豪感与渴爱，激发出对这种社会制度与意义系统的炽热情感。这正是中国古人所说的润物细无声之过程。

康德在研究实践理性时提出三个最高法则：绝对命令、人是目的、意志自由，其中又以普遍律令这一法则最为根本。他要求人们“不论做什么，总应该做到使你的意志所遵循的准则永远同时能够成为一条普遍的立法原理。”①康德提出实践理性法则的基本立足点是个体美德立场，其本意是说人们的道德行为准则不能依据个人的爱好，也不能是出于个人的快乐与幸福，而应当同时能够成为所有人共同的普遍行为标准与行为法则。准则存在于个人的心中，它是主观的；但是，它对一切有理性的存在者都具有普遍效准性，它是客观的。康德此处论证的逻辑过程是个体通过可普遍性，以普遍立法的方式确立起具有普遍效准性的道德行为法则。

如果我们换一个角度，从社会的而非个体的立场来思考此绝对命令，那么，我们可以发现道德法则合理性根据的一种新的解释。个体之所以应当遵循这些道德法则，是因为这些道德法则具有普遍效准性，这个普遍效准性不在于个体间的可普遍推演性，而在于这些道德法则本身是客观公正的，它们是客观社会公正关系的抽象存在。这样，整个论证逻辑过程就变成：社会关系的客观公正性——作为这种社会关系抽

① 康德：《实践理性批判》，吴文运译，商务印书馆，1960 年，第 30 页。

象存在的法则的普遍有效性——个人应当践履的主观自觉性。这个由社会到个人的逻辑过程，既较之从个人立场寻求道德价值合理性根据更为深刻，又突出了社会制度公正对于个人美德的优先性①。这种逻辑过程的改变，同时亦能使得康德三个设定中的"上帝永在"获得新的解释："上帝"是以一种特殊方式存在于康德心目中的理想的社会公正结构。就普遍而言，公正的社会结构是个人美德的前提，在基本公正的社会制度体系中，社会成员成为善的。

善是可能的，这对于社会习俗亦如此。社会习俗指日常生活中的一般风俗习惯与常规。根据黑格尔的看法，应当区别习俗与习俗中的真理。在黑格尔看来，伦理精神存在于一个民族的风俗习惯中，但它们是风俗习惯中的真理性内容。本书此处所说"习俗"在常识的意义上使用，并不包括民族精神与情感这一类更为深沉的内容。习俗具有规范约束作用，不过，它只是一种弱规范约束。违反了社会习俗，虽然也会有来自他人的消极评价，但这种评价主要是以"古怪"、"怪异"来表达，通常不会以"恶"、"不道德"，更不会以"犯罪"来表达②。故，习俗具有更大的变异可能性。没有习俗一成不变的社会。在习俗变迁中也会有新旧冲突。文明正是在新旧习俗的冲突中不断进步③。在习俗变迁过程中，社会正式制度性安排具有更直接、更强有力的引导作用。正是在这个意义上，要消除社会生活中存在的那些陋风恶习，除了道德舆论上的谴责外，更重要的是社会制度的规范性引导。现时社会生活中充斥着种种恶习陋风，物欲横行，祈神拜鬼，荒诞不经。更为可怕的是，

---

① 罗尔斯在这一问题上所关注的重点正是此。参见其《正义论》。

② 参见伊恩·罗伯逊：《社会学》（上），黄育馥译，商务印书馆，1994 年，第 75－76 页。

③ 诸如契约作为一种行为习俗，在农业社会向工业社会过渡过程中，就是一种新的习俗，从事经济活动的人不遵守契约，就事实上不能继续从事商业活动。参见康芒斯：《制度经济学》，于树生译，商务印书馆，1981 年，第 370－377 页。

个别人的恶行在陋风恶习中变得名正言顺、心安理得，进而使道德失范（准确地讲是道德丑恶）演变为一种社会习俗。诸如以权谋私、收受贿赂、寻花养蜜等，成为一种时尚与通则。逆其道而行之反而会使人觉得不合习俗、不合时尚。陋习使人堕落。陋习不除，民风难正，国运难昌。

制度激励以人们向善可能为前提，以人们对自身利益的关注、使私利公益达于一致为机制。

2. 私利公益

每个人总是为"我"的，并且总是从"我"出发的①。合理的制度性安排，应当使为"我"的个人在追求自身利益的现实活动中，在增进自身利益的同时，亦增进他人与社会公共利益。根据马克斯·韦伯的看法，新兴资本主义之所以得以确立，就在于确立起那样一种理性精神及其制度，在这种理性精神及其制度作用之下，追逐私利的行为被导向互利互惠契约行为。逐利并不是资本主义所特有，相反，在人类的任何一个文明形态中都可以看到逐利这种价值精神的存在。然而，资本主义的逐利却是一种理性指导下的逐利行为②——用亚当·斯密的思想表达，就是通过互利的方式达到自利③。这就意味着从制度分析的角度而言，一种社会形态之所以能够取代另一种社会形态，或者说一种社会形态具有更强的生命力，就在于这种社会形态的制度，能够更好地协调个人私利与公共利益的关系，能够将个人追求私利之行为最终导向在

---

① 每个人首先是存在着的，而存在又总是以一个个现实的个体样式表现的。马克思主义创始人讲过："在任何情况下，个人总是'从自己出发的'"。参见《马克思恩格斯全集》第 3 卷，第 514 页。

② 马克斯·韦伯：《新教伦理与资本主义精神》，于晓、陈维钢等译，北京三联书店，1992 年，第 8 页。

③ 参见亚当·斯密：《道德情操论》，蒋自强等译，商务印书馆，1997 年，第 105－106 页。

使个人私利实现的同时亦增进他人与社会公共利益。

休谟在谈到自由的政治制度设计时曾提出一个著名的“无赖原则”。即在进行制度设计时，必须将每一个人设想成除了私利外没有任何其他目的，且无论其如何私利熏心，也都必须使其为公益服务。这样的制度体制不依赖于个人的内在美德，并确保个人的私利受到控制与指导，以利于为公众利益服务①。其实，休谟并不相信每个人在本性上都是恶的，但是他却要假定这些人在进入政治生活后可能成为无赖。其本意是要确保理性设计的制度体制应当使无赖行为发生的可能性最小。休谟这个思想的真谛在于：其一，制度体制设计只有假定是面对无赖，才可能是真实公正的。假定了无赖的可能，就会理智地防止与杜绝无赖变为现实。公共生活的秩序并不维系于个人的私德，而须依靠严密的制度体制。其二，制度体制的设计应当贯注私利公益的原则，追求个人私利必须通过增进公益的途径，实现个人私利的同时亦使公益得以实现，使私利与公益达于统一。

虽然依据于对“我”的不同认识，可以对“每个人总是为我的并且总是从我出发的”作出不同的具体解释，但是，“从‘我’出发”本身、且此“我”代表了自己的根本利益，却是共识的基本前提。正是在这个意义上，说为“我”、从“我”出发，与说个人总是追求自己的利益或根本私利又是一致的。现在，我们面临的问题有二：其一，私利与公益是否能够统一？其二，如果能够统一，又是如何统一的？或者换言之，追求私利的个人是如何组织起来实现自己的利益，同时又增进社会整体利益的？按照通常的看法，私利与公益在价值上截然不相容，从私利出发不可能达于公益。然而，启蒙时代以来所确立起的最重要思想之一，就是

---

① 参见列奥·施特劳斯、约瑟夫·克罗波西：《政治哲学史》，李天然译，河北人民出版社，1993年，第657页。

强调私利对于公益的基础意义：正是个人为己逐利之努力与创造性活动，构成社会公共财富增长之源泉。用孟德威尔的话说就是“私恶公利”①。而黑格尔则在历史哲学的角度揭示：个人私欲之恶是历史发展动力借以表现出来的形式②。

既然如此，那么，问题的关键就在于：私利与公益统一何以可能？或者说追求私利的个人是如何组织起来，在实现自己私利的同时，又增进公共利益的？对此，霍布斯等通过社会契约的方式从政治的角度作出了自己的回答，而亚当·斯密则通过那只看不见的手从经济学的角度给出了另外的解释。虽然他们的立足点与角度不同，但是在经过批判分析后所能提取出的合理思想则基本一致：理性的个人为了追求自己的私利，就必须尊重他人的私利，必须通过互惠才能实现自己的私利。值得注意的是，从“我”出发不等于自私自利，理性人不等于自私人，理性人可以是利己者，也可以是利他者。无论是利己的还是利他的，理性人在最大化偏好时需要合作，而在合作中又存在着冲突，为了有效地实现合作中的潜在利益以及有效地解决合作中的冲突，理性人在实践中发明了各种制度，规范自己的行为③。

置身于具有健全制度、严密规范、严格法治的普遍联系与普遍依赖的市场经济体系之中，每一个人只有通过交换才能实现自己的劳动，并从市场获得自身的消费资料④。在这个普遍依赖与普遍联系的市场经

① 孟德威尔就曾以《蜜蜂的寓言，或个人劣行即公共利益》为题作文。马克思在《资本论》中曾提及孟德威尔此文。参见马克思：《资本论》第1卷，人民出版社，1975年，第393页注释57。

② 参见恩格斯：《费尔巴哈论》，《马克思恩格斯选集》第4卷，第233页。

③ 参见张维迎：《博弈论与信息经济学》，上海三联书店、上海人民出版社，1996年，第2页。

④ 那些由于种种原因缺失劳动能力者，从社会获得基本生活资料，则是在这种平等劳动交换机制基础之上进一步展开中的内容，与此并不矛盾。为了讨论的明了简洁，我们以平等的劳动交换作为典型对象研究。

济体系中，个人在为自己私利劳动的同时①，事实上也就在为社会创造出财富。一般说来，作为从事市场劳动交换的劳动者，其主观动机是为“我”、利“己”，但为了实现为“己”目的又必须是立足于为“他”生产②。“主观为自己，客观为别人”，这是市场经济体系中经济利益交换的最基本法则。当然，这里所说的客观“为”他人，首先是在一种客观经济关系中的经济活动结果——在这种客观经济活动结果中所体现出的是社会成员相互间互为目的与手段这一客观社会关系；是一种出于利益交换、谋取自身利益的聪明谋划，而不是出于自身的道德同情心——这并不意味着市场经济活动主体没有相应的道德精神，相反，它以某种道德精神为主体性的内在规定。不过，由于在利益交换、谋取自身利益的聪明谋划过程中，能够理智地考虑到他人的需要，那么，其中至少一定程度地隐含着一个值得肯定的主观精神：对他人利益的尊重，并考虑到他人的需要与正当利益，不在与他人利益截然对立中实现自己的利益。尽管这种精神可能并不是一种道德同情心，也不是一种道德崇高，但在一定意义上可以说是一种弱善。在特定的条件下，这种弱善可以成为引导人们向崇高攀登的起点。正是在上述意义上，也未尝不可以说在市场经济体系的利益交换中，劳动者主观精神的直接内容就是“主观为自己，客观为别人”。

“主观为自己”说的是从事劳动交换的行为者的行为动机是“为己”③。“客观为别人”说的是行为者要实现自身的利益，必须在客观上给别人带来利益，必须通过为别人作为实现自己利益的手段。当然，

① 这里的“劳动”应当加以具体限制：在法律所允许的范围内，且能够通过市场交换加以实现的。

② 黑格尔、马克思都以自己的方式揭示了这一点。参见马克思：《资本论》；黑格尔：《法哲学原理》。

③ “主观为自己”在道德上并不能说就是绝对恶的，在历史过程与市场经济的现实运作机制框架中来考察、评价，甚至还会发现它具有善的属性。

正如黑格尔曾深刻揭示的那样，出于私利的主观为自己活动，处于转向作恶的待发点上。从“主观为自己”出发可以有不同的发展方向。这虽然具体取决于每一个具体从事劳动交换的人的社会存在状态、思想内容、识智水平、情趣操守等，但在总体上则取决于既有利益交换者之间相互关系的制度性安排，取决于这种制度性安排所内含的各自实现自身利益的手段与方式。启蒙时期的英国经验论者，在强调自爱是人的本性的同时，就面临一个无法回避的问题：自爱的人如何能在追求自身利益中达至对于公共利益的增进？他们试图通过“良好的制度”来解决这一问题。他们认为良好的制度、利益共享的规则与原则，可以有效地引导人们最佳地运用其识智，从而可以有效地引导有益于社会目标的实现①。“客观为别人”这是较为成熟健全的市场经济下的利益实现途径——这是由较成熟的市场经济制度体制所作的制度性安排。如果说在一种制度性安排中，通过为他人（即“客观为别人”）并不能实现为自己的目的，或者说并不要客观为别人，而是相反，通过损害别人利益，就能实现自己的目的，那么，在这种制度安排下就很难有普遍的“客观为别人”的社会行为，社会盛行的可能是损人利己、以邻为壑的价值实践。私利未必必然导致公益，私利也完全有可能与公益截然对立。

私利公益的一致性，有赖于制度公正安排这一社会背景。如果说有一种制度性安排，在这种制度性安排下，“客观为别人”是实现“主观为自己”的基本途径，那么，社会不仅会出现普遍的“为别人”这一互利互惠客观现象，不仅会在社会正义的主观感觉之下强化公正的社会制度性安排，而且作为社会成员的个人会由于长期在日常生活中习惯于考虑与尊重别人，习惯于在社会利益的背景下考虑与实现自己的利益，从而形成一种思想、精神习惯：在自己、他人、社会利益共同增进中思考

① 参见哈耶克：《自由秩序原理》，邓正来译，北京三联书店，1997 年，第 69 – 71 页。

与实现自己利益的思维模式与思想习惯，进而使自己的心理结构、思想境界得到升华。正是在这个意义上，原初的“为我”亦会成会“为他”的过渡环节。制度公正则是这个过渡、升华过程的背景与媒介。

在社会成员相互利益关系方面，一个基本公正的制度性安排应当是互利互惠的。互惠意味着没有绝对的牺牲与奉献，没有绝对的占有与享用。互惠是对纯粹手段性原则的否定①。然而，互惠关系也只有被置于公平正义的社会结构体系与制度规范之下，才有可能是真正善的。否则，互惠本身亦会蜕变为作恶，嬗变为私人间的简单利益对等交换，沦落为徇私枉法的肮脏交易。即使是那些在普遍意义上的互惠交换，如果离开了恰当的制度性调节，也可能未必是公正的交换，甚至可能存在着极大的不公正。因为通过劳动交换会产生一个由于交换本身而出现的交换剩余，会出现由此而带来的交换剩余的分配或占有份额的问题②。这样，真实的互惠就有形式与实质两个方面的规定。形式方面的互惠是程序性的，即交换双方必须公平地参与交换，不存在强迫、欺诈或滥用任何其他一方意愿和认识的行为。实质方面的互惠是内容的，是关于进行交换的双方在责任与利益上的公正。即使是自愿平等参与的交换，也不得使任何一方承受与他所获得的利益极不相称的代价，且这样的交换也不能不正当地损害第三者的利益或一般的社会利益③。而无论是形式方面的还是实质方面的互惠规定，都离不开

① 在互惠关系中可以存在着牺牲。这不仅是指道德意义上的自我牺牲，还指从否定性角度看互惠关系就意味着交往双方同时对各自利益的适当让渡或某种放弃。问题的关键是，这种牺牲不是单向度的，而是双方的且公正的。

② 参见麦克尼尔:《新社会契约论》，雷喜宁译，中国政法大学出版社，1994 年，第 40 - 42 页。诸如农民进城打工，收入较之原有在农村会得益很多，但同时他们却又成为城市的廉价劳动力，在这互惠交换之下，显然存在着交换剩余分配的某种不公问题。

③ 参见伯尔曼:《法律与革命——西方法律传统的形成》，贺卫方译，中国大百科全书出版社，1996 年，第 418 - 419 页。

公正的社会结构及其制度性安排。

严格地说，在对以市场经济为基础的社会关系的思考中，"互惠"仅是一初始概念。个体间利益平等交换的互惠性，就其实质而言仍然是偶然的。只有在以社会公正为内容的社会结构中，互惠才有可能成为普遍必然的。在抽象的原初状态中（如罗尔斯所做的那样），人们以互惠为纽带构成利益共同体。不过，在一个复杂的社会关系体系中，由于联系的复杂性、中介的多重性、利益的广泛性、信息的不对称性，作为个别存在的社会成员有时无须付出即可得益，甚至也并不排除这种可能：凭其恶性即可得益。这种由于社会结构自身的庞大性、复杂性而造成的个别成员之间利益互惠关系的缺失、扭曲，又往往由于社会成员相互间联系的多重中介性，而难以为人们所立即意识。所以，互惠本身应当在社会结构体系中被进一步规定或保证。互惠不应当建立在社会个别成员相互间的个别简单交往基础之上，而应当建立在社会全体成员的普遍交往基础之上。这样一种立足于社会全体成员普遍交往的互惠，就是社会公正。

即使是在亚当·斯密那里，出于利己动机的、利益各别的个人，在看不见手的指引之下会带来社会整体的繁荣与利益，从私利达到公益的这一认识与结论，也仍然是有条件的。在斯密的这一理论逻辑中预设着两个前提：其一，社会是有特定的结构及其交往规则的，这是一个自由竞争的社会结构体系，且这个自由竞争也是在一定的制度性规约之下进行的。其二，社会具有不同于既往的平等价值精神，且社会成员具有不同于既往的道德能力，具有公平竞争、平等互惠的主观精神，交往主体具有不同于既往的人格类型。

人们往往习惯于在道义与自利之间划下一道鸿沟，对那种"为我"的自利行为持一种道义上的鄙夷眼光，加以蔑视（这里的"我"是较为严格意义上的个人自我），并且往往习惯于以所谓"斯密难题"为证。

其实，从斯密那儿非但不能得到人们习惯中所以为的那种理论支持，相反，只能得到对所习惯以为的否证。人们往往以为亚当·斯密的《情操论》与《国富论》两本书中存有悖论：道德领域以同情心为原则，经济领域则以市场效率为原则；在道德领域是同情心起支配作用，在经济领域则是看不见的手起支配作用。这是误解了斯密。其实，斯密在他的这两本书中的基本思想是一以贯之的。这种误解产生于对斯密《情操论》尤其是对其"同情心"范畴的误读。仔细研读斯密的《情操论》，不难发现斯密的"同情"不是现时通常狭义严格道德意义上的"同情"，而是指一种情感：设身处地心理换位中包含的平等、平等的自由情感。同情"就是当我们看到或逼真地想象到分阶段的不幸遭遇时所产生的感情。"它所表现的是"我们对任何一种激情的同感"，或"同样的感受"、"同样的激情"。"同情"的形成在于"设身处地的想象"时所产生的心理共鸣。当"我们看到激发这种激情的境况"时，"我们设身处地之设想时，它就会因这种设想而从我们自己的心中产生"。① 在亚当·斯密看来，"同情"与"自私"是人的"天赋""本性"。这种同情不是慷慨无私的牺牲，而是一种平等的自由精神。这里隐藏着斯密对市场经济条件下的人格类型及其存在方式的深刻洞见，隐藏着斯密对以市场经济为基础的社会伦理关系的睿智。其中最重要的有两点：

其一，斯密对市场经济条件下的人格类型的理解。这是一种具有理性精神的人，她/他是自利的，但不是傲慢自大、不择手段、为所欲为的，她/他具有自我反思能力②；个人是自爱的，但个人并不能离开社会寡处独居，她/他作为社会的人存在着，她/他希望得到别人的同情或情

---

① 参见亚当·斯密：《道德情操论》，1997 年，第 5、7、14、23 页。

② 一个人"不能谅解"自己的"行为动机"。参见亚当·斯密：《道德情操论》，1997 年，第 104 页。

感共鸣①;她/他尊重他人的平等自由权利,人人都具有平等的自由精神,并在经济活动中具有起码的道义精神,这就是只有平等的自由交换的经济行为才是善的。这种道义精神表明,在市场经济条件下,作为经济活动主体的人在进行经济交换时,也不是纯粹无道义的实利人,而是以平等的自由交换为基本道德前提。这就解释或说明了从事市场经济活动的行为主体,在通过正当手段平等自由交换获利时,不存在心理分裂与道义上的自责。她/他在人格上是统一的:这种经济行为本身是善的。相反,只有那些通过不当手段,即不是通过平等的自由交换而得来的(例如巧取豪夺、欺诈勒索等),才有心理与道义上的不安与自责。这样,斯密对于“同情”的理解,事实上也就成了斯密自由主义经济以及那只著名的看不见的手的逻辑背景。

其二,斯密对公正的社会环境这另一只看不见的手的设定,并将它视为市场经济不可或缺的要素之一。在斯密看来,在一种公正的环境中,追求私利的行为可以达到增进公益。斯密以提出经济活动中那只看不见的手而著称。然而,人们切不可忘记斯密的经济活动不是在一种纯粹绝对经济的空中楼阁中进行的,切不可忘记斯密还曾提出过另一只手的存在。虽然斯密对这另一只手的表述有点混乱,但他确实提出了这另一只手的存在——这事实上就是公正的制度结构。斯密以富人的消费为例,认为“一只看不见的手引导他们对生活必需品作出几乎同土地在平均分配给全体居民的情况下所能作出的一样的分配,从

---

① “他不敢再同社会对抗,而想象自己已为一切人感情所摈斥和抛弃”。尽管社会中会有敌意,但“孤独比社会更可怕”,“对孤独的恐惧迫使他回到社会中去”。“人只能存在于社会之中,天性使人适应他由以生长的那种环境。人类社会的所有成员,都处在一种需要互相帮助的状况之中,同时也面临相互之间的伤害。在出于热爱、感激、友谊和尊敬而相互提供了这种必要帮助的地方,社会兴旺发达并令人愉快。所有不同的成员通过爱和感情这种令人愉快的纽带联结在一起,好像被带到一个互相行善的公共中心。”参见亚当·斯密:《道德情操论》,1997 年,第 104 - 105 页。

而不知不觉地增进了社会利益，并为不断增多的人口提供生活资料。当神把土地分给少数地主时，他既没有忘记也没有遗弃那些在这种分配中似乎被忽略了的人。”①在斯密的逻辑体系中，不仅存在着追求自利的个人，而且还存在着“公正的第三者”，它能给予人们恰当的善恶报应。这是一种不同于个体仁慈、具有强制性特点的客观力量。自利是人的天性，自利也未必就必定带来公益。人的贪婪自利会变得“像野兽一样”，进而损害公益②。只有在一种具有强制性的客观力量或社会结构安排之下，人的自利活动才能通过一种互惠的方式使公益得以增进。“在追求财富、名誉和显赫职位的竞争中，为了超过一切对手，他可以尽其所能和全力以赴”，但这有个限度，这就是光明正大、公正行事。如果一个人在竞争中，通过不光明正大的方式“要挤掉或打倒对手”，则公正的社会结构或制度或实体“不允许作出不光明正大的行为”③。在充分竞争中也有互助。这种互助并不产生于“慷慨和无私的动机”，而是基于自由、平等交换的“互惠行为”④。这样，公正的社会结构是自利而互惠的社会结构。在这个结构中，自利本身并不那么可怕、丑陋。因为，一方面自利不等于极端的自私；另一方面自利亦可以通过互惠而达到共利公益。

一切现代自由主义经济者，或者更宽泛地说，一切自由主义者在表达自己的思想时，事实上总是以一种具有平等的自由权利这一基本公平正义的制度结构为背景、前提的。离开了社会结构制度背景谈论个体的自利行为，是没有什么实质性意义的。

亚当・斯密那看不见的手所调控的对象，在要义上还只是由单子

① 参见亚当・斯密：《道德情操论》，1997年，第230页。

② 参见亚当・斯密：《道德情操论》，1997年，第107页。

③ 亚当・斯密：《道德情操论》，1997年，第103页。

④ 亚当・斯密：《道德情操论》，1997年，第105－106页。

式的个人所组成的社会。然而,在现实社会中,人其实是以从属于某一社会集团的方式进入日常生活世界并与日常生活世界发生广泛联系的。即在本体论上,一个人首先是某种共在中的个在,此个在通过共在进入类共同体①。对于具体个在而言,他所在的那个共在较之类共同体具有逻辑与价值上的优先性。如是,在这个意义上,她/他的利益实现也就首先依赖于她/他所在的那个社会集团利益的实现。不过,在由基本利益一致的个人组成的利益集团中,每个人是否会因为对于自身利益的追求与维护,而必然自觉地去追求与维护本利益集团的集体利益呢?

在一个相当长时间内曾支配过我们的传统认识是:只要集体利益能为个人带来好处,集体利益与个人利益具有一致性,此集体中的个人就会采取集体行动,并必然会为这个集体利益而努力。然而,这种认识值得存疑。奥尔森的集体行动理论至少证明,除了那种出于严格意义上的纯粹宗教信念、道德良知的个体自觉行为外,即使这种能为个人带来好处的集体利益与个人利益仍然具有不一致性,个人理性不是实现集体理性的充要条件②。个人出于理性追求自身利益的最佳行为选择,未必能带来集体利益,必须借助于适当的制度安排这另一只手,才能使个人理性活动获得有效的集体利益。因为在集体行动中,所要实现的结果是公共产品或集体产品,公共产品有赖于共同的努力才能实现,且实现后对集体中的每一个人都有利。然而,在集体行动中存在着"理性的无知"(由于集体人数众多,个人意识到自己的影响无足轻重,从而采取某种不负责任的态度)与"搭便车"(期望别人努力,自己坐享

---

① 现代网络上的虚拟空间,及人的某种普世心理,并不能改变一个人首先是作为特殊共在中的个体这一基本事实。

② 参见张宇燕:《奥尔森和他的集体行动理论》,载《公共论丛:市场逻辑与国家观念》,北京三联书店,1995 年。

其成）现象。所以，要使出于理性追求自身利益的个人的最佳行为选择与集体目标一致，至少需要一系列条件：构成这个集体的人数很少，或/和有效的强制，或/和利益诱导的激励机制①。而有效的强制就其要义而言，也是一种特殊的激励方式。故，上述三个条件又可以进一步归纳为有限的集体构成人数与有效的激励机制。人数少，个人对集体的影响力会相对明显提高，且个人行动向集体行动过渡的成本会大大降低②。在一个人数无限多的大集体中，会形成一些由于想通过集体行动来增加自身利益份额的人组成的小的利益集团，这些小的既得利益集团有可能控制作为整体的大的利益集团，乃至与大的利益集团的应有利益相悖。有效的激励机制主要是用来防止"搭便车"现象，以驱使、激励个人为集团利益作出贡献③。集体行动理论至少表明：个人利益与由基本利益一致的个人组成的集团利益间的一致性，有赖于一系列宏观制度性安排。这种制度性安排，一方面应当反对垄断，鼓励更多的利益集团的出现，且在集团内部存在能够有效监督与有效行使个人民主权利的机制④；另一方面则应当采取有效的激励手段，在制度上保证集团内部成员成本－收益比较相对一致。如是，才能做到私利达于

---

① 奥尔森：《集体行动的逻辑》，陈郁等译，上海三联书店、上海人民出版社，1996年，第2、13－14、18页。

② 这主要是由于在此种情况下人们容易达成一致意见，个人能在行为过程中实施有效的监督，个人为这个利益集团付出的成本与其收益份额基本一致，个人能够从自身利益的角度现实地感受到自己是这个利益集团中的真正主人，从而有利于其积极性的调动与发挥。由此看来，仅仅是公有制本身，并不能必然带来社会主人意识与主人态度，重要的是其具体的组织方式与存在形式。

③ 奥尔森：《集体行动的逻辑》，1996年，第70－71页。

④ 奥尔森分析德国与日本的现代化过程、总结其成功的经验时，提出了"司法一体化"的重要性。其实质就是强调统一政府的作用，强调社会宏观结构、制度体制供给的意义。参见张宇燕：《奥尔森和他的集体行动理论》，载《公共论丛：市场逻辑与国家观念》，北京三联书店，1995年。

公益①。

如此看来，社会宏观结构、制度体制供给的核心之一，就是要给社会提供一个基本的行为范型，使出于理性为“我”的个人，能够通过为“他”的自利行为方式增进公益，使私利与公益达于一致，并在这种私利公益统一过程中，使社会成员养成一种善美的行为方式与思想境界②。

一个制度应当这样设计才是基本公正的：在这个制度中，即使是最不幸、占有社会财富最少的人，其基本自由与正当的权益，也不会因为其不幸与资源占有的贬匮而受到伤害；即使是无赖，也不会因为其无赖而得到比应得更多的利益；即使是权贵富豪，也不会因为其权力与财富而可以为所欲为，得到自己所不应得的；即使是贪婪追求私利的人，也不会因为其追求私利而使他人、共同体的正当利益受到伤害，相反，其追求个人私利的行为在总体上还能给他人与社会带来益处。一个生活在这种制度中的人，更有可能行为正当公正并选择向善。

3. 行为范型

制度激励总是指向一定的行为范型（schema of acting，paradigm of acting），并以一定的行为范型为内容。当年康德在研究人通过范畴对外部世界认识时，曾用范型（schema）这一术语指概念的具体化、抽象的具体化。在康德那是，范型是一种先验图式，人们通过此先验图式

---

① 需要注意的是，奥尔森关于集体行动的理论中有一重大缺憾：没有考虑个体价值信念、信仰在集体行动中的作用。这可能与其行为主义、个人主义的分析方法有关。在出于个人真诚信仰而组成的社会集团中，奥尔森的集体行动理论是失效的。作为同是经济学家的诺思就曾合理地指出了奥尔森理论的这一局限性。参见道格拉斯·C. 诺思：《经济史中的结构与变迁》，上海三联书店、上海人民出版社，1997年，第10－12、64页。

② “一切政治制度和实业组织的最高标准，应当对社会每个成员的完满生长有贡献”。参见杜威：《哲学的改造》，许崇清译，商务印书馆，2009年，第110页。

把握经验对象。本书借用康德范型这一概念，提出行为范型范畴，并用来指具有一定类型的行为模式。这种行为类型模式并不强调具体行为本身的僵化同一性，而是强调行为的类型性质、模式的种类；并不是追求一种行为现象的千篇一律，而是追求一种"从心所欲不逾矩"之"矩"类，因而，它与其说是对行为外在样式的注重，毋宁说是对行为内在内容的注重。它是一种精神气质的凝结，是一种社会关系的具象化。其实，大到一个时代、一个民族国家，小到一个人，作为一整体都有自己特有的行为范型，并且凭借各自的行为范型就可以区分彼此。行为范型作为一种对人的行为方式及其存在方式的具体把握，一旦形成后，就是一种先验图式，并对人的日常生活行为起着整合、规导作用。

特定的制度体系就是特定的行为范型。特定的制度体系之所以能够作为社会成员行为范型的引导，就在于其本身就是一种以权利－义务关系为基础的广义利益分配格局。社会结构及其制度体制，既是一种广义的行为范型，也是一种广义的利益分配格局。行为范型与利益分配格局是一体两面之事。可以说，社会通过这种利益分配格局推行与强化其行为范型，同时，又通过对这种社会行为范型的强化，巩固其利益分配格局。一种社会结构通过制度体制向其成员传达了一种信息：应当且必须如此行为，如此行为的收益将是明确、可预期的。这是一种在利益激励下的特殊价值引导过程，其核心是使特定行为范型普遍化。

特定行为范型的普遍化，换个角度，就是引导社会成员确立起某种行为范型。事实上，个体的行为范型中总是以某种特殊方式隐存着社会制度所表达的行为范型。认识一个人的行为范型，不仅要认识她/他独特的文化传承、精神世界、价值信仰，亦要认识她/他所存在于其中的制度所表达的行为范型。个人的行为范型并非一成不变，相反，是可以变更的。甚至那些原以为本不可能改变的东西也可能发生根本的改变。这里的关键之一,就是制度性安排所具有的行为范型引导功能①。这样说,丝毫不否认个人的精神世界、价值信仰、文化传承对其行为范型的作用,只是由于本书所取的研究视角集中于制度角度而已。而制度之所以能够起行为范型引导作用,则是由于制度性安排所表达的行为预期受益。

这里隐含着一个可能:如果制度性安排是不公正的,或者说,这种制度性安排有严重缺陷,那么,它就可能引导社会成员趋恶背善、为非作歹,我们称这种道德失范现象为制度性失范,或制度性腐败,或制度性堕落。生活在这种有严重制度缺陷或严重制度不公的环境中,在大众层面上,社会成员往往会身不由己地趋于沉沦与堕落。因为这种制度机制给人们的预期受益信息,明白无误地引导人们应当且必须如此。如果在一个社会结构及其制度体制中,那些弄虚作假者升迁,据真秉实者遭贬,吹须溜拍者受宠,犯颜直谏者被整,奉公守法者寒酸,贪赃枉法者富甲,走正门正道被拒,闯歪门邪道得逞,那么,这个社会结构及其制度体制造就出的更多的是流氓无赖与腐败政客。在这样的社会结构中,一个人洁身自好固然可敬可贵,然而,个别人的洁身自好并不能阻止更多人沦为腐败政客与流氓无赖。这种流氓无赖、腐败政客,是这种社会结构的复制品。只要这种社会结构及其制度体制存在,这种流氓无赖、腐败政客就会被源源不断地被再制造出来。只有改变这种有严重缺陷、严重不公的社会结构及其制度体制,改变社会既有的权利-义务关系分配方式,改变人们预期受益的方向与实现途径,才能从根本上

① 有人曾以发生在日本的实证材料说明,仅仅经过一、两代人,那些原以为根本不可能改变的民族习性,在制度性安排的价值导向下发生了彻底的改变。参见林毅夫:《关于制度变迁的经济学理论:诱致性变迁与强制性变迁》,载 R. 科斯等:《财产权利与制度变迁——产权学派与新制度学派译文集》,刘守英等译,上海三联书店、上海人民出版社,1996 年。

制止这种流氓无赖、腐败政客的普遍滋生。对于制度性失范(或制度性腐败、制度性堕落)现象,只有从社会结构及其制度体制本身才能得到合理说明,只有从社会结构及其制度体制本身的变革中才能找到治病良方。这就从反面提出一个严肃的问题:社会结构所供给的制度本身必须是合理的,供给制度的社会结构本身必须是基本公正的。只有公正、合理的制度,才能公正规范社会行为,塑就社会良序。

长期以来人们形成一种思维习惯:一旦社会出现较为普遍的道德行为失范现象,总是偏好从社会成员个体的角度考虑问题,倾向于从社会成员个体身上找原因,希望通过社会成员个体的努力来克服这种现象。这种做法确实有某种合理性。因为社会道德行为失范现象确实是以社会成员个体为载体,并通过一个个现实的社会成员呈现出来,如果每一个社会成员或社会成员的绝大多数能够洁身自好,那么社会确实会表现为另一种状况。然而,这种思维习惯只看到了问题的表象,没有抓住问题的要害。为什么社会会出现较为普遍的道德行为失范现象?为什么社会成员中的相当一部分人不同程度地陷入了这种状况?这种现象不能简单地以社会成员个体自身的原因来解释。在这种社会现象背后,必定存在着更为深刻的社会原因。只有找到这种社会原因,才能找到克服这种社会现象的有效途径。更何况,这种思维习惯在学理上亦有严重缺陷。首先,这种思维习惯在认识论与方法论上失于主观主义唯心论①,将个人的品德精神与其日常生活世界相分离。在普遍意义上言,要改变社会成员的道德观念、情趣操守,必须改变其的生活世界②。

---

① 这里的"唯心论"是在作为方法论的严格意义上被使用的。

② 杜威就明确谴责那种"强调改变我们自己而不注意改变我们在其中生活的这个世界"、以为"人们可以离开'物质的'手段来培养理想的目的"的做法,认为"一个忽视经济条件的道德体系只能是一个遥远空洞的道德体系。"参见周辅成:《西方伦理学名著选辑》(下),商务印书馆,1987年,第717、722、724页。

其次，它假定了作为社会行为范型存在的结构制度体制本身是合理的，而这恰恰是必须通过理性加以证明的。再次，它假定了个人理性与集体理性的一致性，即以为个人的理性行为一定导致集体利益的增大。其实，不仅有如奥尔森集体行动理论所揭示的个人理性与集体理性的矛盾与冲突，而且解决这种矛盾与冲突的立足点及其后果可能大相径庭。按照现代经济学理论的观点，如果社会（我们可以将“市场”广义理解为“社会”）出现了失调，那么，首先要考虑的是既有的制度性安排出了问题，解决问题的办法不是否定个人的理性，而是设计出一种新的制度体制，在满足个人理性的前提下达到集体理性①。即，首先应当注重的是宏观社会基本结构及其制度机制，应当是供给一种新的行为范型来调整社会关系状态。经济学这种研究方法的变更，换来了现代经济学的蓬勃发展。现代经济学的这种思维方法，对于伦理学、哲学、政治学应当有积极的启迪作用。既然在常态下人们总是从“我”出发，且人们总是有其现实利益，既然已经着手构建市场经济框架，进行市场经济建设，那么，我们就应当承认个人寻求自身利益的必然性，就应当向社会成员提供一个相应的制度机制、行为范型，使其寻求自身利益的行为同时也能给社会带来益处。

社会结构是一规范体系，制度体制引导社会成员所要确立的行为范型，是一种社会本体论立场的要求。这种本体论立场要求，经过社会成员权利－义务关系、个体美德内容的角度转换，就会成为主体论立场的规范要求，转化为对社会成员的角色规范要求：做这个社会结构体系中角色规范所要求做的。

---

① 参见张维迎：《博弈论与信息经济学》，上海三联书店、上海人民出版社，1996 年，第 11 页。

二、角色规范

柏拉图曾将各司其职作为理想社会内容之一。各司其职隐含一个前提:特定的社会结构及其角色体系的存在,且这个角色体系中的每一个角色的角色要求的确定性。然而,当一个社会处于结构性转型时,一方面,既有的角色体系及其要求已被打破;另一方面,人们事实上又时时刻刻都是作为角色生活着,需要有一定的角色规范体系,以谐和自己的生活。此时,社会通过制度体制向其成员供给明确的角色体系及其规范要求,这对于规范个人行为、调节社会成员相互关系,就显得尤为重要。确定的角色体系及其要求,既是社会结构网络的具体化存在,也使社会成员行为价值合理性标准实在化,并使社会成员的行为可预期。

制度分配社会成员的权利与义务。制度的权利与义务分配,并不是直接针对社会某一具体化了的个人,而是直接针对由制度所表达的社会关系网络位置。制度以一种总体化的方式规定了社会关系网络中的每一个具体角色的权利与义务要求。正是在此意义上,制度化了的权利与义务安排,是社会角色化了的权利与义务安排。制度通过此来告诉人们该如何行为。

1. 权利－义务

角色是社会结构体系中的纽结。每一个人以其在社会结构网络中的具体位置获得其角色规定性。这即意味着角色要求对于个人来说是先在的。它所表达的是普遍对于特殊的规定与要求,是结构对于要素的要求,是社会对于其成员的要求,它所追求的是社会系统结构的整体功能。对于个人而言,她/他虽然可以一定程度地选择具体角色位置,但是却无法选择角色要求——虽然无数个人的创造性活动最终可以引起社会结构及其角色规定的变更,但是对于某一具体个人而言,则无法改变既有社会结构的具体角色内容规定。正是在此意义上又可以说,个人的角色化过程就是个人的社会化过程,个人通过角色进入社会。只要人类社会存在,就有角色,就有个体的角色化。这是一个与人类社会共始终的过程。当然,角色、角色化存在的永恒性并不排斥其历史性。社会结构体系自身是一个发展变化过程,由社会结构体系所规定了的角色、角色化也是一个发展变化的过程。不同社会历史时期会有不同角色要求。或者说,不同的社会历史时期、不同的社会结构方式,对其成员会有不同的社会权利-义务关系规定与要求。

虽然角色是社会结构网络中的实体性存在,然而它的存在本身则缘于社会结构网络的功能性规定。角色固然内含有某种身份、等级、分工的表达,然而,这些身份、等级、分工都不过是为了完成社会作为整体所要求的某种特定功能。因而,角色虽然是人格化了的,并且以一个个现实活动的个人作为调节对象,但它却并不是直接针对具体个人,而是直接针对社会结构自身。它并不关心谁居于这一角色,而只关注这一角色功能本身。每个人在角色规范面前是平等的。所以,从角色出发考察社会成员间权利-义务关系,只能得出社会成员间功能差异的结论,不能得出彼此间人格身份等级差异的结论。人格的同一性与角色的差异性并行不悖①。然而,在一个相当长的历史时期内,又确实存在着所谓角色尊卑。这种角色尊卑的原因,就在于那个社会结构自身存在着人格等级。在一个等级制社会中,角色要求固定于具体的人或集

① 正是在此意义上,对于中国古代的"君君,臣臣,父父,子子"思想也可以谨慎地批判扬弃,重新给予某种积极的解释。其中可能包含的积极因素之一,就是每一个人都应当按社会角色规范所要求的那样去做。

团①,而在一个现代民主社会中,角色要求则固定于社会结构中的具体职位。只要社会结构本身有人格等级差别,那么,角色就有尊卑高下之分。在一个消灭了人格等级差别的社会结构中,角色就不再会有尊卑之分。换言之,从角色是否有尊卑可以透视特定社会结构的性质。

由于社会结构关注的是角色功能,故,在逻辑上,它以同一角色规范要求处于同一角色的所有人。正是在此意义上,角色规范与法治应当有着某种内在的逻辑一致性。

有角色就有角色规范。角色规范不能被简单理解为角色的责任、义务。它应当被理解为角色的权利-义务统一体。角色规范自身只有在社会结构体系中才能得到说明。既然角色为一功能性规定,那么,角色就内在地包含着所要完成的特定功能或任务,包含着为完成这一特定功能所必需的权力,包含着对功能完成状况的反馈性评价。这种反馈性评价的具体存在就是激励。如果我们能够将所要完成的功能理解为责任、义务,将权力与以激励表达的利益益损统一理解为权利,那么,角色就应当是权利与义务的统一体②。这样,角色规范就是关于角色的权利与义务的规范,就是以对角色的特殊赋权受益(此处受"益"是包含正负两个方面、具有多种内容的广义之"益")为必然内容。

角色是社会共同体中的存在,生活在社会共同体中,拥有作为社会共同体成员的资格,就自然被赋予各种特定的权利与义务。这是任何个体所无法逃避的权利与义务。这种无法逃避的权利与义务,在消极的意义上说,类似于萨特所说的人的无可奈何、不得不选择的自由,在积极的意义上说,则是社会对于个人的先在性与优先性。"我"作为一

---

① 参见马克斯·舍勒:《价值的颠覆》,罗悌伦等译,北京三联书店,1997年,第21页。

② 参见麦金太尔:《德性之后》,龚群等译,中国社会科学出版社,1995年,第155-156页。

个人存在,就有做人的权利与义务;作为一个父亲、官员、职员、医生,就有作为父亲、官员、职员、医生的权利与义务。义务是作为角色必须履行的职责,权利则是作为角色完成义务所必需的权力与应得的利益。角色的权利与义务相等。根据摩尔根对于远古社会的考察,享有氏族名称、作为氏族成员这一事实本身,就表明一个人作为氏族成员所拥有的权利与应履行的义务①。中国古代氏族社会亦曾体现了这一权利与义务统一的特征。至于中国古代关于父子关系的理解,就以一种特殊方式体现了角色权利与义务的一致性:为父之慈之教,为子之敬之养。慈与养、教与敬,即为社会加于个体的先在的权利与义务。

然而,说角色的权利与义务相等,这仅是一种反思批判、应然性的,或者说,是建立在现代民主政治制度基础之上的一种社会角色规定。事实上,在普遍意义上而言,由于角色权利与义务相对于具体个人而言,是被她/他所生活于其中的那个社会结构先在赋予的,因而,实然的角色权利、义务是否真的对称相等,就完全取决于那个具体的社会结构及其制度。如果那个社会结构本身不是权利平等、权利与义务统一的,而是权利与义务分裂的,那么,实存的角色权利与义务就是不对称的。前述中国古代氏族社会中的父慈子孝这种双向统一的权利－义务关系,在后来的历史过程中,就曾被演化成单极的权利、义务指向,演化为血缘等级中的上者至上权利,下者无条件臣服。这样,孝亲忠君就成为宗法社会中的最基本伦理要求。在这种伦理要求之下,下者的权利缺失,只有义务,上者的义务被免掩,更多的只是权利。

直至近代,中国文化中甚至都没有西方文化中的那种权利(rights)观念。这种范畴观念的缺失,所表达的实质是某种社会存在关系、结构

① 参见恩格斯:《家庭、私有制与国家的起源》;《马克思恩格斯选集》第4卷,第83页。

方式的缺憾。中国古代社会不乏“权”的概念,甚至此概念被极度强调。但在中国传统文化中“权”所表达的是权力、权势、权衡等意,它与君主之“力”相联系,而不与民之“利”相联系。尽管商鞅变法时以法、信、权为基础,但他所指的“权”绝非现时所说的“权利”。权利范畴总是以民主、民权、平等、自由为其丰富内涵。没有民主、民权、平等、自由等社会伦理关系的萌芽,权利范畴的出现是无本之木,无源之水,根本不可能。直到清末,以沈家本为代表的一方,与以张之洞、劳乃宣为代表的另一方的法礼之争,还在以中国自己的方式提出权利及其平等问题。此后,章太炎提出“恢廓民权,限制元首”的民权主义口号,孙中山提出的三民主义理论,才将平等的自由权利作为一种社会理想确立①。争取社会成员权利与义务的统一,对于中华民族而言,是一项极为艰巨的历史使命。这是一个为平等的自由权利、为民主制度而斗争的过程。

如果一个社会结构中的角色出现了权利与义务的分裂、不对称,那么,意味着这个社会结构中权利与义务的不平等、不对称,意味着这个社会结构的不公正,意味着这个社会结构本身出现了分裂。此时,社会角色规范仍然存在,不过,它已分裂为二:实存的与应然的②。在实存的角色规范之下,存在的是扭曲的社会秩序、不公正的社会关系。这种不公正的社会关系与扭曲的秩序,又受到应然的角色规范的批判。这种出于应然的角色规范批判,既是人类理性的批判,更是人类理性在实践中的进步阶梯。

值得特别注意的是,从制度的角度认识角色及其规范要求,与从个体的角度认识角色及其规范要求是有区别的。这种区别是伦理与道德的认识角度区别。从制度的角度看,是一种客观、无我的伦理义

① 参见林喆:《权利的法哲学——黑格尔法权哲学研究》,山东人民出版社,1999 年,第 350－351 页。

② 实存的并不等于现实的,具有现实性的才是真实应然的。

务，是权利－义务一体化；从道德的角度看，则是一种主观、有我的道德义务，更侧重于义务。正如前述，作为个人操守的道德义务，与作为客观关系的伦理义务不同。在一定意义上可以说，道德义务是由“我”所主动承负构建的，“我”是道德义务的在场者，在这里“我”珍视自己的正当权利，但“我”更关注自己的义务，为了义务“我”甚至在特殊情况下不惜主动牺牲自己的权利。而伦理义务则不同。它不是由“我”主动构建。这种义务似乎是某种神祇的安排，“我”只能面对并接受它。她在为“我”安排了义务的同时，亦为“我”安排了相应的权利。在这里，权利－义务是一体化的。伦理关系中的权利－义务安排是一种制度性安排。**道德义务是一种主体、主观的立场，伦理义务是一种客体、客观的立场。**

权利、义务不是空洞的，它们只有在社会共同体的结构体系中才能被规定。这也正是黑格尔一再强调义务实质性规定之缘由①。自由主义强调个人的自由权利，这对于批判封建等级制，对于防止可能的强权暴政，具有积极的意义。然而，权利是人与人之间的关系状态，个人首先是作为某一群体中的一员来到这个世界、并存在于这个世界中，个人的自由权利首先就是他所在的群体的自由权利。个人的自由权利只有在群体中才能存在，且也只有通过群体才能得以显现，故从个人的自由权利出发也应当将视野引向群体，引出个人应当承担的责任。事实上，任何个人自由权利，都不是纯粹个人活动的结果，而是利益共同体共同斗争的结晶。西方的个人自由权利，是西方数千年文明历史发展的结果。没有那样一种为个人自由权利而斗争的漫长文明历史，谈不上西方今天的个人自由权利。东方的个人自由权利亦不例外。甚至由于缺

① 黑格尔在《法哲学原理》中批评康德只重视义务的形式，忽视义务的内容。这既合理亦深刻。

少个人自由的文化传统，它更有赖于社会整体的努力。没有社会的自由环境，个人自由权利至多是美好的幻想与奢望。没有社会共同体的自由，就没有个人的自由权利。所以，个人的自由权利内在地包含着个人对社会共同体的责任与义务。正是在这一点上，社群主义强调人的社会性，强调个人作为社会成员资格以及由此所形成的社会责任，较之自由主义泛泛地谈论自由权利更为深刻，更具有历史感。不过，强调个人对社会的责任，并不能偏废个人的自由权利，不能以废弃权利为前提谈论义务。应当在社会结构中保持权利－义务的统一性或一体性。这正是社群主义在其理论发展过程中所应当引起注意的。

角色对于个人而言，随其在社会结构关系网络中的具体位置变化而变化，多重的关系、多重的社会结构网络位置，就有多重的角色要求。拥有社会成员资格的个人在社会结构体系中，处于多个纽结点，是多个角色的统一体。这就意味着个体所拥有的是多重权利与义务所构成的权利－义务集合体。只要个体在社会结构体系中的社会角色是确定的，那么，她/他就应当且必须履行这些角色所要求她/他的义务，她/他甚至都不能以履行了某个或某些角色义务而推托、否认其他应当履行的义务。即，这些义务间不可互相抵消。也正由于这种多重权利－义务的存在，所以，个人才会出现日常生活中的两难选择之困窘，乃至即使履行了自以为、且在他人看来也是值得称道的义务后，亦不能弥补由于未能履行其他某些义务而产生的良心不安与内疚。由社会结构所规定的角色规范体系是客观的，它并不因为其中某一个或某一些的有效性，而否定其他规范的有效性。然而，在日常生活中，人们往往流行着一种“视盲症”：只注意到某一社会成员的某一或某些义务，对其他义务视而不见。因而往往形成诸多绝对的英雄圣人与绝对的小人鄙者。这种“视盲症”的可悲后果之一，就是近乎愚昧的造神运动、近乎愚蠢的运动愚昧。我们强调多重角色义务要求的有效性及其相互间的不可替代性,并不是说对一个人应当求全责备,而是说,应当作全面认识,乃至于对我们自己亦以一种多重义务的承负心态面对生活及其责任。

个人处于多重关系中,具有多重的角色权利-义务,个人在社会角色体系中的权利与义务是对称的。然而在现代社会,个人有一些类似于罗尔斯所说的基本自由权利,这些基本自由权利超出了社会角色的具体规定范围,人人平等。那么,个人角色权利-义务与基本自由权利的关系如何?是否同一?在社会角色体系中,有角色才有权利,权利与角色一致。即,个人间由于角色的不同,所拥有的权利可能有所不同,彼此间的权利甚至在形式上也是不平等的(这是角色间功能不平等的直接体现,不过,相对于所有的人在角色本身面前的一致性而言,则角色权利亦具有形式的平等)。而个人的基本自由权利并不依个人所居社会角色位置的不同而不同。即使一个人由于先天或后天原因,诸如因疾病而完全丧失劳动能力等某些客观能力的原因,不能履行社会角色义务,却仍然享有基本自由权利,在基本自由权利方面与其他人至少在形式上仍然是平等的。即,在个人的基本自由方面,有可能权利与义务不对称。这是其一。其二,个人基本自由权利与角色权利之间有质的差异性。角色的权利-义务关系不能伤害基本的自由权利,基本自由权利应当体现于具体的角色权利-义务关系中①。正是在此意义上,基本自由权利规定角色权利而不是相反。

然而,这里可能受到的诘难是:基本自由权利基本上是立足于个人自由权利的立场,角色权利-义务关系则立足于社群自由的立场,而前面说个人的自由权利必须从其生活于其中的群体得到规定,此处又讲个人的基本自由权利规定角色权利-义务,这两种看法在根本立场上是彼此抵牾的。这种诘难本身的发问就值得怀疑。这是居于一种社会

① 并不因为两个人之间存有雇佣关系,被雇者的人格尊严就可以受到雇者的伤害。

（社群）、个人二分对待、分裂规定的立场所作出的思考。在现代社会，一个有存在理由与根据的社群或共同体，一定是否定了人格身份等级特权制的共同体，一定是每一个成员具有平等基本自由权利的共同体。其实，社会（社群）与个人并不是二分对待、分裂规定的，而是互为规定的统一体。即社会（社群）是个人的社会（社群），个人是社会（社群）的个人，这就是真实的社会（社群）与个人真实自由存在的统一。正是在这一点上，自由主义与社群主义的立场、方法及其基本观点，都从自己所在的侧面把握了自由权利与义务、社会与个人关系的一个方面，都有其合理性成分，亦都有其局限性。合理的思维立场、方法应当是二者的统一：社会－个人的一体化。当然，我们思考社会结构转型时期制度供给问题，主张社会角色规范的明确化，讲角色美德，其前提是：假定这个社会结构体系是基本公平正义的，它所供给的制度规范是合理的。

2. 角色美德

个人直接依据什么来确定自己的道德责任与义务、选择与评价自己的行为及其价值？依据一般的道德法则规范？正如黑格尔曾反复揭示的那样，一般的道德规范法则因其抽象性，而必须回到伦理共同体及其角色规定中寻得其具体内容。依据个人的自由权利？一方面个人的自由权利首先是其所在的生活共同体的自由；另一方面个人自由权利的具体内容必须从社会角色体系中得到规定。即使是个人的基本自由权利，也是一个历史的规定，它亦不能否定社会角色规范的要求。如是，个人行为选择与评价的最直接、最基本的依据之一，就是社会角色及其规范要求。

麦金太尔针对现代功利主义与个人主义美德观，仔细考察了历史上曾存在过的美德类型。他认为在西方文明历史过程中主要有三种类型的美德观：一是从荷马时代流传下来的美德观，在那里美德就是一个人能成功地负起社会角色的品质。一是从亚里士多德及《新约全书》流传下来的美德观，在那里，美德就是一个人能够接近、实现个人特定目标的品质，就是做一个好人。而做一个好人与做一个好公民分不开，美德是在城邦共同体中被规定与被把握的。一是从本杰明·富兰克林那儿流传下来的美德观，在那里，美德就是个人获得尘世成功的功用性品质。麦金太尔主张回归以亚里士多德为代表的古典德性观，在社会共同体中认识德性①。麦金太尔的这个思想在本质上与黑格尔一致：一个人应当做些什么、必须做些什么，才能成为有德的人，这在其生活的伦理实体中最容易明白，这就是做他的生活环境中已经确定指出的②。他们的共同之处就是在社会角色中寻求美德的根据。回归古典美德观，是对西方近代以来个性极度张扬、个人主义滥觞的一种批判。

就历史过程中鸟瞰之，关于个体美德、存在价值及其依据的寻求，在宏观上呈现出一个否定之否定的辩证圆圈运动。这就是由社会的角色及其要求，到直接从个体自身的生命创造活动，再到社会的角色及其要求的过程。最初的人类社会关系是家庭关系③，人首先在家庭关系中被规定为角色。从家庭血缘关系结构中，社会获得其存在的合法性，个体获得其角色的规定性，并进一步获得其存在的价值合理性根据。在血缘家庭关系结构中，每个人都有其明确、既定的角色与地位。在这种结构中，每一个人都通过她/他在此结构中的角色地位被认识，且也只有通过此结构中的角色地位才能认识到她/他应当做什么。社会结构的角色要求不但分派了个人在社会结构中的地位与身份，而且也规定了一个人作为这个角色所应当付出与应当得到的，同时亦规定了如

① 参见麦金太尔：《德性之后》，1995 年。
② 参见黑格尔：《法哲学原理》，1982 年，第 150 节。
③ 参见马克思、恩格斯：《德意志意识形态》。

果一个人不能履行她/他所处的角色责任、义务要求时将要受到的处置①。美德就是做社会结构所规定的角色所要求做的。虽然这种从家庭血缘关系结构中为个体提供价值合理性根据、美德基础的做法，在历史过程中包含了对人性的严重压抑与摧残一面，但是，一方面这种社会结构在当时有其存在的客观基础，更重要的是，透过这种家庭血缘关系表象，我们可以把握其背后存在的社会结构关系的实质性内容。个人以共同体作为存在的依据，道德以共同体要求为存在基础。离开了社会结构及其角色要求，就难以认识社会道德及其价值基础。这正是其合理内容之所在。

然而，人类文明演进历史表明：以血缘家族结构关系为内容的社会角色对个体价值的规定，事实上是以家族结构及其所代表的整体对个体的吞噬，是对人性升华的严重摧残。这种社会关系结构必须被改变。这个任务在欧洲通过宗教改革、文艺复兴、启蒙运动，通过资产阶级革命实现。这是一种历史的批判。历史的批判中必定蕴藏着深刻的哲理。宗教改革、文艺复兴、启蒙运动、资产阶级革命，最终确立起一种以个体为社会活动基本单位的社会结构体系，并以个体权利、生命力张扬作为存在的最终价值依据。个体获得了空前的解放。在这种个体与整体的新的张力结构中，社会与个体均得到了空前的发展。没有个体的解放、个性的张扬，就没有社会的繁荣、历史的发展。从个人出发构建起现代社会国家生活及其制度法则，以个人自由权利作为社会一切行为的最高价值判断依据，这正是西方社会那种意义上的个人主义得以

---

①　虽然古希腊思想家所面对与阐释的并不是家族血缘关系，但是他们以自己的方式揭示了个体价值合理性依据必须到城邦共同体中寻求的思维方向，却与远古人类的存在方式相一致。柏拉图对社会公正所作的各司其职、各尽其力、各得其所的界定，亚里士多德在《尼各马可伦理学》以及《政治学》中对社会公正、个体善的阐释，也都坚持了一种从城邦社会的角色规定要求寻求价值合理性最终根据的做法。参见麦金太尔：《德性之后》，1995 年，第 153－154 页。

普遍存在的现实土壤。这在给社会带来巨大活力与创造性的同时，又带来一系列消解因素。恰如托克维尔在《论美国的民主》中所担心、又被汤因比等人反复揭示，且为现实所证实的那样，以个体自身作为生命存在与价值的终极根据，将从根本上瓦解社会，腐蚀人类共同体，危及人（无论是作为类的还是作为个人的）的存在。这就如麦金太尔以一种夸张的口吻所说的那样，启蒙运动为自己造就了墓志铭。发达国家一些严肃思想家在以自己的方式寻求文明发展的救世良方，并呈现出两股潮流：一股是转向东方的古老文化，从东方那种天人合一的哲学与存在方式中获得启示，一股是回归以古希腊为代表的古典德性。这两股潮流有一共同特征：对以个体自身作为存在价值依据的扬弃，强调社会角色的意义，强调对社会的责任与义务。不过，值得注意的是，这不是向古典美德的简单回归，不是对个体价值的简单否定，而是在个体得到比较充分分化发展基础上、向一种新伦理共同体及其结构体系的升华。用辩证法的语言讲，这是一个合题。

角色美德缺失是当今中国现代化进程中面临的最紧迫问题之一。此处所谓“角色美德缺失”，并不是意味着日常生活中没有某种角色规范要求，而是说这种角色规范要求或者成为一纸空文，或者只是一种口头言说而缺少内心信念，或者背离了人们凭借良知与常识就可以确定的常识性内容，进而社会事实上缺失作为健康有机体本应有的角色规范要求及其美德。中国古代社会是一个有着严格角色规定的社会。此角色规定在根本上是血缘身份等级的规定，它落实到人们生活的每一层面、行为的每一举止、存在的每一细节。这不仅有君明臣忠、父慈子孝、兄友弟恭等实质性规定，还有用以维护或强化这一系列实质性角色规定的严酷形式限制与要求，诸如衣服色饰、起居行止、物件享用、言语辞达等。正是这些严酷的角色规定与所谓角色美德，维系着超稳固的中国古代社会。1949 年以后，虽然这种宗法角色规范与美德意识受到深刻批判，但是其影响仍根深蒂固。而以市场经济为基础的社会改革，是社会结构的一场革命性变革。既有的生活方式及其既有的角色规范与角色意识受到根本冲击，社会处于由于结构性转型而引起的社会角色及其要求暂时缺如的时期——甚至过去战争年代以及共和国建立以后十几年中形成的某些经过实践检验证明是合理的角色规范要求，也被无情地置若撇履。社会处于一种由于结构转型过程本身所带来的有角色而少角色要求、有权力而少义务状态。或者说，整个社会表现出一种倾向：社会角色要求单一化。社会成员自觉不自觉地以谋取自我功利为唯一角色要求。浅薄的功利心与浮躁的存在感，造就出一种以自我功利规定一切的不是角色要求的角色要求，不是角色美德的角色美德①。

在日常生活中确定自己的责任与义务，选择自己的行为，评价活动结果，最直接、亦最有效的根据就是：做好作为社会角色所应当做的。这就是柏拉图所说的各司其职、各尽所能的社会公正。各司其职、各尽所能，做好社会角色所要求做的，在职业活动中就是职业道德，在公共生活中就是社会公德，在家庭生活中就是家庭道德，等等。做自己该做的，此“该”由角色场景直接规定。然而，正如后述，由于具体角色规定本身存在着肢解完整人格、否定人格统一性的可能，由于角色美德有其内在固有的局限性②，因而，最终决定“该”否的不是某一具体角色及其

① 虽然我们在现代化过程中必然且已经面临发达国家所面临的那种社会角色问题，但是，我们是在必须同时完成彻底反封建的启蒙任务前提下面临这一问题。而发达国家仅完成这一前提性条件就用去几个世纪。故，我们现在所面临的任务要比发达国家显得格外艰难。

② 诸如作为一个士兵，其角色职责要求其服从命令。服从命令是军人的一种美德。然而，在战争中，一个士兵奉命杀害无辜平民百姓的行为就不能成为一种美德，其本人亦并不能因为是执行命令就能开脱罪责。因为在这种特定情景下，她/他可以出于完整人格崇高道义与人性要求，做出其他选择。

要求，而是作为大写的人的人格要求。

个体的角色意识及其角色美德意识，是社会公平正义规范有序的前提。角色美德的关键是每个人都有清晰的角色意识，都不要忘了自己的角色面具。

3. 角色面具

此处所谓角色面具，是指个体作为共同体一员而被要求应当具有的角色面貌，这种角色面貌是一个人社会化存在的基本方式。角色面具具有无个性化差别的特质。它直接依赖社会的具体网络纽结，并从此网络纽结中获得自身的具体规定性（权利、责任、义务）。由于角色面具是社会网络的具体定在，故它是目中无人（个人），不因人而异。角色面具的这种无个性化特质，使得它天然拥有一种客观无偏私品质，并对社会成员有一种令人敬畏的规范作用。然而，也正是角色面具的这种无个性化特质，使得它同时天然具有某种消解个性、非个性化的特质。一个人不能、也不可能没有角色面具，一个人必须受到社会规范的约束。然而，一个人也不能因为社会角色化，而将自己角色面具化并碎片化。

作为共同体成员的个人，通过角色面具，否定了作为纯粹个体的个别性而进入社会，成为社会性存在。在共同体生活中，每个人都作为角色出现，他人及社会对一个人的评价亦依据于其角色及其要求而作出。"做你的角色所要求你做的！"这就是共同体对个人最率直的规范性要求与拘束。然而，社会角色化、个人角色面具又使得个人在社会化过程中潜藏着以普遍性代替特殊性的非个性化倾向，有可能消解作为独立个性的自我的存在。这样，角色面具、社会的角色化又面临着普遍性与特殊性统一（或张力）的问题。角色面具是个体作为社会化的个性化存在的中介环节。

每个人在社会关系网络中均居于多重关系的纽结，因而，每个人均有多重角色面具，与此相应，也就有多重社会规范要求的约束。在社会关系网络中，虽然个人的这多重角色面具之间可能有一种价值上的优先性次序，但是，对于个人而言，所有这些角色面具本身的拘束力，独立地看，无论怎样都拥有合理性、不可彼此替代。

然而，尽管每个人有多重角色，但是，个人不是角色的机械统一体，而是自我的有机同一体。人有角色面具，可是角色面具并不是人的本真性存在。所谓本真性存在即是“我”之为“我”、人之为人的内在规定性，是自我同一性。人应当由角色同一性向自我同一性转化①。一个人可以有不同的存在方式、表现样式，然而，这些存在方式、表现样式都是其真实自我的显现，在这些现象性存在背后，有一以贯之的灵魂。正是这种一以贯之的灵魂，使其成为“我”而不是“你”或“他”，并赋予这些现象特殊的价值。也正是这种作为本真存在的“我”，使得角色活化：在同样的角色面具之下，会有不同的角色表现；对同样的角色规范要求，乃至在合乎同样的规范要求范围之内，会有不同的角色行为。前者如《辛德勒名单》中的主人翁，虽身不由己作为一部侵略机器中的一员，但取消极怠工态度——它所表达的更多的是良知。后者如同样献身科学的居里夫人与爱因斯坦。

一个人不能成为纯粹角色的。角色是社会对个人的规定、限制，是个人由于所处社会结构网络具体位置而必须戴上的社会面具。社会结构犹如剧本，日常生活犹如舞台，每一个体在社会结构生活中就犹如演员，总是带着由剧本所规定的面具出现在舞台上、并作为剧本角色存在，而不是作为她/他自己存在于舞台上。剧本、舞台需要的只是角色，

---

① 参见哈贝马斯：《交往与社会进化》，张博树译，重庆出版社，1993年，第109－114页。

只是面具。虽然本真的她/他的状况会对角色、面具的体现带来影响，但是，本真的她/他只能在面具下存在，只能在角色所要求的范围内施展自己的才能。因而角色及其面具内在地隐含着与个性的某种紧张。这是其一。

其二，正如前述，每一个体处于复杂的关系网络之中，是多重角色、多重面具的集合。这就给每个人带来了角色转换、面具更替的问题。角色面具只能是那个具体关系场景中的存在，一旦离开了那具体关系场景，就失去了存在的合理性。当生活节奏变得愈来愈快时，人们的角色变换就得相应加速。不同的角色有不同的面具，不同的角色面具有不同的文本。在不同的角色、面具、文本之间的频繁高速转换，这对于任何一个人均不轻松。因而，精神紧张、身心疲惫，就会成为现代社会的流行病①。

其三，角色总是在变换，或者说角色总是变幻不定，是否意味着人自身就处于变幻不定之中，是个无定形的变色龙？换个提法，个人是否有其本真的存在？人在其角色变换中是否有某种稳定不变的东西？或者说，人无论处于何种角色，是否有某种共同之内容（正是这共同之内容才是人的本真存在）？如果说没有这种本真存在，没有这种稳定不变的内容，人又是什么？会成为什么？人不能成为纯粹的角色存在，人不能成为纯粹的面具集合。纯粹角色所规定的人是无定形、无本真的存在。角色、面具总是变换更替的。人可以有尊卑贫富之变、权势利禄之移，但人之为人却只有那健全的人格、高尚的操守、善良的心灵、宽阔的胸怀、智慧的能力。角色面具是形，人格操守心灵胸怀能力是神。故，在强调社会角色化过程中，更应当注重个体心性的陶冶，倾心于个

① 与其说现代社会生活对人的身心素质提出更高的要求，与其说现代社会中的个体应当有更好的身心素质，毋宁说现代社会这种生活方式本身存有缺陷，有不利于人的身心健康发展的一面。与其将目光盯着个体，毋宁将视野对准这种社会生活方式本身。

性化的培育。纯粹的角色化不是社会化，只是机械化；不是个性化，只是面具化。当一个社会分化极其复杂、角色极其繁多时，社会自然需要各种具体的角色规定，然而，此时最需要的可能是思维方向的转换：以不变应万变。当一个人有了守法遵纪、勤奋尽职、大度宽容、知耻有礼等做人的基本素养时，还有什么角色要求他/她难以胜任？

其四，个体具有社会性与个别性双重特征。就其社会性一面而言，从社会角色中寻求存在的价值根据、生命意义，这是合理的。然而，个体又有其独特的生命存在与价值，又应当是有个性的。当个体完全以社会角色要求作为其价值依据，这里就存在一系列复杂的问题：即使是具有必然性的社会角色要求，个体是否除了这角色要求以外就不再有任何其他作为自身存在意义与价值的根据？不再有诸如生活的情趣爱好、潜能发挥的价值必要性？如果说个体完全就是以角色要求作为其存在的根据，个体不就是被湮没在角色之中了吗？不就是纯粹偶然的了吗？

这样，对前面曾表达的“做好角色所要求你做的！”作为选择与评价的根据说法，就应当做进一步修正：在日常生活中，虽然角色要求被普遍用来作为一个人行为该与不该的判断标准，但是，由于角色内容的多样性，由于角色要求中的一以贯之人格内容，由于本真自我的存在，所以，角色要求只能是作为日常生活中的直接行为选择及其判断标准，而不能作为最终价值选择及其判断标准。能够作为最终价值依据的，不是具体角色及其要求，而是作为大写的人的人格或人道。这种人格或人道，并非纯粹个体意义上的，而是建立在类的自由全面发展基础上的。如此看来，柏拉图所说的各司其职、各尽所能的要求，亦有其内在的严重局限性，这就是对完整人格的漠视。

严格地说，角色面具与角色美德是对身份的一种认同：对自己在社会结构中所处具体位置身份的功能性认同，做好与自己社会身份相适应的。这样看来，在现代性社会中，因为由前现代向现代转换，因为现代社会的新结构，就一定会重新出现身份认同的问题。不过，现代社会中的身份认同不同于前现代社会中的身份认同。这在于：前现代社会中的身份认同是以人身依附、人格等级为前提，其核心是血缘关系。而现代社会在本质上是以人格独立、人身自由为前提，其核心是平等的契约关系。现代社会的身份认同仅仅在下述意义上而言：一方面，社会成员对于自己在社会结构中的具体位置的明确与自觉，履行自己的角色职责。另一方面，现代社会是一个多元社会，个人在多元社会背景中所面对的社会关系空前复杂化，个人事实上总是通过某种社群进入普遍的社会交往过程，而由于多元社会中多种社群的存在，个人所面对与从属的社群可能是多个，此时有个身份认同的问题。而无论是哪种意义上的现代社会的身份认同，都存在着某种对于普遍性的消解可能。前一种意义上的现代社会的身份认同，会滋生对于完整人格普遍性的消解可能。后一种意义上的现代社会的身份认同，则隐含着由于对所直接进入的那个（些）社群的义务责任要求的承诺，而淡漠与消解康德意义上的普遍义务责任——这是一种对于全社会、全人类的责任与义务。这种对于普遍性的消解可能，是人类进入现代社会后所面临的一个自我挑战。现代社会的成功，有赖于人类成功地应对这种自我挑战。

社会的制度供给，就是要给社会成员提供一个合理、明晰的角色权利－义务关系与角色规范要求，并通过此，在构建社会良好交往秩序的同时，塑造社会成员的善美品德。然而，这种意义上的制度供给本身亦存在着某种先天缺陷：在突显社会成员角色要求与角色美德的同时，淡漠了社会成员完整人格的存在及其塑造，使社会成员在注重自己的角色要求与角色美德的同时，忽视了自己完整人格的存在及其塑造。这暗示着现代社会可能存在着的一种内在冲突或紧张：人格碎片化可能与人格完整性的对峙与紧张。这亦隐喻着现代社会的一项基本任务:努力使社会成员人格完整。

一个有利于人性健康发展的社会结构及其制度,应当向社会提供恰当的角色规范要求,且这个角色规范要求是一个完整的体系,而不是某一个或某一些角色规范要求,并用以整合社会;同时,又应当有利于人的个性化发展,而不是使社会成员机械化、失个性化。

社会共同体总是有角色与角色规范,角色化过程就是社会化过程。然而,一方面,社会的角色规范应当是公正健全的;另一方面,角色化的社会化过程同时也应当是社会成员的个性化过程。

三、德行有用

一个基本公平正义的现代社会制度,直接关注的是人们的行为,而不是人们的思想,是人们行为的合法性与正当性,而不是思想本身的善。

在有效的制度激励之下,社会成员会在日常生活世界中通过理性学习,调适自己与生活世界的关系。在这个理性学习过程中,社会成员不仅会体悟到生活世界中的基本交往规则,感受到制度供给所要确立起的行为规范,而且也会通过理性的权衡得出"如此行为是明智"的结论。在一个基本公平正义的社会结构及其制度体制中,德行不仅是高尚美好的,同时也是现实有用的。一个基本公平正义的制度性安排,应当使社会成员从日常经验生活中体验到:选择做正当、善的行为,不仅是应当的,而且也是明智的。如是,在社会大众层面上,正当、善的行为,就不仅是应当的,而且也是必然的。

1. 德行明智

德行即道德的行为,主要指客观活动、行为结果等现象符合社会伦理规范要求的行为①。明智就是在洞察事理基础之上的、经过利弊权衡而作出理智行为选择的能力与生活的智慧。明智可以进一步区分为哲理性与技巧性两类。关于生活哲理性智慧的明智是善的品性，关于生活技巧性智慧的明智则是一种好的谋划。

亚里士多德曾对明智范畴有过深入探究。亚里士多德认为明智就是"善于考虑对自身的善以及有益之事"，一个明智的人就是一个善于考虑的人。虽然亚里士多德首先把明智理解为一种"达到目标的手段"，它与人靠什么达到幸福直接相关，然而他更强调明智与德性、善良的一致性：德性确定正确的目标，明智则提供达到目标的手段与实践方式，没有善良与伦理德性，就没有明智，同样，没有明智亦没有德性，德性离不开明智②。这样，亚里士多德就事实上揭示：明智是一种德性的实践能力与实践品质，它使德性成为现实存在；明智只有属于德性才是真正的智慧，而非纯粹工具性的谋划。不过，亚里士多德亦将"人们善于计较以得到某种益处"称之为明智③。他在以阿那克萨戈拉、泰利士为例谈到明智与智慧的差异时指出：智慧是对涉及本性上最高贵事物的科学和理智而言，是关于普遍的、本根的，而明智则是关于个别的，它直接寻求的是对人有益的东西。故，智慧不似明智那样拥有直接的实用性、手段性特征④。事实上，亚里士多德又揭示了明智是一种生活的实用技巧能力，以追求对人的最大的善为标志，明智与德性未必具有

① 中国古人分别用"德行"与"德性"来指称道德行为与道德品格，这种区别又是由对"德"原初含义的两个方面衍生而来，所谓"在心为德，施之为行"（郑玄：《周礼注》）。东方古代对德行与德性的这种区分，与西方古代思想家对道德的认识，不谋而合。虽然德性与德行二者原本有着内在一致性，但本书此处使用"德行"主要立足于二者的差别，强调德行在行为层面合乎道德，而不太关注其动机。

② 参见亚里士多德：《尼各马科伦理学》第 6 卷，苗力田译，中国社会科学出版社，1992 年。

③ 参见亚里士多德：《尼各马科伦理学》，1992 年，第 120 页。

④ 参见亚里士多德：《尼各马科伦理学》，1992 年，第 121 - 123 页。

直接一致性。这样，我们能从亚里士多德这里得到重要启示。如果我们将善、对人的有用性进一步作层次性区分，区分为本根长远的与当下现象的，终极目的的与具体手段的，那么，明智本身就可以获得两种规定：建立在对人的终极目的、根本利益把握基础之上的，与建立在当下现象界具体手段基础之上的。前者即为与德性直接一致的哲理性智慧，后者即为技巧性谋划。在此基础之上，我们甚至亦可以将二者统一。这就如同亚里士多德所说的那样，在应该的时间、对应该的对象、以应该的方式、办有用的事情①。这样，明智就不仅指向事物外在善，而且亦指向事物内在善，是事物内在善与外在善、目的善与手段善的统一。

不过，在日常生活中，人们往往更多的是注重这种作为技巧性谋划的明智。正是社会成员的这种技巧性谋划智慧，成为社会通过制度性安排以调控日常生活秩序的一个关键点。本书所说的德行明智，正是在技巧性谋划智慧的意义上使用明智这一概念。

主体能动实践的观点，内在地包含着主体生活实践过程中明智选择的观点。明智的选择就是在行为主体看来具体场景中的最佳选择。这种选择虽然可能事后被证明是错误乃至荒唐的，但对于行为主体而言，至少在做出此选择时自认为是明智的。正因为自认为是明智的，才是应当选择并付诸现实的。对于一种行为方式，只要主体以为是不明智的，一般说来伴随着的必然是情感态度上的排斥与否定性选择。在常态下，主体的自觉行为选择中都蕴涵着这样一种前提性判断：如此行事是明智的。明智与主体的行为选择具有直接一致性。当然，行为主体自认为是明智的选择，事实上未必就真的是明智的——不过，这已属另一问题了。

---

① 参见亚里士多德：《尼各马科伦理学》，1992 年，第 126 页。

德行明智,借用康德术语表达,可有本乎律令与合乎律令两种情形。一般地说,合乎律令的道德行为是一种生活的谋划与技巧,但它的结果却是正当且善的。一个社会应当希望其成员的行为建立在本乎律令基础之上。然而,一个社会的现实立足点却只能是民众合乎律令的行为选择。一个良序社会,是一个能够向社会成员提供良好日常生活环境的社会。在这个环境中,选择德行被认为是明智的。这不仅需要有善的价值引导与精神塑造,更需要有善的社会结构与公正的制度体制。

事实上,就常态、大众层面言,人们往往并不是因为不知道是非善恶而越轨作恶(此"恶"在广义上言,既指不正当、不合法,又指道德上的否定性评价。同样,下面所说的行"善"亦是在类似广义上言),而是明知故犯。如果我们能够对近年来令人们日益担忧的社会现象,诸如权力腐败、黄赌毒等,作社会学实证调查,我们相信这种结论能够被经验事实所支持。事实上,那些权力腐败者绝大多数是隐蔽进行的,且一有风吹草动,就惊慌失措;那些流落风尘女子,也没有几个是愿意让自己的父母家人知道所做"工作"的真实内容。能够合理解释这一现象的,就是这些当事人还拥有某种是非曲直善恶辨别能力,有某种知耻心。对于这些人的明知故犯现象,固然可以通过行为主体意志力薄弱及其他原因来说明,然而,无可否认的是,从行为学的角度看,更多地是与行为主体自认为明智的选择有关。

在一种广义成本－收益比较中,明知是恶,但有利可图,风险较小,得大于失,所以在一些人看来选择作恶较之选择行善更为明智。即,虽是不合法、不正当、不道德的行为,但却是利弊权衡下的"明智"选择。如果一个社会盛行的是高尚是高尚者的墓志铭,卑劣是卑劣者的通行证,那么,德行只会是少数人的奢侈品,而不会成为民众的普遍行为方式。与此相伴随的只能是社会秩序混乱、风尚沦落。这样看来,要克服社会日常生活中的诸多流弊与丑恶现象，社会就必须创造出这样的条件，使选择恶行本身成为不明智的。

这样，在德行与明智相一致的社会结构及其制度性安排之下，社会成员就可以通过日常生活经验体悟与理智认识，感受到选择并践履社会正当、善的行为，不仅是应当的，而且也是当时条件下最明智的。即，正当、善的，同时就是明智的；不正当、恶的，不仅是不应当的，同时亦是不明智的。这种善、正当与明智的一致性，以正当、善与利益的一致性为现实背景。如是，正当、善行就不仅是应当的，同时又是这种社会结构及其制度场景中自然、必然的。

确实，基于德行明智所做出的道德行为选择是合乎律令，不足为贵，因此也往往为人们轻蔑。人们习惯于赞美本乎律令的行为。因为那是一种高尚的品性，是一种德性。然而，在学理与实践上始终有一个无法回避的问题：人们高尚德性是否先天的？如果不是，则如何形成？基于德行明智的行为选择动力定势，能给此问题一种较为完满的回答。在“明智”这一理性作用之下，德行与德性之间并没有不可逾越的鸿沟。

德性养成，这在今日已成共识。即使是历史上曾经出现过的某些德性先验论或命定论，其基本倾向也仍然是以各种特殊方式表达了德性养成的思想。亚里士多德在其《政治学》、《尼各马可伦理学》中，均较详细地论述了城邦、教育、法律对个体德性形成的意义。以亚里士多德为代表的古希腊文明之火，在欧洲得到延续。康德的他律与自律思想，黑格尔的社会教化思想，均是其在近代的弘扬。中国古代亦不乏类似思想。然而，对于德性究竟如何养成，古今中外一直争论不休。大致意见分为两种，一是教育修养说，此以东方古代儒学为主要代表；一是环境决定说，此以欧洲启蒙思想为主要代表。教育修养说洞察了德性养成必须是心性改造这一深刻特征，但却忽视了教育的广义存在性，忽视了日常生活、社会存在对人德性塑造的基本作用，陷入了教育万能论。环境决定说合理地把握了人的日常生活环境对德性塑造的基本制约作用，但却忽视了德性的提升是主体主动改造、修养之过程。其实，社会成员德性养成是在特定生活环境中的自我主动精神提升过程。社会善美环境与个体的自觉理性批判，不可或缺。

那么，德性养成的心理机制是何？现在我们可以回到“明智”这一选择能力与生活智慧上来。如果人们生活在一种基本公正的社会结构及其制度中，这种社会结构及其制度体制性安排与运作机制注定了人们在利弊权衡之下，只有选择德行才是最明智的选择。人们在这种社会结构中所做出的德行选择，在最初确实是他律的。然而，如果这种社会结构及其制度性安排是稳定的，在这种稳定结构中，人们会在持续不断行为的选择过程中形成一种稳定的行为选择图式；久而久之，这种行为选择图式就会成为如亚里士多德、黑格尔所说人的“第二天性”，此时，人们的心理结构本身就会发生重大跃迁。在长期他律、习惯性行为过程中，有可能使人们养成在自觉考虑践履社会行为规范要求背景中考虑个人的正当利益。而当这种思考本身也变成一种习惯时，人们的心理认知结构、情感内容均可能发生重大变化：不再是考虑纯粹的自我，而是在遵守社会规范、增进共同利益、合乎善的要求中考虑自身利益。这种心理认知结构变化，是由他律转化为自律、自由的最隐蔽机制，是道德境界提升的真实依据。一种行为习惯的养成，不仅仅是简单的行为动力定势，更重要的是心理结构的这种结构性跃迁之可能。明智的计虑，在特定的社会结构及其制度性安排下，会成为他律向自律过渡的中介。德行与德性原本相通。

“德性养成”如果在历史过程中审视，那么，就应当包含两个方面：一是发生学意义上的德性形成，一是已形成的德性精神的改变，后者是动态中的德性养成。如是，则又带来一个更为现实、更为严肃的问题：

人们既有德性精神的改变何以可能？新的德性精神形成又何以可能？其心理机制是何？众所周知，德性精神一旦形成就会成为人的“第二天性”，成为人的一种文化心理结构，具有相当的稳固性。然而，当日常生活世界本身发生了根本变化，既有的德性精神最初赖以形成的客观条件已失却，原先的德性原则在日常生活世界中已不再适用时，人们在经受了良知痛苦与情感折磨后，会在理性的作用下，逐渐形成新的认知，体悟并概括出新的日常生活原则。如果这些原则在现实生活中表现得相当有效，这些有效的生活原则在生活过程中就会逐渐为人们理解并自觉遵守。尽管这种自觉最初是由于外在利益、出于他律的，但是，久而久之，当这种他律的行为、思想本身也如原初道德意识形成一样成为人的第二天性时，新的德性精神便形成了。在这新德性精神的形成过程中，日常生活世界的深刻变迁是其客观依据与机缘，主观的德性明智是其主观心理依据与机缘①。

事实上，社会治理、价值引导，不应当且也无法拒斥民众理性的精明计虑。任何非学究式的社会治理与价值引导，都应当借助于人的理性精明计虑而因势利导。如果说社会成员的德性水准也是教育的产物的话，那么，这种教育更多的是来自日常生活自身的生活实践教育。生活就是教育，生活的过程就是教化的过程②。

民众的德性状况、意志力，往往在很大程度上需要有外在强制力量

---

①　黑尔在《道德语言》一书中谈到道德原则的稳定性时，就曾从“学习”、“接受”的角度，揭示了道德原则在生活实践中的有用性与道德原则观念变迁的关系——从这种有用性中，我们事实上看到的是道德原则存在的现实根基。黑尔的这一观点与托克维尔在《论美国的民主》一书中所做的工作有异曲同工之妙。黑尔的论述，具体可见其著作：《道德语言》，万俊人译，商务印书馆，1999 年，第 70 – 72 页。

②　当杜威将“教育就是生活”这一思想改变为“生活就是教育”时，事实上已经对教育作了一种影响深远的深刻理解。这种理解对道德教育同样是富有意义的。关于此可参见杜威：《确实性的寻求》，载周辅成：《西方伦理学名著选辑》（下），商务印书馆，1987 年，第 716 – 726 页。

补充与激发。它在很大程度上取决于社会为其所提供的社会结构及其制度体制。只有当社会能为其成员提供如黑格尔所说“活的善”的伦理共同体及其实在化了的制度体制时，其成员才会有普遍的善美行为选择。因为，此时对于社会成员而言，选择德行不仅是道义上应当的，而且也是最明智的——这样一种生活智慧以德行有用的日常生活体验为基础。

2. 德行成本

道德行为选择过程中有利弊权衡。这种利弊权衡，借用经济学的术语，即为成本－收益分析。践履道德行为要有物质、精神、智力、体力等付出，这些付出就是践履道德行为的成本，即德行成本。德行成本是一个广义的概念，凡是行为者在道德行为过程中事实上付出的都属于此范围①。说德行有成本，与说道德行为是有代价的在本质上是一回事。道德行为选择是有代价的。人们在进行价值选择时，一方面，可能会面临价值冲突，可能会在价值冲突中选择某些价值而放弃另一些价值，尽管这些被放弃的价值本身也是有价值的。这是一种道德行为选择的代价。另一方面，在所选择的价值行为结果中，既有希求性的，也可能有非希求性的。这些非希求性的结果也是一种道德行为选择的代价②。德行的收益也是广义的，凡是从特定道德行为中所获得的物质的、精神的、情感的、权力的、荣誉的等等回报，均为收益。德行成本有

---

① 诸如当一个人在复杂的社会角色关系中，由于角色冲突而产生了两难选择困境。行为者因为选择一种行为而不能履行另外应当履行的职责，或者因为选择了一项行为就必须承担相应道义或一般责任，这些本应当履行的职责、要承担的道义或一般责任，都是道德行为的成本。

② 马克斯·韦伯曾从目的－手段－后果的联结角度，讨论并揭示了价值选择的代价问题。他所揭示的主要就是非希求性结果这一选择代价。参见韦伯：《社会科学方法论》，李秋零、田薇译，中国人民大学出版社，1999 年，第 3 页。

绝对成本与相对成本之分。绝对成本指的是同一行为主体就一道德行为本身所付出的，相对成本则是指不同道德行为主体之间对履行同一道德行为所做出的付出比较。同样的付出，所得可能相差很大，甚至截然不同①。

既然人们的理性认知并不直接等同于行为本身，既然人们在进行行为选择时事实上有权衡，并选择那些自认为是明智的行为，因而，对道德行为选择应当且也能够进行成本分析。对道德行为选择运用功利分析方法，这是功利主义的基本特征。不过，功利主义通过引进功利分析方法，其主旨是对善本身的规定，即通过功利规定善。虽然功利主义也讨论行为选择中功利权衡，对善本身引进量的分析与比较，但它总体上是关注价值合理性基础，是要在一般意义上确立起功利的价值合理性基础地位。本书对道德行为选择分析引进功利分析方法，与功利主义的分析方法有原则的不同。功利主义关注的核心是价值体系本身的合理性根据，而本书则将价值体系合理性根据本身存而不论，仅作为一个前提性设定，设定社会有一个价值体系且这个价值体系是合理的。本书的关注点是在这样一个价值体系之下，个体的具体行为选择问题。即，本书引进的功利分析方法亦可理解为功利－行为分析方法，关注的焦点是个体行为合理性而非价值合理性。

在引进这种分析方法时，有其基本前提、限制与设定。其基本前提是承认在大众层面，大多数社会成员由于既有社会价值观念、道义精神的熏陶内化，通常在不需要付出很大代价的情况下，是愿意做一些对他人、公共有益的事情的，甚至也有一些社会成员会有一种比较彻底的忘

---

① 诸如“我”抵制了一次行贿，对于“我”而言，此行为的成本比较简单。然而，因为“我”抵制了这次贿赂，所有与此次贿赂相关的人员乃至背后的某些领导，可能对“我”产生了敌意。这个成本就较之此事本身要大得多。或者，同样是自愿募捐 100 元的义举，荷包充实者与经济困窘者所付出的成本也是不一样的。

我牺牲精神。在这个前提下本书再做出一个限制性规定：在日常突发性事件的应对中，行为者往往并没有理性的权衡，甚至没有足够的时间进行理性的仔细权衡、成本－收益的认真比较，人们的当即应对反应几乎是出于本能或第二天性，出于笔者所说的道德直觉。这是人们以往道德生活经验在突发事件中的瞬时爆发①。本书还设定：行为者是理性的实利人（事实上，大多数社会成员在选择自己的行为时，只要有可能，总是会对这种行为的可能代价与可能收益进行某种权衡，只有在可能收益高于可能代价的时候，才可能选择这种行为）。虽然这种设定的局限性是明显的，但却是必需的，且有自身存在的某种合理性。同时，正是这种方法的局限性，规定了道德行为成本分析适用范围的有限性。它必须经过其他分析方法的矫正，必须考虑个体信念、信仰、情感的作用。因为人本身是一个复杂的存在，任何单一的分析方法都有其局限性。

一个持生活技巧性智慧的人在权衡选择时，行为选择的可能后果有三种：Ⅰ. 成本＜收益，即净收益；Ⅱ. 成本＝收益，即收益支出持平；Ⅲ. 成本＞收益，即负收益。从利益分析选择的角度来看，Ⅱ、Ⅲ情形可以被排除，因为不符合理性实利人的假设，只有Ⅰ才能使行为选择者做出肯定性选择。这是权衡的最简单亦是最基本的秘密。

现在需对这种理性的实利人假设作某种补充、修正。因为行为者考虑的是道德行为的成本，因为道德声誉本身并不是简单的经济收益所能补偿的，所以，行为者至少对出自恶的收益持一种相对比较谨慎的态度。既然行为者考虑的是道德行为的成本，那么意味着行为者本身在做出行为选择时并不是一个纯粹的理性实利人，而是受自身已有的道德意识的约束。只有在或者可能收益相当大，或者由于来自生活世

① 参见高兆明：《道德生活论》，河海大学出版社，1993年，第327－329页。

界的反复经验刺激、对自身原有的道德意识发生怀疑的情况下，才有可能不选择道德的行为。综合这两点，我们能够得出的结论之一就是，意志不那么坚定的人们自以为明智地选择不正当、作恶，主要发生在两种情形之下：

其一，存在可能的暴利，铤而走险。而在一个制度公正、激励有章的法治社会，这种作恶很难逃脱法律、正义的制裁。所以，只要在一个制度公正的法治社会中，这种情形并不能成为社会的普遍现象。

其二，生活中存在着反复激励错位或倒置，人们从成本－收益比较中修正自己的既有道德意识或弱化自己的道德意志。然而，只有在一个制度体制、激励机制严重扭曲、严重不公正的社会结构中，这种反复激励错位或倒置现象才会发生。换言之，只要是一个基本公平正义的社会结构及其制度体制，就不会存在着这种反复激励错位或倒置现象。

从道德行为成本分析出发认识社会成员的道德行为选择，会将我们的视野引向社会结构及其制度体制，会使我们对社会结构及其制度体制在道德行为选择中的重要作用的认识，变得异常清晰，一目了然。在日常生活中应当注重社会成员的高尚精神作用，然而，切不可忘记这种精神也是建立在一定物质生活方式基础之上的，且只有在一定物质生活方式基础之上才能得到有效巩固①。

道德行为成本分析的基点不是瞬间、一次性的行为，而是多次反复的行为过程。如果一个社会在其现象界总是"老实人"吃亏，那么，理性会使相当一部分社会成员去适应这种生活环境，变得不那么"老实"，社会上的"老实人"就会迅速减少。反之亦然。

现在我们可以从道德行为成本分析的角度，对集体行为中的"搭

---

① "革命精神是非常宝贵的，没有革命精神就没有革命行动。但是，革命是在物质利益的基础上产生的，如果只讲牺牲精神，不讲物质利益，那就是唯心论。"参见邓小平：《解放思想，实事求是，团结一致向前看》，载《邓小平文选》(1975－1982)。

便车”现象作进一步解释。如果我们将前述理性人基于技巧性谋划的行为选择置于集体行动背景中，情况也不会有实质性变化，只是多了一种行为选择可能：Ⅳ. 零成本净收益。可以将Ⅳ看成是Ⅰ的特殊表现形式。

在常态下，Ⅳ不可能出现，它只能出现在集体行动中。在一个成员人数相当多、且缺少有效社会激励的集团中，由于公共产品的非排他性，某一集团中的成员从集体公共产品中的得益，在结果上是同等的。然而，集团成员将其所投入的成本纳入考虑后，每个人由于投入成本的不同，成本/收益比则可能有较大差别。既然结果是同等的，那么，不付出或少付出成本的可能就是现实的。集体行动中的搭便车现象，在我们现在所说的范围内，就是由于收益固定而成本有较大可变动性所造成的一种状态。

在常态下，日常生活中的社会成员几乎人人都希望社会公正、他人善良有正义感，甚至都对社会诸多消极、失范、丑恶现象予以抨击。然而，其中的相当一部分人又事实上在做自己所不赞成的行为。为什么在社会成员中会出现这种现象？如何解释？从行为选择主体的内在心理机制来看，这种现象的普遍性存在原来是出于这部分社会成员行为选择时的成本分析、理性计虑的所谓明智选择。一方面，这些社会成员希望生活在一个公正有序的社会环境中，但是自觉个人即使为所应为，其影响甚弱。退而言之，即使少“我”一人为社会公正努力，也无妨大局，待大家都行为规范了，“我”亦行为规范之。另一方面，这些社会成员虽然对诸种社会不良现象不满，然而，生活在这个社会环境中，别人如此，自己不如此，或者自己的利益会明显受损，或者由于自己的清白正义反衬出另一些人的丑陋，而遭受众怒，付出甚多，回报甚少。放眼观之，反而是那些丑陋行为成为此等客观条件下从社会获巨利的最为便捷途径。这种社会现象是一种特殊的搭便车现象。只要不过于苛求,应当承认这种道德行为选择过程中的成本－收益分析对于社会道德失范现象的深层影响。具有理性能力的人,始终处于社会学习过程中。然而,这种理性能力的发展方向却未必是确定的。理性精神既可以使人在"社会游戏",或者说在日常生活实践、社会交往中学会发现并遵守行为规则,变得文明,也可以使人在社会交往中学会发现并利用社会结构与规则中的缺陷,变得卑劣,使其卑劣得到淋漓尽致的表现。

若由于行为选择者基于德行成本分析而选择丑陋这种现象普遍存在,则表明社会结构及其制度体制的激励机制有重大缺陷乃至扭曲。社会只有调整基本结构及其制度体制,调整激励机制,将社会成员基于成本－收益分析的行为选择引向良性轨道,使社会成员从生活经验中感受到德行不仅是美好的,而且也是有效用的,社会的这种普遍道德失范现象才能从根本上得到有效克服。即,社会应当向其成员供给一套德行有用的社会结构、制度体制及其激励机制。这个社会结构、制度体制及其激励机制,应当是德福一致的。在这个社会结构中,德行是社会唯一的通行证,并且是个人从社会获得收益的最好方式。正是在这个意义上,克服社会普遍腐败现象的最佳方法,就是建立起那样一种社会制度体制,在这个制度体制中,腐败的机会成本大大提高,以至于得不偿失。在这种制度体制中,社会普遍道德失范现象由于失却存在的现实土壤,将会得到有效遏制与克服。

这样,对德行成本问题的认识就应当进一步深入:由原初的个体道德行为选择心理机制,深入到影响、制约社会成员个体道德行为选择心理机制的社会结构、制度体制。这样,研究德行成本问题,就不应当主要立足于个体层面,而应当主要立足于社会结构及其制度体制层面,应当探讨一个公正有序的社会结构及其制度应当是怎样的?何以可能?

3. 德福一致

一个公正有序的社会结构，应当是德福一致的。在这个社会结构中，德行不仅是美好的，也是有用的。

德行功用这一命题及其所包含的德行有用思想，似乎平庸。然而，这一命题却不能被简单对待。这一命题可以从作为行为主体的个体与社会两个不同角度来认识。就行为者个体而言，德行有用这一生活的技巧性智慧确实凸显了强烈的世俗性一面，确实有一个思想境界、操守品性提升的问题。不过，一方面，人是复杂的社会存在，人总是食人间烟火的；另一方面，人的思想境界提升有一个内在作用机制问题，其行为及其内在操守有一个如康德所说的他律与自律关系问题，故，即使是在个体层面，对此命题也不能简单否定。至于从社会角度，则此命题包含了充分的合理性：一个社会的结构应当如此构建，在这个结构中，德行是社会唯一的通行证（此“德行”是广义的，既包括善，也包括正当、合法）。社会应当为其成员提供良好的日常生活环境（这是广义的“日常生活环境”，是如同笔者曾在别处所说的“伦理环境”①），应当建立起基本公平正义的社会制度体制及其激励机制。

托克维尔曾经提出过“德行有什么用”的问题。他通过对北美的考察、并与欧洲贵族时代作了比较后发现：在贵族时代，人们不断讨论德行之美，至于德行的功用是什么，则只能私下议论，而在已经建立起资产阶级民主制度的美国社会中，人们则几乎绝口不提什么是美的，他们只相信德行是有用的。托克维尔在此基础上进一步试图揭示美利坚民族是如何企图在“正确理解的利益”基础上实现个人利益与他人、社

---

① 参见高兆明：《道德生活论》，1993 年，第 405 - 409 页。

会利益的统一的①。

康德以揭示人为自己立法而著称。那么，循着康德的思路，就应当进一步追求人为什么要为自己立法？道德对人究竟有什么用？道德原本就是人为了自身的。在学理上，义务论与目的论其实并不如人们通常所说的那样彼此截然对立，相反，各自只有从对方才能获得其存在的充分理由与内容。义务论须以一定主体及其价值为其内在规定，否则，义务论就会在貌似隽永高大之下流离无根。同样，目的论须以一定的义务法则为其规定，否则，目的论就会由于失去对主体存在的本根关注而沦为苟且营生的工具。目的论、义务论应当在人这一主体中实现统一。

道德不仅仅是人的精神提升与享受，同时也应当是人物质生活方式中的一个有机内容；它不是简单用来平衡人的所谓理性与感性对立、用理性驾驭感性的工具，而是使人的存在及其全部现实活动都作为人而存在。道德的实践品性主要不在于它的内心修养，而在于它的现实行动性冲动；道德也不仅仅是如同康德所说的配享幸福的学问，而是如古希腊哲人多次揭示的那样，是关于人如何幸福生活的一种智慧生活方式。

善与利益的不可分离性，不仅在于它的本质、根源与利益直接相通，同时还在于在日常生活层面，它与民众日常生活经验中的利益直接相通。为善，令人仰慕，获得崇高之精神价值，这是美的。但善仅仅是美的尚是不够的。善若仅仅是美的而不同时也是有用的，那么，这善自身则既是软弱的，也是不充足、分裂的，故也难以被真正称之为善。善的分裂，就是存在的分裂，就是利益的分裂，就是社会结构的分裂，就是

① 参见托克维尔：《论美国的民主》（下）第2部分，第8－10、14章，董果良译，商务印书馆，1988年。

在社会结构中，一些人专司义务，另一些人专享权利，一些人专门牺牲奉献，另一些人专门享受牺牲奉献，就是德与福的分裂。黑格尔当年在评价康德时曾提及当时人们感觉到的一种经验现象：有道德的人常常遭受不幸，而不道德的人则往往是幸运的①。出现这种现象的原因就在于他所生活于其中的那个社会的基本结构及其制度本身出了问题。此社会基本结构及其制度在权利与义务关系的安排上是不公正的。它为那些不道德的人安排了更多的获利机会，它的激励机制是在鼓励人们趋恶避善。

善如果仅仅是美的而不是同时亦是有用的，那么，此善虽令人仰慕，但却缺少某种强烈、普遍、持久的精神激励与行为感召力，因而事实上变得软弱苍白。在一个基本公正的社会结构及其制度中，德行应当是有用的。善只有变得有用时，才能成为民众的普遍自觉行为。

社会结构及其制度既是广义的利益分配机制，也是广义的规范体系。在一个社会结构中，如果德行是有用的，那么，德行就不再仅仅是个体修身养性、令人赞叹敬畏的深谷幽兰，也不再是个体于外在强暴与/或欺骗之下的麻木不仁、浑浑噩噩，而是人们自由精神追求自由生活的呈现，是人们谋取现实利益的正当、有效方式。

不过，值得注意的是，我们说德行有用，不能简单理解为社会直接依一个人的品德、德性或行为的合乎道德、善进行利益分配，而是说，社会制度性安排及其运行机制应当合乎“善”的规定，使人们只要通过正当、合法的行为，即可得到自己应得的正当利益。这样的社会结构告诉人们：要想得到自己所欲求的，应当且只有通过何种途径、须付出多大努力；社会利益分配并不依其言，而是依其行；向社会提供同样结果，会得到同样的回报。在这里，德性必须转化为现实的德行，必须转化为现

---

① 参见黑格尔：《精神现象学》（下），贺麟、王玖兴译，商务印书馆，1987 年，第 141 页。

实的行为，是德行而非德性、且是德行之结果而非其动机，作为社会利益分配的直接依据。这里就隐含着一个结论：由于社会成员能力间的差异，由于德性与社会利益分配的复杂中介环节，一个人的物质收益并不能直接等于其品性，不能以物质收益来衡量一个人的品性。故，有必要对德行有用的社会结构作进一步修正性规定：个人通过德行从社会中的收益，是一种广义收益，物质利益仅是其中之一；精神褒奖、舆论赞扬、工作变动、职务升迁等，均属其列。

德行有用这是立足于社会宏观结构、制度体制角度而言的，其核心是德福一致。其实，迄今为止为的任何一种在历史上留下重大影响的道德理论、政治学说，均以自己的方式将德福统一作为其理论基石与价值目标，差别仅在于各自阐释的具体方式与内容以及合理性程度。亚里士多德认为伦理学研究个体的善，个体德性是关于获得幸福的方式，政治学则研究群体的善，政治学所研究的国家是要为人民博取福利并使民众过道德的生活。亚里士多德的这一思想一直为后人所承袭。尽管康德明确宣布实践理性不是关于如何获得幸福的学问，而是如何配享幸福的学问，但是，康德仍然通过上帝永在这一设定，以自己的方式肯定了德福一致，只不过他将问题由此岸推向了彼岸。而黑格尔则以伦理实体这一客观的、“活”的善及其对个体德性规定的思辨方式，表达了社会结构的公正性、权利与义务的一致性，提出了他理想中的德福一致。以马克思为代表的社会批判思想家，在揭露资本主义内在矛盾，批判现代资本主义社会结构的罪恶、不公的同时，孜孜不倦追求“合乎人性”的环境这一自由人联合体，更是将社会结构、制度性安排的德福一致思想推向了一个新的境地。

此处值得一提的是功利主义思想学说。功利主义思想学说以最大多数人的最大幸福的价值目标、善恶价值量大小功利权衡方法著称。功利主义认为个人履行常识认可与规定的义务就可以获得他自己最大可能的幸福，进而试图以其特有方式寻求个人快乐（幸福）与他人、社会快乐（幸福）统一的德性精神。功利主义这一理论中隐含着一个理论前提：既然将个人履行义务视作获取个人快乐（幸福）的方式与途径，那么这就意味着存在着一个德福一致的社会结构及其制度性安排，在这个社会结构及其制度性安排中，只有个体的德行才是广义社会利益分配的依据。只有具备了这样一个理论前提，具有一个善的社会结构及其制度体制时，功利主义的理论主张才有逻辑上的彻底性，从而才有可能具备学理上的完备性。然而，功利主义在这一点上恰恰存在着致命的缺陷。它只将这种德福一致作为一种隐含的理论前提，却既没有明确提出、更没有从理论与实践上予以证明。所以，功利主义的理论体系中存有一个严重的逻辑中断，有一个巨大的裂隙与危险的跳跃。正是体系中的这个裂隙，使得功利主义据此所得出的所有进一步推论都是不可靠、值得怀疑的①。不过，尽管功利主义存在着这样重大的理论缺陷，但它毕竟以自己的方式肯定了应当具有一个德福一致的社会结构体系，且只有在这种社会结构体系中，社会成员才有可能形成普遍善的行为。

德福一致的社会结构体系，是一个建立在公民平等的基本自由权利基础之上的社会结构体系。因而，德福一致的社会结构体系，就不仅仅是公民权利与义务的公正分配制度、机制问题，还内在地包含着一个健全完善的公民社会福利保障体系问题。只有这样的社会结构体系，才有可能是真正公正的，才能保证社会在整体上的持续健康有序发展②。

---

① 关于功利主义理论体系的这一缺陷，可仔细品味西季威克的《伦理学方法》第2编，尤其是第4、5章的脉络。

② 社会结构转型时期出现的诸多道德失范现象，其原因是多方面的，其中之一就是关于健全完善的社会福利保障制度体系。研究制度公正、研究道德失范，不能不研究社会福利保障制度体系问题。然而，限于本书的主题与范围容量，对此问题不能详细展开。

当代自由主义与社群主义者虽然在社会结构、国家权能的认识上有尖锐分歧，但是，他们在社会结构、国家应当是公正的，应当保护公民的基本自由权利，应当负有对公民的某种积极引导责任，应当给民众生活提供一个权利与义务相统一的日常生活世界，应当使民众通过正当的方式获得自己的物质生活财富等最基本问题上的看法，却是共同的。差别只在于一些具体内容方面的。以罗尔斯与麦金太尔为例。罗尔斯在《正义论》中在表达了正义两原则后，分别回到制度与美德两个方面加以验证，从而证实正义两原则的合理性。罗尔斯事实上是在表达一个基本思想：社会公正优先于个体善，个人的美德与情感只有在一个公正的社会中才能形成①，从而亦以自己的方式表达了德福一致，且社会结构正义安排对于个体善的先在性。罗尔斯在经过来自社群主义的诘问以后，在《政治自由主义》中则对《正义论》中的良序社会范畴作了修正。他不在伦理学的立场而是从政治学的立场，来讨论具有不同道德意识的、自由而平等的公民所组成的社会长治久安如何可能。他所关注的不是道德意识的共同认同，而是基本制度的共同认同。他这样做并不是否定道德认同的意义，相反，正如他自己所说，基本制度的认同与道德的认同在很大程度上是一致的，他这样做只是要突出社会结构、制度性安排本身的极其重要性。人们在共同认同的社会结构体系、制度安排中，只要做这个结构、制度安排所允许做的，就是正当的。这一方面就能够得到自己应当得到的东西；另一方面就能够保持这种社会结构、制度的稳定性。事实上，他是从突出社会结构的角度强调德福一致的现代意义。麦金太尔在对罗尔斯、诺齐克批评时强调：社会不仅是一个利益共同体、政治共同体，也是一个道德共同体，每个人的应得赏罚是根据共同体利益、共同体标准作出的。换言之，在麦金太尔看来，

---

① 参见罗尔斯：《正义论》第8章，2009年。

这个作为共同体存在的社会结构、制度性安排本身是正义的,它以德福一致为其内在规定①。因而,尽管罗尔斯与麦金太尔在是以个人为出发点还是以社会为出发点上,存有尖锐对立与分歧,但是,二者实质上均肯定且强调社会结构、制度性安排自身的公正性。

在一个基本公正的社会结构中,德行应当是有用的,然而,应当引起警惕的是:应当避免对德行有用、德福一致作纯粹实用主义的理解。任何一个命题一旦离开了得以成立的严格前提与限制,就会走向反面,失却存在的合理性。德行有用、德福一致这一命题,应当基于社会宏观结构及其制度体制与运作设计的立场上被把握。它所关注的焦点是:一个社会应当努力构建起依靠赏罚分明机制调节社会利益分配的公正的社会结构,在宏观上创造出"老实人"不吃亏的合乎人性生长的良好环境,保证德行是社会的通行证。使社会成员从日常生活体悟与理性思索两个方面均清醒地认识到:在一个组织良好的社会中,德行是获得自身正当利益的基本途径,即使社会暂存有诸多缺憾,德行也是人安身立命所不可缺,它不仅可以给自己带来良心的安宁、人格的自尊和尊严,甚至同时也可以带来某种生存与发展的基本条件与便利。

只有当社会结构及其制度性安排是基本公正,是建立在德行有用这一基础之上时,社会成员才能从日常生活经验中体悟到德行是有用的。只有此时,这个社会才有可能趋于健康有序,充满生机与希望并长治久安。只有在此基础之上,社会才有可能在大众层面上引导社会成员普遍向善。制度供给,就是要向社会成员提供积极向善、自由生长的制度体制,且这个制度体制本身是公平正义的。

在现代社会,能够提供公正且稳定的社会结构及其制度性安排的社会,就是一个法治的社会。一个法治的社会,既是社会成员在日常生

---

① 参见麦金太尔:《德性之后》第17章,1995年。

活中自我学习、理性累积进步、陶冶人性的社会，也是有效框定国家权力并使其公正规范有序运作的社会。一个能够有效供给基本公正的社会结构及其制度体制的法治社会，可以从根本上框定国家权力及其运作规范，并为公民个体行为善提供坚实基础。

第三章　法治世界

生活共同体由前现代化向现代化的转变过程，就是社会成员间由身份关系向契约关系的转变过程①。身份关系社会，是人身依附的人治社会。契约关系社会，是人身自由平等的法治社会。一个既生动活泼又规范有序、公正和谐的秩序，只有在法治社会中才有可能。

虽然社会共同体仅仅依靠法治未必清明，虽然法治秩序未必就意味着社会成员的美德，但是，只有法治秩序才有可能为社会成员提供健康人格生长的肥沃土壤，使社会成员有可能有尊严地生活，并在有尊严生活中拥有美德。

一、规范生活

人类社会是一个规范世界。人是自由的，然而，人又无时不受到规

① 英国著名历史法学家梅茵一百多年前就认为人类社会的进步运动，“迄今为止，是一个从身份到契约的运动”。梅茵所表达的这一思想甚至也为马克思主义创始人所揭示。（参见梅茵：《古代法》，商务印书馆，1984 年，第 97 页；恩格斯：《家庭、私有制和国家的起源》，《马克思恩格斯选集》第 4 卷，第 75 - 76 页。）梅茵“从身份到契约”运动的论断，虽然有特定的历史背景，指的是由前资本主义社会中的人身依附关系，转变到自由资本主义社会中的人身自由关系的历史过程，但不能就据此简单地认为梅茵所提出的“身份”关系与“契约”关系不能作为一种思想方式被用来认识人类 20 世纪的社会现象。事实上，如果我们通过欧洲这样一种特殊的由身份到契约的历史过程，深入人类历史过程中的人与人之间关系，并进一步剥去罩在其外表的特殊社会表现形式，就不难发现由宗法等级人身依附关系到摆脱这种宗法等级人身依附关系的相对独立的自由人的出现，是人类历史的普遍文明进程。正是在这样一种视野与思维方式之中，“身份”关系与“契约”关系的分析方式或分析框架获得了某种普遍性意义。

范约束，差别只在于是受到何种性质规范的约束。当卢梭在痛斥生来自由的人却无往而不在枷锁之中、自以为是万物主人的人却比其他万物更受奴役时，他的本意是要表明：人虽然身处于枷锁之中，却无不追求自由。他是要揭露那个罪恶的社会制度、该诅咒的规范世界，他要通过公意建立一种新的社会制度与规范体系①。康德所谓哥伯尼式的革命，人为自然立法，为自身立法，其实质就是要确立人的世界，使人作为主体存在于宇宙之中。人为自然立法，就是探究自然界的实然规范世界，获得对外部世界的自由，做自然界的主人；人为自身立法，就是探究人类社会的应然规范世界，获得社会关系的自由，做自身的主人。人生活在规范世界之中。如果说作为个体的人是特定环境的产物，是社会化过程中文化而成的产物，那么在某种意义上，人也就是社会规范世界的型塑物。本书主要关注的是社会生活中的应然规范世界。社会生活中的规范虽然种类繁多，然大致可以分为两类：道德规范与法律规范，即德规与法规。

1. 德规与法规

此处的德规指道德规范，法规指法律规范。它们是人类社会规范世界的两种基本规范类型。通常认为：道德规范与法律规范是两个不同的规范体系，二者之区分在于是否具有强制性。从外表来看，道德规范与法律规范确实是两个不同的规范体系，二者确有不同的存在方式与作用特点。不过，当人们以一种哲人心智在人类自身存在的生活世界中穷究至极时，不禁发问：人类生活的规范世界究竟是何？道德规范与法律规范二者的关系究竟怎样？这两种规范体系是否有着内在的统一性？如有，它们又是如何统一存在于人类现实生活世界中的？一种刨根究底、穷究至极的理性精神，会使人在苦苦思索后突然顿悟：法规

① 参见卢梭：《社会契约论》，何兆武译，商务印书馆，1987 年。

与德规原本同根异体、同源异流。在经历了各自的充分分化后，二者仍然以一种同在共生、一体两面的方式存在着。

然而，真正要对此问题做出合乎理性的回答，必须首先思考道德规范与法律规范究竟是如何形成的。而对这一问题的回答，又必须深入探究人类的规范世界本身是如何形成的。对此问题的思考，既须实证考据，又须抽象思辨。

人作为社会共同体存在，必然有用以协调相互关系的行为规范，且这些行为规范是人类基于一定的自然基质①，在社会交往实践中形成的。那么，人类最初的行为规范是什么？以什么形式存在？中国古人有“异姓则异德，异德则异类”一说②。即，在早期人类那儿，不同的氏族群体，有不同的原始宗教祭祀、禁忌习俗礼仪、行为规则要求。正是借助于这些不同的原始宗教祭祀、禁忌习俗礼仪、行为规则要求，构成不同氏族之区别。此“德”是一种广义的“德”。它不同于后来与“法”相对应意义上之“德”，更不同于本书稍后所说的“礼”。如果能够将此“德”理解为包括禁忌在内的习俗礼仪之“礼”，那么，问题就比较清楚。包括巫术禁忌在内的习俗礼仪，可能是人类最初的规范存在形式。在初民习俗礼仪神圣敬畏的外衣之下，存在着的是这些习俗礼仪对初民们的无限规范力量，它们是人类最初的规范③。巫术则是初民习俗礼仪中的核心。在一定意义上甚至可以说，在巫术这一粗俗外表之下，隐

---

① 道德是人不同于动物的基本特质之一。然而，人类的道德生活也并不是一个绝对的从无到有之过程，而是有某种生物进化的自然前提。类人猿的群居生物本能与“亲子”本能，就是人类道德生活的这种自然前提。古老人科生物的群居结构是人类社会组织借以形成的生物学基础。人类的情感世界也有其原初的生物学基础。参见高兆明：《道德生活论》，河海大学出版社，1993 年，第 40 – 41 页。

② 《国语·晋语》。

③ 《金枝》一书的作者通过社会学方法所作的调查，以丰富的资料从一个侧面证实了这一点。

含着人类最初的自由主体精神萌芽①。在这种自由主体精神萌芽中，就有人类自我规范立法之胚胎。

对法律规范与道德规范起源的探究，最终都不约而同地将视野对准一个共同的最初范畴："礼"。对古"礼"内容的研究揭示，它所关涉的范围几乎涉及全部社会生活、人际交往、人生旅途——仅由《仪礼》、《周礼》、《礼记》文字所记载下来的有关典礼仪式就近90项②。不过，对于"礼"有三个基本的认识层面：祭祀仪式、社会制度、社会意识形态，其中以祭祀仪式层面最为基本，以制度层面最为重要③。礼最初是初民社会祭神祈福、祖先崇拜的一种祭祀仪式④。近人王国维对"礼"的产生有过同样结论的考证⑤。最初的"礼"几乎关涉初民生活的每一个方面，它同时具有强烈的神秘感与敬畏感，并对全体初民社会成员具有普遍强制性。它既对初民社会成员的精神具有威慑统摄作用，又对社会生活自身具有整合规范功能。庄严的祭祀仪式能使氏族部落成员感受到个人意志必须服从全体意志，个人与氏族部落整体利益密不可分。个人对氏族部落的忠诚，不仅是必须应尽的义务，也是换取本氏族部落保证个人生活所需权利的渊源。这种祭祀仪式能使初民社会成员自然明了原初的是非善恶、长幼尊卑等社会伦理关系与道德价值，从而一开始就与伦理道德浑然一体⑥。当初民社会分裂为不同利益集团，

① 参见卡西尔：《人论》，甘阳译，上海译文出版社，1986年。

② 邹昌林：《中国古礼研究》，文津出版社，1992年，第155页。

③ 参见何炳棣：《原礼》；载王元化主编：《释中国》第4卷，上海文艺出版社，1998年，第2382－2398页。

④ "礼事起于燧皇，礼名起于黄帝"（《礼记·标题疏》）。"礼，履也，所以事神致福也"（许慎：《说文解字》）。"礼也者，反本修古，不忘其初者也。……礼也者，反其所自生。"（《礼记·礼器》）

⑤ 王国维认为："盛玉以奉神人之器，谓之若丰，推之而奉神人酒醴亦谓之礼。又推之而奉神人之事通谓之礼。"参见王国维：《释礼》，载王国维：《观堂集林》第6卷，第1册，中华书局影印本，1991年，第291页。

⑥ 参见何炳棣：《原礼》；载王元化主编：《释中国》第4卷，，1998年，第2383－2384页。

由血缘组织变为地缘组织以后，礼为统治者自觉改造为合符其要求的行为规范。礼就由祀神而“引申为凡礼仪之称”①。

礼的这种最初起源在东西方文化中大致相同。中国最早的社会大法是《尚书·洪范》，《洪范》对中国奴隶社会的社会结构、规范伦常作了总体性的整理。中国古代礼的系统化始于周公制礼②。周公姬旦继承先人已有的尊礼之传统，将零乱分散的礼进行整理、补充、修订、论证，使之系统化，成为“法度之通名”③。周礼的理性化规范体系是三代祭祀文化的理性化存在④。周公制礼之要旨是确立一整套以尊尊亲亲为核心的社会等级秩序与宗法制度。宗法制度是西周礼制的重心⑤。仔细分析《洪范》、《周礼》⑥，就会发现其内容相当丰富，既有政治制度方面的，也有行政管理军事方面的，还有日常举止方面的⑦。概要远古“礼”之内容，有广义与狭义之分。广义之礼大致由三个方面构成：一是久远沿袭的习俗风尚，一是社会的结构制度体制，一是由先贤所做出的为人们所普遍赞美的高尚行为及其品性⑧。狭义之礼则主要包括两个方面：礼物交换和人们交往中的行为仪式。值得注意的是，“礼”字最初作礼物用，无论是对神还是对人皆如此。行礼有式则谓仪。后周

---

① 徐灏：《说文解字·笺》。

② 《左传·文公十八年》载“先君周公制周礼”。

③ 《尚书·大传》。

④ 参见陈来：《古代宗教与伦理——儒家思想的根源》，北京三联书店，1996年，第10－11页。

⑤ 参见何炳棣：《原礼》；载王元化主编：《释中国》第4卷，1998年，第2389页。

⑥ 虽然对于《洪范》的真实性、对于《周礼》是否为周公亲作手笔，历来有争论，不过，这种争论对于本书主题关涉不大。不论是谁作，都不会是凭空杜撰，也不是毫无意义的繁文缛节的记载，它们都有原始礼仪的原型，那些原始礼仪原型对初民社会具有极重要的规范整合作用。

⑦ 参见韩国磐：《中国古代法制史研究》第1章，人民出版社，1997年。

⑧ 郭沫若在其《青铜时代》一书中所说的“礼是由德的客观方面的节文蜕化下来的，古代有德者的一切正当行为的方式汇集下来，便成为后代的礼。”即可在此意义上理解。

公认为敬天待人的礼以及行礼中的仪容,应当充实德的内容,将礼进一步伦理化。后孔子又以“仁”进一步丰富“礼”之内容,使“礼”由天人之际落实到人人之际中,成为仁之目①,并将“礼”进一步提升到理论化、意识形态化的境地②。

原初祭祀仪式之礼原本就有强烈的社会规范、整合、凝聚之功能,而到了自觉制礼时,则礼的社会规范、整合、约束功能就更为突出③。礼既有外表行为之“仪”,又有内在心性之“理”,既有刚性的社会结构制度体制,又有非刚性的伦常习俗。就“礼”之社会文化意义角度而言,“礼”具有极复杂的内在意蕴与社会功能。它既具有强烈的社会政治整合、道德教化、情感节制功能,也具有社会消费资源等级分配功能④。这个意义上的“礼”,就不是诸如“宗教”、“道德”、“法律”、“政治”等任何一个单一范畴所能把握或对应的范畴⑤。在此,我们不可能专门对“礼”作进一步全面考察,仅从本书相关的范围内展开进一步思索:如果我们能够将外在行为之仪、刚性社会结构制度体制要求大致称之为“法”⑥,将内在心性之理、非刚性伦常习俗大致称之为“德”的话,“礼”则集法、德于一身。“礼”在远古社会集原始宗教、伦理道德、政

---

① 参见杨向奎:《宗周社会与礼乐文明》,人民出版社,1997 年,第 337 - 338 页。

② 参见何炳棣:《原礼》;载王元化主编:《释中国》第 4 卷,1998 年,第 2398 页。

③ “礼起于何也?曰:人生而有欲,欲而不得则不能无求。求而无度量分界则不能不争。争则乱,乱则穷。先王恶其乱也,故制礼义以分之,以养人之欲……两者相持而长,是礼之所起也,故礼者养也。”《荀子·礼论》。

④ 参见陈来:《古代宗教与伦理——儒家思想的根源》,1996 年,第 264 - 270 页。

⑤ “这样的一种‘礼’的休系在整体上已经不能说是宗教礼仪体系,但它仍保留着传统礼仪所具有的神圣性;它还不就是道德规范体系,但有道德规范的功能;它不就是政治制度体系,但包含着政治制度的框架安排,这样一个内容整全、功能混融的系统,不是西方的‘宗教’‘道德’‘政治’‘法律’任何一个分离性概念所能把握或对应的,它本身不是那种西方的分化式的文化结构的体现或产物。”参见陈来:《古代宗教与伦理——儒家思想的根源》,1996 年,第 266 - 267 页。

⑥ 礼就其要旨言是人的自我立法,它既有内在心性之法,又有外在行为之法,故,礼即为法。此处称外在行为之仪为法,则是狭义理解之法。

治、法律等为一身，是社会原始未分化状态的规范体系。

礼后来为何、又是如何分化为法、德的？分化以后的德、法关系又如何？这就要深入作为人类社会秩序存在的规范体系本身。

规范体系有多方面的规范内容或要求，它们都是共同体对个体的要求，都是作为社会成员的个体应当做的，并且都有一定的强制力作保证。然而，不同的规范内容对共同体的意义，以及对社会成员要求的强烈程度与强制程度是有差别的。就后者言，大致可分为三类：

Ⅰ. 应当的，其所要求与强制的强度较弱；

Ⅱ. 应当且倡导的，其所要求与强制的强度中等；

Ⅲ. 应当且必需的，其所要求与强制的强度强烈。

Ⅰ、Ⅱ 类规范对于行为者个人而言，具有自由选择的相对空间。而Ⅲ类规范对于行为者个人而言，没有什么自由选择的空间，要么遵从，要么受到惩罚，在普遍的意义上，其规范力量只有依靠某种专门的公共强力机关，诸如国家强权，才能做到。这三类规范在其要求强度上呈现为递进性。能够合理解释这一强度递进现象的只有一种可能：这些规范对于共同体的意义不同。只有那些对共同体的生存发展直接具有至关重要作用的规范，社会才会给予最强烈的重视与强制①。

---

① 这种对于道德与法律分化的抽象分析，还主要是立足于强力维护这一现象层面。它甚至还会给人一种误解，以为所有规范，包括道德规范与法律规范，都是人为创制出来的。事实上，在人类社会生活领域中的规范，原本是社会交往关系中的客观内在联系与固有程序。它们首先是内容实质性的，而不是外在形式性的。然而，当这种客观实质性规范被人们自觉意识并通过言说而自觉表达时，它们同时即拥有了形式性，成为形式的规范。有些规范不仅在言语的层次上形式化，而且还以正式法则的方式出现。法律规范就是一种典型的情况。法律规范是被正式化了的形式化规范。这样，我们通常所理解的规范事实上就有两种不同层次的含义：一种是实质性的，这是事物内在所固有的客观联系与程序；一种是形式性的，这是被自觉把握并言说出来的实质性规范。尽管我们日常生活中所提及的德规与法规都是被言说的，但德规与法规之间仍然有明显的区别。后者是被正式化了的形式化规范。在这种区别之中，我们可以体悟到的是德规较之法规更为基础，法规较之德规在组织社会生活中更为重要。关于此，可参见吉登斯：《社会的构成》，李康、李猛译，北京三联书店，1998 年，第 80－86 页。

如果我们在抽象的意义上，将这些在社会生活中社会成员应当遵循的规范都理解为道德规范的话，那么从中我们可以得出三个结论：第一，诸道德规范对社会共同体的意义本身具有层次差别。第二，对于社会成员而言，那些对社会共同体，或者更一般地说，对人类生存与发展直接具有至关重要意义的规范，不仅是应当践履的，而且是必须践履的。否则，社会共同体就失却了存在的可能。第三，只有通过共同体中的专门强力机关，在现今就是国家强权，才有可能在普遍意义上做到Ⅲ。此类规范即为法规①。在抽象意义上，法规是最基本、最重要的道德规范②。或者说，强权法规的出现，最初是要在维护共同体秩序这一现象层面之下，维护作为社会共同体存在的内在秩序（或灵魂秩序）及其最基本精神价值③。这样，法律作为一种社会控制工具，它还是"对

---

① 吉登斯曾将社会规范系统分为强约束力与弱约束力两类，那些通过言语表达并被正式化了的规范即为法律。法律具有强约束力。"有些规则不仅在话语层次上得以形式化，而且还以正式法则出现，法律形式的规则就是一种典型的情况。"但他事实上将规则理解为三个不同的层次：日常生活中规范的实践意识、言语表达的规范、正式化了的法律规则。参见安东尼·吉登斯：《社会的构成》，1998 年，第 86 页。

② 威廉·葛德文就认为："公正的政治法令不过是从道德规范中精选出来的一部分。"参见威廉·葛德文：《政治正义论》第 1 卷，何穆李译，商务印书馆，1997 年，第 81 - 82 页。

③ 遗憾的是，法律最初诞生时关注灵魂这一神圣使命，在后来由于法律本身的越来越技术化而被忘却。法律最初是通过对人们心灵秩序、内在精神价值的维护，通过对诸如"尊严"、"荣誉"等属于道德人格内在东西的维护，而实现外在的秩序化。直到 12 世纪，欧洲所有民族的法律有一个基本特征：血亲复仇 - 赔偿制，即，由过错者亲属偿付受害者亲属确定金钱的制裁。赔偿不是一种纯粹功利性的，更重要的是对荣誉的珍惜。伯尔曼认为："在一个由战神和敌对、任意的命运支配的世界里，荣誉是赢得光荣的一种手段。对日耳曼人来说，荣誉意味着'相互扯平'；只有通过相互扯平，他才能征服包围其生命的黑暗势力。而固定的偿付则提供了使价值相等的标准。""当一个人夺取了别人保护的东西时，就获得光荣，同样，当其他人夺取了他或她保护的东西时，后者就失去光荣。因此，从根源上讲，赔偿在本质上是惩罚性的，其补偿只具有从属的意义。"用金钱赔偿可以取代血亲复仇中的暴力。作为一种制度，它使一种"没有暴力的解决方法具有了尊严"，也达到了救济受害者家庭的基本目的，更重要的是"挽回受害者家庭和亲属的荣誉。"参见伯尔曼：《法律与革命——西方法律传统的形成》，贺卫方等译，中国大百科全书出版社，1996 年，第 63 - 65 页。

人类理性所理解的道德准则的一种表达”,是“习惯的一种派生物”①。如是,法规与德规至少在发生学的意义上是同源的,并且只有从伦理道德的角度才能作出一元化的解释。这样,法规、德规的分化,就以下列三因素为条件:不同规范对人类共同体存在的价值意义差别,人类共同体对这种规范意义价值差别的自觉意识,某种公共强权(在人类进入文明社会后就是国家强权)的存在。

然而,国家的出现,仅是法规、德规分化的一个必要条件,而非充要条件。法规与德规的分化,还须以社会的充分分化、独立个人的出现为条件。这里需要的就不仅是抽象的理论思辨能力,更需要对历史的把握。因为事实表明,人类在国家产生以后的相当长一段时间内,虽然有了法规,但法规与德规却并没有真正分化独立。由于直到近代,中国基本上是德法一体,或者说是伦理政治,所以,对德规、法规分化的考察,以典型形态的欧洲文明作为分析对象。

法律与道德及其法规与德规的分化,在古希腊罗马时期就已萌芽。亚里士多德的《尼各马可伦理学》与《政治学》研究内容分野,即为学理标志。古罗马人的《十二铜表法》更是一实证。所以,一般认为古罗马人是在人类历史上最早实现了法与伦理分化的民族,并认为法与伦理的分化独立自那时已经实现。其实,严格地说,法与伦理的分化独立,萌发于古罗马时代,实现于近代市民社会运动。就其将法看成是来自于国家的外在强制性规范,将道德伦理看成是个人的内在精神这一点而言,确实古罗马时代的法与伦理道德是分化了的。然而,在古罗马时代,一方面国家机构还很微弱;另一方面,古罗马人“法不进家门”,只调整有限的社会关系,且人处于法的支配之下是有玷清白的,而服从伦

① 伯尔曼:《法律与革命——西方法律传统的形成》,1996 年,第 663 - 664 页。

理宗教规范才是光荣的①。即,一个人如果真的处于法律规范的作用之下,那么,他就有一种人格的耻辱,就是有罪的②。其次,虽然古罗马时代有城邦民主政治,亦有与此相应的城邦自由公民,然而,这种自由公民主要还只是政治意义上的,他们鄙视劳动,没有11世纪后出现的城市市民社会中的作为现实经济活动主体的自由人。此外,古罗马时代没有形成一种独立的法律职业,没有一批专门从事法律事务的专职人员。这一切,只有在近代欧洲市民社会形成基础之上才具备。如果将近代市民社会的勃起理解为商品经济形态的形成过程,那么,就可以发现法与伦理分化独立之要素的完整具备,只有在商品经济大规模发展中才有现实可能。换言之,只有在商品经济形态中,法与伦理、法规与德规才能真正分化独立。正是在此意义上,才可以真正理解法从伦理中的分化是社会历史的一大进步③。法从伦理中的分化独立,由于法本身的无情感性现象特征④,使得法治社会本身的出现成为现实可能。

法从伦理中分化出来以后,就获得了自身相对独立的发展途径与形式。法是以国家强权为依托、通过专门机构制定出来、由一群经过专门训练的专职人员施行的规范,是被正式化了的形式化规范,它具有自身发展的内在逻辑,并在发展过程中日趋完备化、技术化、实证化⑤。

---

① 参见川岛武宜:《现代化与法》,申政武等译,中国政法大学出版社,1994年,第8-9页。

② 没有将法律当作保护自己正当权益的武器,而将法律视为一种仅对罪恶的惩罚,耻于求助于法律。这在数千年前曾出现过的现象,我们现今的日常生活中似还相识。悲乎?

③ 参见川岛武宜:《现代化与法》,1994年,第1-22页。

④ 亚里士多德认为法是没有情感的智慧。参见亚里士多德:《政治学》,吴寿彭译,商务印书馆,1995年。

⑤ 参见伯尔曼:《法律与革命——西方法律传统的形成》,1996年,第9-12页。

甚至法从伦理中分化出来本身也推进了现代化过程①。法从伦理中的分化，一方面通过强制的力量表达了一整套道德规范体系要求，在这个意义上强化了社会基本道德规范要求；另一方面，由于法自身发展的内在逻辑及其实证化趋向，又使得社会在法规统摄之下淡漠了道德规范及其权威性，疏远了法与道德之间的内在联系，模糊了二者在价值上的一致性。这种模糊又由于日常生活中法规与德规对同一事件的不同评价之可能，而被进一步加深。

法不能没有可实证性的躯体即实在法，更不能没有作为灵魂的法的理念。法的理念赋予法本身以价值属性，并使全部实在法具有灵性。在实在法中，法律只是一个科学实证、社会技术问题，而不是一个价值问题。在那里，法律仅仅表示社会的一个特定组织技术，并不表示这个社会组织本身在道德价值上的正义、善；说一个社会具有法律秩序，并不意味着这个社会秩序本身是好的或公正的②。因而，实在法是一种工具性存在。然而，法首先不是一种技术性、实证性、工具性的存在，它首先是一种价值性存在——或者说实在法不能没有自己的灵魂，否则，实在法就没有生命力。如是，才能把握法规之本质③。法规本身的合理性根据只有从道德中寻找④。

---

① 参见泰格、利维：《法律与资本主义的兴起》，纪琨译，学林出版社，1996 年；伯尔曼：《法律与革命——西方法律传统的形成》，1996 年。

② 参见凯尔森：《法与国家的一般理论》，沈宗灵译，中国大百科全书出版社，1996 年，第 5 页。

③ 在发达国家，由于日益注重法的实在规范条文方面，使得“法律正在变得更加零碎、主观，更加接近权术和远离道德，更多关心直接后果而更少关心一致性和连续性。”参见伯尔曼：《法律与革命——西方法律传统的形成》，1996 年，第 16 页。

④ 立法的民主似乎可以否证道德作为法规合理性根据。然而，立法民主只是表明法确立的途径与合理性形式，至于公民凭何赞成或反对一项法案，则应当从公民内心深处所具有的正义与否、道德与否来认识。所以，立法民主只能证明、而不能否证道德是法价值合理性根据。

道德在逻辑上优先于法律①。这种优先性在于:第一,道德提供法律规范体系价值合理性根据。任何一种法律体系之中都渗透着一种道德精神,是道德价值精神的法的表达。那些与具有合理性的道德价值精神背道而驰的法规没有存在的根据,因而是要被废弃的②。民众为什么愿意履行这种法律?因为他们认为它们基本上是公正的。一个有真实效力的法律,是为民众所拥护并自觉遵守的法律,因而,也是经过民众价值合理性诘问后取得存在合理性根据的法律。第二,道德为法律提供民众遵守法律的义务前提。只有存在服从法律的这一道德义务,才能谈得上法律义务的可普遍化。当人们普遍不将守法当作道德上的善与荣誉,不将违法当作一种道德上的耻辱时,法律义务往往是一纸空文。这就如米尔恩所揭示的那样,"道德在逻辑上先于法律。没有法律也可以有道德,但没有道德就不会有法律。这是因为尽管法律能创立具体的义务,却不能创立服从法律的一般义务"。"没有服从法律的道德义务,就不可能有本来意义上的法律义务。"③第三,道德为实施法律规范提供必要的道德前提。法规是被专门机构的专门人士实施的,若这些专门机构、专门人士缺少道义上的诚笃廉正之精神,则法可能就是腐败的。故,这些专门机构与专门人士既应当具有公正之道义精神,又必须接受民众道义上的监督。第四,在原则上说,凡是法律规范所惩罚的,都应当是受道义谴责的。如果法律规范所惩罚的并不能引起道义上的普遍谴责,那么,这种惩罚的法规依据本身的合理性是值

① 参见米尔恩:《人的权利与人的多样性——人权哲学》,夏勇等译,中国大百科全书出版社,1995年,第35-37页。

② "有些规范,尤其是道德态度,已被制定成法律。法律只不过是一种条例,它由某一政权正式颁布,并受到国家权力机构的支持。……那些与文化规范背道而驰的法律,……,常常是无效的,并往往会被废弃。"参见伊恩·罗伯逊:《社会学》(上),黄育馥译,商务印书馆,1994年,第76-77页。

③ 参见米尔恩:《人权哲学》,王先桓等译,东方出版社,1991年,第51页。

得疑问的,因而也就是要进一步被修正的。

概要之,法规因法的理念而获得生命与价值合理性根据,法的理念以道德价值精神为内容。既然法是一种社会组织状态,那么,就注定摆脱不了价值目的性纠缠。作为实在法的法规,只有置于法的理念之下,才有灵魂,才是活的生命体。正是在此意义上,法律的生命力就在于内在的道德价值①。

这里有两点需要补充。第一,法规的合理性要从道德那里寻找根据,并不意味着德规本身直接就是法规。道德规范只有通过合法的立法程序成为法律规范,此时,才能在法律的意义上对社会成员具有拘束性。在法的领域中,是法规而不是德规对社会起着直接规范作用,德规对于法规有其不可僭越之处。第二,法规的价值合理性从道德那里寻求,并不意味着某一具体道德规范本身就直接成为法规的终极价值依据。作为法规价值合理性终极依据的是道德理念(或道德价值精神)。道德理念或道德价值精神是道德价值体系中作为灵魂一以贯之的内容。这里涉及对整个道德体系的再认识。道德是由道德理念(或道德价值精神)与道德规范(或实在道德)两部分构成。道德理念是道德的形上价值反思,道德规范则是实在的规范性要求。所以,伦理学要研究道德规范,但伦理学须首先研究道德理念。纯粹的道德规范没有灵魂,在诸价值规范的冲突之下,就会表现出无目的性指向这一价值性失落——原本是价值性的存在竟会失却其价值性。伦理学首先应当关注的是善、公正,是对人存在的形而上反思,是对人性的批判。从此出发,再进一步探究人应当如何具体行为的一系列规范性要求。这样,这些规范性要求才可能是活生生、有生命力的,才可能得到合理说明。纯粹

① “法律的生命力在于永远力求执行在法律制度和法律规则中默示的实用的道德命令”。参见麦考密克等:《制度法论》,周叶谦译,中国政法大学出版社,1994年,第226页。

的道德规范是无头脑的，其价值合理性有待存疑，其本身未必就是善或公正的。在现实生活中，即使表现出一定道德规范秩序的关系状态，其价值属性也是有待证明的。实在法、实在道德，至多只是一种形式的善与公正，法的理念、道德理念则是实质的善与公正。

法规从道德寻找价值合理性根据，与前文所说通过公正的制度性安排引导社会成员确立善的道德价值观念及其行为是否有矛盾？严格地说，二者并不彼此抵牾。并不是任何一种道德价值体系都能成为法的价值合理性根据，只有那些具有普遍必然性的道德价值体系才有此资格。这是其一。其二，具有普遍必然性品格的道德价值体系，也有一个为人们自觉认识掌握过程。它最初总是由少数人首先自觉意识到，并逐渐成为社会民众的普遍价值意识。

概言之，法规与德规系从人类原初混沌一体的规范世界中分化出来的两大规范系统。它们同根异体，同源异流。它们均是人的自我立法，差别在于一个是外在立法，一个是内在立法，一个是外在行动的自由，一个是内在精神的自由①。虽然它们各自有相对独立的发展逻辑与规律，但却又一脉相承，内外相依，互补共生。这两大规范系统的协调统一，既构成了一个完整的社会生活规范世界，又在共同整合社会过程中，使人获得自由，社会生活呈现出秩序。

至此，我们就有条件回过头来对那种依据是否有强制性来划分法规与德规的认识作一反思。至少在抽象思维中，只要保持严格的逻辑一致性，就应当承认，任何形式的规范，只要是作为规范存在，就必须且必然以一定的强制力为前提，以保证规范本身的效力与权威，至于此强制力的具体内容、表现形式及其强制强度，则是另外一回事。道德规范作为一种规范，也应当且必须有其强制力基础，如是，才能全面说明道

---

① 参见《康德文集》，刘克苏等译，改革出版社，1997年，第361－364页。

德作用的机理及其与法律规范的关系。即使是作为道德义务论者的康德,也没有否定道德规范义务的强制力存在①。

从强制力存在角度认识道德规范与法律规范,可以有两个基本层面:

其一,在通常习惯的那种与法律规范相对应的狭义道德规范意义上的认识。道德规范也有强制力。道德规范的强制力不同于法律规范的强制力。法律规范的强制力是国家权力机关的强权力。道德规范的强制力,在个人层面是个人意志力,个人意志力是一种特殊的自我控制的强制力;在社会层面则是社群压力,社群压力也是一种强制力(否则就不能合理解释历史上曾经存在过的所谓"礼教吃人"现象)。这样,我们就可以将法律规范看作是一种强强制力。它是行为者自身没有自由裁量权,且由国家机关强权实施的强制力。无论行为者自身对此是否认同、在情感意志上是否接受,都必须如此。道德规范则是一种弱强制力。它是行为者具有一定自由裁量权的强制力,即使是来自社群的压力,也须通过个体自身内在的情感意志才能发生作用。

这样,对于道德规范就可以作"效力"与"实效"之区分。道德规范的效力指的是道德规范本身的一种特性,指道德规范本身具有合理性基础、因而具有合理性意义上的约束力。道德规范的实效则是指道德规范本身被实际遵守的状况,指人们事实上如道德规范本身所要求、规定的那样行为,道德规范在社会生活中事实上起着有效规范调节作用。所以,对道德规范固然要重视其效力,更要重视其实效。社会往往并不缺少有效力的道德规范,而是缺少道德规范的实效。当然,法律规范也有一个效力与实效的问题。不过,具有效力的法律规范随时都可以通

① 康德认为:德行"不仅仅是一种自制,而且是依据内在自由的原则,即完全由义务观念根据其形式法则而施加的一种强制。"参见康德:《伦理学的形而上学要素》"序言",载《康德文集》,1997 年,第 361 页。

过国家强权见诸实效。而道德则并不然。这里留给道德领域所要思考的内容之一，就是如何注重具体道德规范的可实践性研究，加强制度体制层面的努力，促使其由效力向实效转化。虽然道德规范与法律规范的强制力存在着强弱差别，然而，这并不能成为否定道德规范强制力存在的理由。对此问题认识的深化，须进入对道德规范与法律规范的起源及其相互作用的认识。

其二，在打破法规与德规两极对立不相容思维方式后的认识。正如前已在较为抽象意义上所揭示的那样，人类在社会生活中所形成的规范，无论形式如何，都是人应当遵循的，区别只在于诸规范对于社会共同体的价值意义以及强制力的差异。尽管如此，所有这些规范都是社会成员在共同体中应当践履的，都是道德的要求。正是在此意义上，法规与德规在其要义上并不是两个形同陌人的存在，而是一种一元精神的不同层次存在。法规因在根本上是社会生活中最为重要的德规，故而受到社会最强有力的保障；对法规的承认与遵循，在实质上隐藏着对相应法规的道义上的承认①。也正因为如此，才使得本书后面所述基本德规法规化有了学理的依据。

德规与法规的存在，构成了社会的两大治道或治理方式，这就是德治与法制。

法治社会对社会的规范整合依靠德、法二者。在法治社会，虽然强调法治，但是，这并不意味着德、法是两个彼此截然对立的规范世界，而只是意味着德对社会整合的价值基础意义，法对社会公共生活的直接治理意义。

---

① 这里所说的法规，还只是一种原则意义上论述的法规。它尚未包括法规在自身展开过程中一些极为技术性的、极为具体的规定。那些极为具体、极为技术化了的法规，不具有道德规范意义。它们属于法规中有待补充展开的一些特殊内容。

2. 德治与法制

法制(rule by law)是指依靠法律治理社会,法律是治理社会的工具、手段。法制是与狭义的德治(rule by moral)相对应的范畴。法制(rule by law)与德治(rule by moral)是社会规范整合的两种具体途径与手段,二者互补互存。不过,法制与德治的互补互存,又以法律与道德的分化为前提,以各自相对独特的适用范围、运行规律为条件。但是,在中国古代历史上,二者曾长期处于混沌未分化状态,并事实上是以道德凌驾于法律之上、甚至取代了法制。仔细考察中国古代社会,中国古代的“德治”并不仅仅是简单地将道德作为社会治理的具体手段,而是统摄一切的最高政治模式与价值理念。这样,中国古代的德治(rule by moral)事实上是广义的德治(rule of moral)。广义的德治(rule of moral)是与法制相对立的范畴,其核心不仅是强调要依靠、通过道德治理社会,更在于强调道德高于法律。在实际社会治理过程中,它则是直接以道德规范作为事实上社会的最高规范体系。

不过,当我们在说中国古代社会是一个德治社会时,首先应当弄清楚的是:中国古代社会缘何提出并实践德治?其原初基本内涵、价值指向是何?乃至它与人治的关系原初又是怎样?又是如何蜕变为现今我们所理解的人治的?

当我们在考察中国古代早期文献中的“德”之蕴意时,就会发现中国古代早期“德”及具体德目,大多与政治道德(political verture)有关,大多都体现于政治领域。在君主制下,政治道德当然首先是君主个人的道德品行与行为规范,君主个人品德在政治实践中具体展现为政治道德①。值得特别指出的是,中国古代早期“德”经过了一系列的演化

① 参见陈来:《古代宗教与伦理——儒家思想的根源》,1996年,第296-297页。

发展阶段。至先秦，大体上经历了初民社会的图腾概念、殷商时期的上帝崇拜、西周时期的周王政行懿德、春秋时期的伦理道德。殷商时期“德”的意蕴主要不是作为人与人之间的行为规范，而是神对人王行为的规范与约束。到了西周，文献中反复强调的“德”不是空泛的美德之论，而是主要指周王的政行。周人认为统治者的德与天命予夺直接相关。把王的德视为政治得失的根源，并在逻辑上使德与王融为一体①。如《周书》中强调天子要敬德、用德，否则天命难保。《召诰》中则有：“其惟王位在德元”，“肆惟王其疾敬德，王其德之用，祈天永命。”而有夏与有殷皆因“惟不敬厥德，乃早坠厥命”②。如果我们再考虑到直到西周前“德”甲骨文字的演化，并在“天”、“民”、“德”概念的统一中理解“德”，那么，对中国古代早期社会的“德治”内容会有更为清楚的认识。③。“德”在甲骨文中为“值”，在金文较之甲骨文则增加了一“心”符，这意味着“德”在殷人时期乃指遵从上帝旨意行事，具有浓厚的宗教色彩。至周人，“德”则具有明确的理性与伦理特征，更强调人王的个人德性，而人王的德行则须与“民”相联。这就是周初《泰誓》逸文所说：“民之所欲，天必从之”，“天视自我民视，天听自我民听”，“天聪明

① 参见巴新生：《西周伦理形态研究》，天津古籍出版社，1997 年，第 18 – 38 页。

② 《尚书 · 召诰》。

③ 王德培先生曾将“德”与“民”联系起来进行比较研究，破译中国古人造“德”“民”二字本义。这对于领悟“德治”不无裨益。他认为：“德”“金文从目字，往往有‘视’义，如省、相、见、监等字。《说文》德字从直从心、谓‘直、正见也，从十、目、L。’但盂鼎德字心上只作目上一竖，不从十、L。这当是直字初文。盖会意目前有物，正视之则得‘直’义。何尊民字作目下一竖，也当有视物之义。如果考之文献。则孟子所引古《泰誓》‘天视自我民视’可以相合了。天在上，民在下，所以目在上，竖在下，略似‘直’字倒置。由此我们知道民字不可理解为‘盲其一目以为奴徵’。《吕刑》：‘王曰：呜呼！敬哉！官伯族姓，朕言多惧，朕敬于刑，有德惟刑。今天相民，作配在下。’《尔雅 · 释诂》：‘相，视也。’‘今天相民’即今天视民也。民字之所以为民，取意‘天之所视’也。天为什么视民，考察明德之有无也。”参见王德培：《书传求是札记（上）》（《天津师大学报》，1983 年第 4 期）。

自我民聪明"①。这样,在中国古代早期,"德"尽管看起来是私德,但实质上是在"天命"、"民心"、"私德"三位一体意义上之私德,"私德"承"天命"禀"民心",它所指向的是德政。这就是中国古代社会原初的"德治"之本意,就是后来孔子所说的"以德配天"。

那么,中国古代早期提出这种原初"德治"思想的缘由何在?中国早期政治思想传统中的核心问题是暴君与暴政问题,其理想的解决方式是"以德代暴"。这便是中国早期政治思想传统中重"德"的内在缘由,其主旨是防止政治道德堕落。暴君与暴政问题,所体现的是统治者与被统治者之间紧张关系这一政治学永恒问题。而暴君与暴政的出现,则是原始氏族部落联盟制度瓦解、政治权力家族继承制的伴生物。在原始氏族部落联盟制度之下,由于禅让制与选举制的存在,原初形态的政治权力会受到有效制约,因而,不可能产生暴君与暴政。当这种有效制约由于父系宗亲之间的权力传递而不再存在时,即,当政治权力本身失却有效的内在监督与制约时,暴君与暴政的出现就成为可能。在这种情况下,对于政治权力的约束就自然地转向对道德力量的诉求。通过对君主个人道德的强调,强调"以德代暴",来解决暴政即统治者与被统治者之间的紧张对立,保持政治统治的长治久安。

如是,中国古代早期社会的"德治",首先强调的是有德者、贤者的治理,是贤人善者的治理。它的重点在于对治者本身的贤、善、德之要求。要求治者应当有高尚的道德修养与良好的道德品质与能力,要求的是好人贤良政治,而不是恶霸痞匪政治。正是在此意义上,中国古代早期的"德治"思想具有相当的合理性,不失其普遍有效性。在一种抽象的意义上可以理解为:在任何一种社会结构或权力运行范式中,治者本身的道德素质至关重要,因而,治者应当具有优秀的道德操守与良好

① 见《诗·大雅·烝民》郑氏笺引《泰誓》佚文。

的道德实践能力，百姓也有权以“德”的尺度审视与要求所有的治者，要求他们是贤良好人而不是恶霸痞匪。这个意义上的“德治”，还不是后来意义上的“人治”，不能将它与“人治”直接等同——尽管它直接针对的是治者之人，并且具有蜕变向人治的内在逻辑通道①。

严格分析，这种“以德配天”的“德治”思想，在逻辑上可以分别被导向两个不同的方向：法制与人治。说在学理逻辑上可以被导向“法制”，就在于它以某种特殊的方式隐含着通向得出“法制”的逻辑通道。即，善者贤良是活生生的个体，有七情六欲，一方面其德有个表达与坚持的问题，另一方面其思想与能力总有某种局限性，因而，要保持政治上的稳定，就应当通过制度的客观性来预防个体德性主观性的局限性。然而，由于中国古代社会历史中缺少那样一种条件或机缘，早期的德治并没有沿着这一逻辑线索发展，而是沿着另一个方向向人治发展了。正如后述，到了汉代董仲舒那里，“以德配天”的整个解释逻辑发生了根本的颠倒。这是问题的一方面。另一方面，由于早期的“德治”所关注的焦点是统治者本人，看到的是君主在社会政治生活中的作用，因而，它就潜藏着一种蜕变为人治的可能。而中国古代社会政治生活中由于君主专制统治的需要，君主们又会不惜一切手段强化对自己的神化，巩固自己个人的集权统治。这种实践取向就为早期德治向人治的蜕变提供了现实基础。正是这种人治化了的德治，又对整个古代中国政治生活带来了巨大的影响，使政治道德化。

正如前述：中国古代早期文献中的“德”大多体现于政治领域，大多与政治道德相关。其缘由是：在君主制下，政治道德首先是君主个人

---

①　严格地讲，中国古代“德治”还应当包括道德教化等极为重要内容，且在中国古代道德教化本身亦蜕变为人治的一个重要方面。但本书此处主要是从“德治”原初意义阐释始，揭示德治原初所体现的君王个人美德对于政治生活的意义以及蜕变为人治的逻辑通道，故，“德治”中的道德教化之内容存而不论。

的道德品性与规范，君主个人的品性在政治实践中体现为政治道德；中国古代社会早期政治思想传统的核心问题是暴君与暴政问题，其理想解决方法是“以德代暴”，而这又以三代交替的以德代暴的历史经验为历史底蕴。先民们正是在对生活实践、历史经验的领会体悟中，演化出这种价值理性与政治理想的①。这是中国古代社会早期重德治之缘由，其要旨是防止政治道德的堕落。德治当然首先强调的是有德者、贤者的治理，是圣人贤者对社会的治理，其要旨是通过贤者圣人担任社会政治领袖，通过其道德影响力，建立一种政治秩序。当一个社会出现了政治动荡、权力腐败、政权不稳时，德治所能设法诉诸的主要政治思想资源之一，就是政治人物的人性善，或者说为政者人性中的自觉力量。这有两个具体途径：一是新一代圣人贤者的出现，以其道德影响力统一社会，返浊归清；一是希望为政者通过心灵反省，自觉幡然醒悟，不滥用权力。而无论哪一条，其实质均是化政治为道德，变制度为人性（治）。这种化政治为道德的价值取向中固然有某种合理性因素，也存有某种善良的愿望，但是，作为一种政治模式，却是严重先天不足。它既不能使政治作为独立的因素出现，又使政治沦为一种伦理政治②。尽管德治在中国古代早期社会有其历史背景与某种存在的合理性，但由于它化政治为道德的这种先天根本缺陷，并由于君主统治的现实需要，就进一步向两个方向蜕化：一是通过对“以德配天”的另一种解释、强化君主个人的绝对世俗权威，滑向人治的通道；一是通过伦理政治的普遍化、道德规范权威的绝对化，而使法律道德化，并使原初的法律萌芽被窒息，不能生长出现代意义上的法治。

---

① 参见陈来：《古代宗教与伦理——儒家思想的根源》，1996 年，第 296 – 298 页。

② 林毓生认为“政治之为政治，无法在中国思想中产生中性的独立范畴。”参见林毓生：《两种关于如何构成政治秩序的观念——兼论容忍与自由》，载其著：《中国传统的创造性转化》，北京三联书店，1988 年，第 110 页。

东西方古代政治思想史有一较为显著的区别,这就是在西方古代政治思想史中,“正义”是一切政治思想的基石,并涵盖了所有的政治美德。这可以从柏拉图、亚里士多德政治思想及其在全部西方政治思想史中的历史地位与影响略窥一斑。而在中国古代政治思想史中,虽然也有类似于西方正义的一些观点,但却既未能达到一种系统化程度,亦未能获得居于基石或最高地位之待遇,而是以“德”、在稍后则以“仁”,作为政治思想的最高价值理念。在东西方古代政治思想史中都有自己的、能够作为价值合理性最终根据的所谓自然法,但在西方则聚焦于“正义”,在东方则聚焦于“仁”、“德”。虽然古希腊的特殊地理环境、小国城邦及其他因素可以为这种差别的形成做出某种合理的解释,但是,这种差别本身却造成了此后两种不同的价值理性与精神气质传统。其具体表现之一,就是西方文化传统更多的是侧重于社会伦理关系,并从中滋生出丰富的法治传统,东方文化传统则更多地侧重于个体美德修养,并从中培育出丰富的道德传统。

黑格尔在谈到古代东西方文化差异,尤其是国家治理方面的差异时曾认为:道德在古代东方是一种很高的修养,然而,在西方,道德的本质规定体现在法律的制定以及公民法律体系中,道德是作为一种精神在法律领域发挥作用,而不是一种单纯独立自存的东西,即,道德并不作为一种独立的规范直接在国家政治生活中起作用。但是,在古代中国人那里,“道德义务本身就是法律、规律、命令的规定。”正因为黑格尔对中国古代的法律有如此独到的理解,所以他认为中国古代的法律“不是法律,反倒简直是压制法律的东西”。在他看来,古代中国人既没有西方的那种法律,也没有西方的那种个人道德,没有作为内心自由的道德,有的只是一种国家的道德,只是作为实践形式的义务①。如果

---

① 参见黑格尔:《哲学史讲演录》第1卷,贺麟、王太庆译,商务印书馆,1983年,第125页。

我们不过分挑剔黑格尔对东方古代思想的一知半解（东方古代道德不仅是一种外在实践的义务，同时也是作为一种内心的自由要求，它在这一点上甚至并不逊色于康德所揭示的作为自由意志的道德），就其揭示东方古代社会是一个德法浑然一体、以德代法的德治社会这一点而言，应当说是极富洞察力、极其深刻的。

中肯地说，中国是世界著名的法制文明古国，其法律的历史可以上溯到公元前三千年左右，中国古代社会有着丰富的法律思想与律法传统。即使不论商周时期作为我国古代奴隶社会基本大法的《洪范》、《周礼》，而仅就我国现时法律界讲到法典时所公认的而言，在战国初就有李悝的《法经》，至汉时则有萧何的《九章律》，其间历经发展，至唐代的《唐律》则是我国古代社会法律的集大成①。这些法律思想与法典内容，无论在时间上还是在内容上均丝毫不逊色于西方文明。在这一点上，古代中国本应当有更多的条件较早地走上法制国家，但事实上却正相反。原因何在？根本原因之一就在于古代中国的法律始终未能超出伦理道德的庇荫而独立，相反，在总体上成了从属于伦理道德的伦理化了的法律，使法律沦落为德治社会的一个部分或工具。即，中国悠久的法制文明古国史，并不能否证中国古代社会在根本上是德治社会。

前曾说过，中国古代的“礼”集德、法为一身。虽然在后来的发展过程中，礼的重要性逐渐让位于仁、义，而嬗变为一种外在的礼仪②，但是，礼所内在包含的道德内容、作为道德整体的指称这一要旨没有根本的变化。尽管在历史发展过程中，历朝历代都有丰富的法典条文，但伦

① 关于此方面内容，法律思想界有丰富的资料。可具体参见张晋藩：《中国法律的传统与近代转型》，法律出版社，1997 年；韩国磐：《中国古代法制史研究》，人民出版社，1997 年。

② 李泽厚认为至战国时期“礼”已全等于“仪”而失去其原先的重要性了。参见李泽厚：《中国古代思想史论》，人民出版社，1986 年，第 12 页注 7。

理政治之下的以德注法、引经断狱、出德（礼）入法（刑）则是中国古代律法的基本特征。

其一，以德注法，引经断狱。公元前3世纪前后，中国古代社会经历了一个巨大的动荡变迁，旧秩序解体，新制度在建立中。此时虽然出现了所谓的儒法之争，其实，儒法二者在本根上是一致的：以儒德一统天下①。并盛行以德注法，以心定罪②。汉代引经断狱当以董仲舒最负盛名③。据史料所载，董仲舒断狱之依据完全就是圣人微旨、《春秋》大义④。至唐，则“唐律一准乎礼”⑤。即，凡礼所认可的就是法律所认可准许的。至宋，则有朱熹的“义理决狱”。在中国古代，道德文章、圣人典言，就是法律条文，道德规范直接就成了社会统治、法律裁判的根据，德规就是法规，德治就是“法”治⑥。

其二，出德入法，出礼入刑。这是由德注法、引经断狱的逻辑结果。违德即为违法，悖圣人言即为逆律文，自然要受到刑法惩罚。这里尤其值得注意的是“法”这一字义中所包括的人文精神内容。《唐律疏议》将直到中华大一统帝国形成的法律史概括为三个重要时期，并分别相

---

①　陈寅恪认为：“李斯受荀卿之学，佐成秦治。秦之法制实儒家一派学说之所附系。《中庸》之‘车同轨，书同文，行同伦’（即太史公所谓‘至始皇乃能并冠百叶窗之伦’）为儒家理想之制度，而于秦始皇之身而得以实现之也。汉承秦业，其官制法律亦袭用前朝”。参见冯友兰：《中国哲学史》（下），陈著“审查报告三”。转引自梁治平：《寻求自然秩序中的和谐》，中国政法大学出版社，1997年，第256页。

②　汉代的桓宽曾说：“《春秋》之治狱，以心定罪：志善而违于法者免，志恶而合于法者诛。”《盐铁论·刑德》。转引自张国华主编：《中国法律思想史》，法律出版社，1982年，第174页。

③　瞿同祖先生认为董仲舒以《春秋》决狱“是以儒家经义应用于法律的第一人”。见其：《中国法律与中国社会》，中华书局，1981年，第313页。

④　参见沈家本：《历代刑法考》（二）、（三）中华书局，1985年。

⑤　《四库全书总目·唐律疏议提要》。

⑥　黄仁宇在《万历十五年》中就以非常翔实的材料揭示中国古代社会是以道德代替法律。

应地使用了刑、法、律三字指称①。刑、法、律，不仅有历史的沿革关系，更重要的还有内容方面的互注互训关系（“刑，法也”②，“法，亦律也”③，“法，刑也”④）。中国古时，“刑”、“罚”异义。“刑”以“斩人肢体，凿其肌肤”为其基本特征⑤。刑、罚互注，则表明罚即为肉体之刑。而以刑、罚、法互注互训，则表明法即为刑，是肉体惩罚之戒。这与印欧语系之“法”有根本差别。在西语中，“法”与刑无关，且丝毫不包含刑罚的意思，相反，“法”与“权利”几乎同义，且本身就可以读作权利⑥。中国古代社会中个人权利、个体本身的缺失，是造成这种语言差异的历史内容。这就如同黑格尔所说的那样，东方古代的个体被“掩埋”在普遍中，个体一旦与作为本体的普遍合而为一时，个体就停止其为主体⑦。这样，法就不是保护个体正当权利的工具，而是统治者的惩罚工具。这从一个侧面又进一步表明，中国古代的德治，在根本上是以否定民众个人的正当权利为基本特质。

其三，吏治法律，经书取法。既然是以经断狱、引礼入法，那么也就不难解释为何中国古代社会既无一个受过专门训练的法官集团，亦无专门的法律职业。中国古代社会存在着一个庞大的官僚集团，这个官

---

① “昔者，三王始用肉刑。赭衣难嗣，皇风更远，朴散淳离，伤肌犯骨。《尚书大传》曰：‘夏刑三千条’。《周礼》‘司刑掌五刑’，其属二千五百。穆王度时制法，五刑之属三千。周衰刑重，战国异制，魏文侯师于李悝，集诸国刑典，造《法经》六篇：一、盗法；二、贼法；三、囚法；四、捕法；五、杂法；六、具法。商鞅传授，改法为律。”

② 《尔雅·释诂》。

③ 《唐律疏议·名例》。

④ 《说文》。

⑤ 《慎子》。

⑥ 拉丁语中的 Jus，法语中的 Droit，德语中的 Recjt，西班牙语中的 Derecho，意大利语中的 Diritto，都可以读作“法”和“权利”。虽然英语中的 Law 不可读作“权利”但英语中的 Right 与 jus 意思相近，它的基本含义是权利，也指作为一切权利基础的抽象意义上的法。参见梁治平：《寻求自然秩序中的和谐》，中国政法大学出版社，1997 年，第 34 页。

⑦ 参见黑格尔：《哲学史讲演录》第 1 卷，1983 年，第 117 页。

僚集团由清一色的尊奉一种共同价值准则的读书人构成①。他们饱读经书,熟知圣贤教诲,他们施政的秘密就是维护道德的神圣,以道德代替行政与司法,将行政与司法等技术性问题翻译成道德问题②。这样,在司法方面就表现出法律从属于道德、司法从属于行政的特点③。以致后来雍正帝在《钦颁州县事宜》也不得不认为,虽笔墨入妙,但无益于国计民生,要官吏习法熟读律令。

概要之,中国古代虽然也有法律,但此法律在实质上依附于、服从于道德。它不仅要从伦理道德那里获得自身存在的合理性根据,更重要的是,它必须时时刻刻以道德伦理来解释自身,时时刻刻化自身为伦理道德。正是在此意义上,中国古代社会的法律是"德治"的侍女。中国古代确实有丰富的法典条文,但这种法典条文一方面大多是技术性的,不能与西方近代以来的法制相提并论;另一方面,由于它的实施取决于治者的具体解释,并因人而异,因而,这些法典条文的存在本身并不能否定中国古代社会的德治性质。黑格尔当年告诫人们,在区分古代中国与西方国家的法律时,不要为形式所迷惑,而要看到两者内容的根本不同。这在今天仍然不失为真知灼见④。德治的核心不在于否定法律,而在于使法律依附、从属、服务、服从于德治本身,乃至简单地将道德本身直接当作法律,将德规直接当作法规。法制的核心不在于否定德规,而在于法律规范在其现实运行过程中保持相对独立性,而不是

---

① 何怀宏在其《世袭社会及其解体——中国历史上的春秋时代》一书中,从社会分层及其流动的角度对中国漫长古代社会作了积极的考察,认为那是一个科举制,科举制为社会管理层提供了源源不断的成员。不过,就本书所关心的角度而言,科举制所盛行的考试及其应试内容,从一个侧面揭示、佐证了以德代法、以经取法的源源不断再创造过程。

② 参见黄仁宇:《万历十五年》,北京三联书店,1997年,第48、84页。

③ 参见梁治平:《寻求自然秩序中的和谐》,中国政法大学出版社,1997年,第281页。

④ 参见黑格尔:《哲学史讲演录》第1卷,1983年,第119页。

从属于道德规范。在法治社会中，德、法仍然是社会整合的两个基本手段，它们并不彼此对立，只是在公共生活管理中更强调德的价值基础意义，强调法对社会的直接治理作用。任何一种文明体系都不否定道德对法的价值基础意义，但是西方文化传统不同于中国古代东方文化传统重要处之一，就是并不将道德本身简单地直接当作法律①。

西方文化传统有着悠久的法制传统，它发端于古希腊罗马，与古希腊文明在那特殊社会交往方式下发展起来的个人自由、城邦民主精神一脉相承②。古希腊的柏拉图在其《法律篇》中认为智慧在国家生活中就具体化为法律，而作为人的美德的节制，就内在地包含着守法倾向③。亚里士多德则认为法律是不受主观影响的理性，一个最好国家的基本标志就是法律的统治。他对法律的统治的基本规定是：为了公众利益或普遍利益而实行的统治；守法的统治；对自愿接受法律统治的人的统治④。尽管随着古希腊罗马的覆灭，古希腊罗马文明曾一度失却其耀眼的光辉，但根据萨拜因的看法，古希腊罗马中的法制思想却以一种特殊方式在中世纪早期日耳曼民族中被延续⑤。欧洲中世纪并不是漆黑一团。它一方面以自己的方式承袭了古希腊罗马的法律观念；另一方面又通过特殊的方式推行法律的统治，进而为近代西方资本主

---

① 参见伯尔曼：《法律与革命——西方法律传统的形成》，1996 年，第 9 页。

② 参见顾准：《顾准文集》，贵州人民出版社，1995 年；汪子嵩：《希腊的民主和科学精神》，北京三联书店，1988 年。

③ 萨拜因：《政治学说史》上册，盛葵阳、崔妙因译，商务印书馆，1986 年，第 105 页。

④ 参见亚里士多德：《政治学》。王寿彭译，商务印书馆，1995 年。

⑤ 日耳曼民族在从部落演进到各民族国家的过程中，在民族民主制残余的影响下，认为法律是属于民众、部落的，是属于各部落中具有成员资格的每一个人的。法律是一个社会集团的公共属性和财富。它将社会集团维系在一起，它维持了人民之间的和平状态并防止和平状态被破坏。虽然日耳曼民族的这种法律观念有着特定的历史内容与具体的阶级内涵，但它在中世纪却是较为普遍的观念。参见萨拜因：《政治学说史》上册，1986 年，第 244 页。

义法律观念的形成提供了养料。法律作为调节社会矛盾的普遍制度，是伴随着11世纪前后兴起的城市市民社会运动，以及在欧洲中世纪特殊历史条件中发展起来的宗教改革而出现的①。欧洲中世纪罗马法的复兴，促进了西欧社会法律的世俗化及世俗化社会的法律化，并促进了以自由、平等、法治为核心的近代观念的生长。“罗马法是绝对不承认封建关系和充分预料现代私有制的法律”。“凡是中世纪后期的市民阶级还在不自觉地追求的东西”，在罗马法里“已经有了现成的了”②。也正是在此时，“人们不再把宗教与道德同世俗秩序混淆在一起，承认法有其固有的作用与独立性，这种作用和独立性将是此后西方文明与观念的特征”。“世俗社会应以法为基础；法应该使世俗社会得以实现秩序与进步。这些思想在12世纪与13世纪成为西欧的主要思想，并从此在西欧无争议地占统治地位，直至今天。”③资本主义法制的主要来源有六个不同的法律体系：罗马法，封建法或封建领主法，公教法，王室法，商人法，自然法④。这六种法律体系其实反映了不同的现实利益、权力格局及其法律思想的思想资源。近代市民社会的出现，以及相对独立的利益主体的普遍产生，造就了普遍的法人。理性的人在争取自己利益的斗争中，在既有的文化传统中利用一切可用的工具，维护自身的利益，这是法制普遍形成的客观物质条件。宗教改革则因将法律

---

① 当代西方法学界对现代西方法律传统的解释，或者说对西方现代法律的近代兴起，有两个不同的阐释。一是以泰格、利维《法律与资本主义的兴起》为代表，主张从经济的角度、从以新兴商人利益集团出现，及其为争取现实利益的斗争角度理解资本主义法律的形成。一是以伯尔曼《法律与革命——西方法律传统的形成》为代表，主张从宗教理想、宗教改革的角度理解资本主义法律的形成。在笔者看来，应当在二者的统一中完整理解近代以来资本主义法律制度的形成。

② 参见：《马克思恩格斯全集》第21卷，第459页。

③ 参见勒内·达维德：《当代世界主要法律体系》，漆竹生译，上海译文出版社，1984年，第42页。

④ 参见泰格、利维：《法律与资本主义的兴起》，1996年，第8-9页。

世俗化、中立化而在历史上留下了其应有的地位①。这两条主线的汇合，在进一步将法律与道德分化的同时，造成了一群专职研究、施行法律的职业活动队伍，并形成了专门培训法律职业的学校机构，从而逐步形成了资本主义法制体系，以及与此相应的法制精神。近代以来，西欧也不乏轰轰烈烈的政治革命，然而，即使在西欧社会剧烈大变动时期，也极其注重法制建设。法国大革命即为典型。在革命进行最为激烈、最为关键时期，革命者仍然通过了大量的法律，试图将革命所要建立的特定社会关系结晶为宪法与法律，并为国家权力提供恰当的界域与规则②。

资本主义法制是建立在自然法这一法理念之上的实在法体系。中国古代以礼治国，以德代法。那么，在学理上，中国古代之“礼”是否就是东方文化背景中生长出来的特殊形式的自然法呢？或者换而言之，中国古代是否有自然法而无实在法？从学理上严格分析，不能说中国古代社会没有作为实在法依据的自然法。中肯地说，中国古代既有自然法，也有实在法，“礼”集二者为一身。每一个民族、每一个时代会有不同的自然法内容，这是文化多样性与历史性所规定了的。文化是多元的。不能简单地以西方文化标准套用中国古代文化内容。中国古代

---

① 宗教改革以自己的方式一方面确立了在上帝面前平等的个人；另一方面，又以自己特殊的方式将道德与法律作出了某种区分。1075 年格利高里教皇革命留下的重要遗产之一，就是在教会与世俗、政府制度与法律制度之间保持某种必要的平衡。教会法来源于神法，神法决定道德法，道德法决定实在法，具体行为的罪与否，要由实在法加以具体界定。“即使是道德上的罪恶的行为，除非同时损害了法律正在适用的这个共同体，否则，法律也不应该予以惩罚”。1122 年以后，“法律被视为完成西方基督教世界使命的一种途径，这种使命是在尘世建立上帝的王国。”“人们逐渐把法律看成是信仰的精髓”。参见伯尔曼：《法律与革命——西方法律传统的形成》，1996 年，第101－139、208、228－229、628 页。

② “法国革命时期国民议会的立法紊乱多变，但所发布的法令数量之多足以表明，该议会在革命向前发展的每一个特定时刻，都唯愿能将社会关系体制结晶成为正式的宪法和法律规章体系，对国家权力机构所应据以采取行动的适当办法加以界定。它并没有仅仅满足于关注革命，或者发布法令以为取消旧秩序作辩护或予以认可，而是想建立一个合逻辑的法规体系。”参见泰格、利维：《法律与资本主义的兴起》，1996 年，第 271 页。

社会的自然法不同于欧洲天赋人权的自然法①。它是以天“理”、天“道”为规定,并从家族伦常推演出全部社会关系与行为规范体系的自然法。此自然法就是“礼”。也正是在此意义上,我们才理解孔子所希冀的“克己复礼”之历史内涵。中国古代的实在法也不同于西方的实在法。中国古代社会直接以“礼”为实在法,并作为人们现实的法规要求。所以,中国古代才是一个伦理政治、以德代法的社会,才是一个虽有悠久法律传统、但却是一个同样历史悠久的人治国家②。实在法与自然法是一统一体。与现代化建设相适应的法律体系,不仅有其现实的生活世界基础,还有其具有合理性根据的自然法,以及渗透、贯注了这种自然法精神的实在法体系。新时代所需要的不仅是一个新的实在法体系,更需要一种新的自然法精神。只有在这种新的自然法精神之下,才真正有可能建立起一个自由的法制体系、公正的社会秩序。

法制本身的直接规定是依法而治,正是在此意义上,法制又隐含着对人治的否定。然而,历史表明法制未必与人治截然对立。**法制既可能是人治的,也可能是法治的**。现代化社会的法制应当是法治的。

3. 人治与法治

人治(rule of ruler)与法治(rule of law)是两种基本的政治模式。柏拉图将人治看成是最好的统治,将法治仅看成第二好的统治,而亚里士多德则认为法治是最好的统治。在亚里士多德看来,人尽管聪慧睿

---

① 即使是欧洲历史上的不同时期也有不同的自然法内容,如基督教宗教文化所曾规定的自然法就不同于天赋人权的自然法。自然法是一个关涉社会公正、人的权利的价值合理性根据的问题,其内容具有多样性。

② 梁治平在其《寻求自然秩序中的和谐》一书中的议论不乏精彩之处,然而,其对于礼就是中国古代自然法观点的否定,却是值得商榷的。其要害在于:一是文化的多元性,不能以一种文化标准要求另一种文化;一是中国古代法律与伦理关系的特殊性。参见梁治平:《寻求自然秩序中的和谐》,1997 年,第 12 章。

智，但作为统治者的人是有感情的，且会有理性的局限，因而会产生不公正；而法治社会中所有治者与被治者都是自由公民，都是平等的，都享有法律上平等的权利，即使是统治者也不敢为所欲为，也要受到法律的监督①。亚里士多德甚至还揭示了"法治"一词的三项规定：其一，为了公众的利益或普遍的利益而实行的统治；其二，是守法的统治；其三，法治意味着对自愿的臣民的统治。因而，他反对将法治看作是种权宜之计的做法②。在柏拉图与亚里士多德关于人治与法治之争中，我们已经感觉到人治与法治的基本内容及其彼此原则差异。人治是治者的统治，故与独裁、专制具有内在相通性；法治则是以民主为基础的人民依法治理的社会，故与专制、独裁相对立。人治与法治首先表达的是政治模式的性质，而不是统治的方式。

正如前述，中国古代社会的政治是建立在圣人贤者作为政治领袖、进而通过其道德影响力建立一种政治秩序基础之上的，在基本架构上是德治。这种政治架构不是立足于社会的制度体制，而是立足于治者及其品德。所以，在原则上，这种德治又在事实上流化为人治。也正是在这个意义上，我们说，中国古代社会是一个人治的社会。

不过，中国古代社会并不是没有"法治"思想，只不过，我们通常所说的中国古代社会的法治，与西方人所说的现代化的法治不同。在西方文化中，法治是顺着民主政治之保障自由、保障民权而来；而我们通常所说的中国古代社会的法治，是顺着法家的观念而来，是相对于儒家的"礼治"或"德治"而言。它所关注的并不是一种政道，而是一种治术，所指向的是要通过法律制度而不是德化来治理国家社会，因而与其说这是法治，毋宁说是法制。东西文化传统中的两种"法治"内涵应当

① 参见亚里士多德：《政治学》，1995 年，XI－XII。

② 参见沈汉、王建娥：《欧洲从封建社会向资本主义社会过渡研究》，南京大学出版社，1993 年，第 348－349 页。

仔细区分,不可简单混淆①。由于中国古代的法治思想是与法家直接相关联的,因此,在中国历史上,有时一提起“法治”这个词就令人产生可怕的感觉。这涉及对于古代法家兴起的正确了解问题②。按照牟宗三先生的说法,在中国历史上有三个重要的发展环节,其中之一就是春秋战国的政治社会结构转型。而这是由法家所直接完成的。法家废井田、废封建、立郡县、行吏治,并通过尊君的方式打击贵族,使王权取得一种较为超然的客观地位,进而力图在全社会确立起一种客观的精神而不是主观的精神。但尊君的客观效果却是:使得君主的权力与地位成为无限制、绝对化了的③。一旦政治组织中的任何一个人成为无限制、绝对化的存在,那么,她/他就不可能具有客观性。这样,由法家所完成的春秋战国政治社会转型,带来的事实结果就是由尊君而滑向人治。且这种人治伴随着这种政体绵延数千年。

严格地说,法治“不是一种关注法律是什么的规则(a rule of the law),而是一种关注法律应当是什么的规则,亦即一种‘元法律原则’(a meta - legal doctrine)或一种政治理想。”④英国人戴西曾赋予法治三个方面的含义:法律保有绝对至高无上的地位,排斥专制特权的存在;法律面前人人平等;宪法、法律不是个人权利的渊源,而是其结果。在戴西的基础之上,还有人作了进一步的发挥,认为法治主张有限政府⑤。法治的核心是法究竟代表哪些人的利益,其主体是谁。所以,法治总是以一种政治理想为其价值灵魂,它所强调的是人民主权,个人平等的基本自由权利与尊严,法律面前人人平等,甚至国家也必须服从法

① 牟宗三先生曾对此问题多有论述。参见其《历史哲学》、《中国哲学十九讲》。

② 参见牟宗三:《中国哲学十九讲》第8讲,上海古籍出版社,1997年,第150-151页。

③ 参见牟宗三:《中国哲学十九讲》第9讲,1997年。

④ 哈耶克:《自由秩序原理》,邓正来译,北京三联书店,1997年,第261页。

⑤ 《布莱克维尔政治学百科全书》,邓正来译,中国政法大学出版社,1992年,第675-677页。

律、依法行事。法治只有在历史－政治哲学的意义上才能真正被把握。严格地说,法治是一种社会历史形式、一种政体,它所表达的是人民主权、个人平等的基本自由权利得到有效保障的社会历史形式与社会架构。因而,在这个意义上,法治是与民主同等意义上的概念。法治的社会必定是民主的社会。判断一个社会是否法治的,关键不在于健全的法律体系,而在于真实的人民民主或人民主权,在于人民的个人平等自由权利得到充分的尊重与保护,在于政府国家置于人民的有效监督之下并严格在法律规定的范围内活动①。同样,民主也不是一个空洞的东西,它必须是法治的,必须通过法治而变为现实实在的。

法治的实质不是指具有法律制度,也不是指根据政治需要而制定法律条文、并通过法律来治理社会,而是指人民的权力与人民的自我管理所构成的一种社会秩序架构范型。真正的法治是指一整套特别的法律秩序架构模式,以及在这个秩序之内的法律的实施。在法治社会中,以宪法为根本大法的法律运作高于政治运作,一切政治运作都须在法律之下进行。法治之下的司法机构不但有权审理与裁定普通民众行为是否合法,而且有权审理与裁定所有公民、所有党派团体、所有行政立法机构的行为是否合法②。在这里没有特殊的可以超越于法律之上的人物、团体、党派与机构。在这里,个人实质上是自由的,她/他只须服从法律而无须服从任何个人③。

这样,法治与法制的区别就显而易见。首先,法治是关于政治制度

① 参见邓小平:《党和国家领导制度的改革》,载《邓小平文选》(1975－1982)。

② 参见林毓生:《两种关于如何构成政治秩序的观念——兼论容忍与自由》,载其著:《中国传统的创造性转化》,1988 年,第 123 页。

③ 林毓生认为法律的两个最重要特性是"普遍性"(法律面前,人人平等)与"抽象性"(没有具体的目的,不为任何特殊的目的服务),这就揭示了法治的最重要内容。参见林毓生:《两种关于如何构成政治秩序的观念——兼论容忍与自由》一文中的文字极长的尾注 1,载其著:《中国传统的创造性转化》,1988 年,第 133－134 页。

实质、内容方面的,法制则是关于政治制度的具体形式、手段方面的。法治往往被认为是依法治国。这种理解混淆了“法治”(rule of law)与“法制”(rule by law)。法制至多是种形式合法性、形式的公正,法治则是实质合法性、内容的公正;法治必定要具象化自身成为法制,但法制自身却不能升华为法治,法制必须从法治获得自身的合理性证明。任何政府都可以通过各种手段获得形式合法性,但却未必能真正拥有实质合法性。有法律未必是法治国,因为欧洲中世纪教会就是一个“以法律为基础的国家”①。中国古代尽管也有某种依法治国的思想与实践传统,但它至多只属于法制,与法治有天壤之别②。中国古代社会在本质上是人治社会。黑格尔在比较东西方古代精神时认为,中国古代终古无变的精神是“家庭的精神”;在这里,家庭是消灭个人意志的“实体”,而“实体”事实上只是一个人,即皇帝;皇帝意旨就是一切的法律,就是普遍意志③。黑格尔的这个见解是深刻的。尽管中国古代社会法律传统久远④,也不乏严格执法之例,甚至一些开明君主亦十分强调要依法治国,但就其根本而言,由于宗法专制的家长制,由于法的君主意志的内在规定性,因而说到底,那是人治社会。在那种情况下,法律制度只不过是治者手中的统治工具,它服务于治者的特殊目的。当治者的道德影响力与说服力对一些人失却效用时,位居上者对其位下者,就动用法律刑罚予以惩处。(当然,在下者或者无可奈何地逆来顺受,或者对位居上者铤而走险、造反叛逆。)概言之,法制可以是民主的,也可

---

① 参见伯尔曼:《法律与革命》,1996 年,第 259 页。

② 参见林毓生:《中国传统的创造性转化》,1992 年,第 92、292、318 页。

③ 参见黑格尔:《历史哲学》,王造时译,北京三联书店,1956 年,第 164 - 165 页。

④ 早在中国奴隶制的夏商周三代,就有其立国的基本大法,《尚书·洪范》就是记载这种大法的传世文献。《周礼》虽非周公手笔,成书较晚,但却记载了西周的行政法规。《唐明律合编》则记载了中国封建社会法律集大成的唐律及以后的明律。中国古代法律,无论就其历史悠久还是就其系统完整而言,丝毫也不逊色于西欧古代的法律。

以是非民主的。法制并不是民主的专有物。法制可以为不同的社会历史形态具有,可以为不同的阶级与社会利益集团使用。

法在法治社会与人治社会中的作用方式、权威性有极大区别。法治社会中的法是无差别同一性的法,它不因执法者或行为主体的不同而变化自己的权威。人治社会中的法作为社会治者的一种工具,是一种有差别性的法,它会因人因事因治者的主观好恶而变化自己的权威。这样,法治与人治或法治与法制的另一个重要区别就在于:就法律作为一种行为规范而言,社会成员在法律面前是否有等差。法治是一种无差别的同一性行为规范,即,它一视众人,并不因为行为主体的变更而变更自己的作用效力。而法制则可能是一种差别性行为规范,即,它因人而异,随着行为主体的变更而变更自己的作用效力。而造成这种区别的根本原因,穷究之,还在于社会政治制度本身。如果一个社会的法律亲疏有别,那么,这个社会必定不会是法治的,而是人治的。中国古代之"礼",就其实质而言,乃是差别性行为规范①。虽然古代法家反对刑法有别的思想对于今天建设民主法治可以提供某种思想养料②,但是,由于古代法家也是基于宗法政治基础之上的,所以,其思想从根本上也难以逃脱人治之归宿,在骨子里仍然是以礼入法③。

不过,在逻辑上,法制又确实包孕着对人治的否定。如果真的将依法治理贯彻到底,那么法制本身要求否定人治。即,甚至在人治之下生长出的法制,就孕育着人治自身的否定物④。法制不仅仅是法律条文

---

① 所谓"礼辨异","定亲疏,决嫌疑,别同异,明是非。""人道莫不明辨,辨莫大于分,分莫大于礼"(《荀子·非相》)。"曷谓别?曰:贵贱有等,长幼有差,贫富、轻重皆有称者也"(《荀子·礼论》)。

② "所谓一刑者,刑无等级"(《商君书·赏罚第十七》)。"亲亲则别,爱私则险。民众而以别险为务则民乱。"(《商君书·开塞第七》)。

③ 参见瞿同祖:《中国法律之儒家化》,载王元化主编:《释中国》,上海文艺出版社,1998年,第2523-2546页。

④ 伯尔曼从西欧法制的角度来探究资本主义诞生的秘密的做法是有见地的。具体见其《法律与革命》一书。

的颁布，仅仅有法律条文的法制是空幻的。法制要变为现实，除了要有一种能为社会普遍认同的价值理念以外，还须有一系列条件。诸如严密的法律体系，这个法律体系应当是公知且确定的，即要有法可依。法律本身应当为全体民众所公知，只有公知的才能是全民可践履的，只有确定的才能被全民成功预见并安排自己的行为；所有个人、阶层、团体在法律面前平等，根据同样的法律行事，同样受到法律的限制；严格护法，任何个人、阶层、团体都不得侵犯法律的尊严，任何违法的行为都必须受到相应的惩处①。这样，一方面，法制对治者本身是种约束（不管这种约束程度究竟如何，但这种约束本身的存在却是无可否认的）；另一方面法制还为被治者提供了反对治者的某种合法武器。法制所强调的是法律制度本身的权威性，它自身关注的焦点是制度而不是人。正是在此意义上，治者只要是在推进依法治国，建设法制，那么在客观上总是在培育自己的否定物，终究是会有利于社会进步的。也正是在此意义上，应当克服过去那种简单地纯粹以意识形态的观点看待法律的做法，应当在法制中看到某种人类的普遍财富，应当重视法制建设②。法制建设可以成为走向成熟法治社会的桥梁。

---

① 参见哈耶克：《自由秩序原理》，1997年，第267页。

② 值得一提的是，哈贝马斯曾批评马克思对资本主义法律仅注意其作为阶级统治工具的一面，对资本主义诸如立宪、法制等采取了简单化的否定态度，而对关于无产阶级获得解放后实现自由的具体建构方式却采取了忽视的态度。哈贝马斯批评马克思"对立宪民主狭隘的功能主义的分析"。"对马克思来说，第三共和国是这种形式政府的化身，而他对它居然如此轻蔑地斥之为'庸俗的民主'。因为他把民主共和国理解成资产阶级社会中最后的国家形式"，"所以他对它的建构持一种纯粹工具性的态度"。"《哥达纲领批判》毫不含糊地告诉我们，马克思把共产主义社会理解成民主的唯一可能实现"，"但他对自由可能构建的方式则一点也不再说"。参见 Habermas: *What does Socialism Mean Today?*, The Rectifying Revolution and the Need for New Thinking on the Left, New Left Review, No. 183, Sept./Oct. 1990, p. 12。中肯地说，如果考虑到马克思当时所面临的主要任务是为无产阶级提供推翻资本主义的思想武器，实践尚没有提出在推翻资本主义制度以后如何构建新社会的具体任务，那么，就不应当对马克思持苛刻的态度。不过哈贝马斯于此所表达的应当注意民主、国家的具体构建形式的思想，却是值得注意的。

民主应当是法治的，然而，民主却未必就是法治的。民主甚至可以蜕变为无政府主义、多数人的暴政、寡头政治。故，古希腊的修昔底德、苏格拉底、柏拉图对于民主政治的批评，应当认为是作为思想家的古希腊哲人对民主制的冷静反思①。民主的核心是人民主权②。民主政治可以追溯至古希腊城邦民主制。不过，柏拉图、亚里士多德鉴于当时城邦民主制实践常常与激情冲动相联，所以，对单纯的民主政体表示怀疑，认为民主制度是将感情置于理智之上的统治，这会造成政治上的不稳定，因而主张实行混合政体③。他们以自己的睿智体悟并洞察到了：民主政治必须转化为一系列具体制度体制，必须通过法律治理。如是，民主才不至于变为一帖鸩药，才能成为维护人民平等自由权利的真实有效武器。更何况现代社会规模已远非古希腊城邦的小国寡民可比，人民直接统治的民主政治是不可能的。唯一可取的就是建立一种制度体制，使人民可以严格监督自己的委托人，并保证自己的正当权益受到有力保护④。这种民主的制度体制就是法治。人民主权要在实际中得到体现与保证，就需要民主的制度。人民主权与民主制度，互为表里。所以，民主内生着法治。

在法治社会中，人民组织成自己的国家，并通过国家这个公共产品有效地维护自己平等的自由权利。在法治社会中，现代国家的合法性才能得到有效证实，现代国家权力的适用界域、运行规范、运作程序、有效监督，才有可能得到现实规定。在法治社会中，现代国家才能充分发

① 参见施治生、郭方主编：《古代民主与共和制度》第 6 章，中国社会科学出版社，1998 年。

② 民主 Democracy 一词具有极大的歧义性。萨托利对其作了十分精彩的考证分析。然而，本书仍然取其常义规定民主，即将民主理解为人民主权。参见乔·萨托利：《民主新论》第 2 章，冯克利、阎克文译，东方出版社，1997 年。

③ 参见柏拉图《理想国》、亚里士多德《政治学》。

④ 参见《顾准文集》，1995 年，第 367－368 页。

挥自己公共产品的职能，保证现代社会健康有序、长治久安的可能。

二、国家权力

国家虽然是一极为复杂的概念，但在抽象的意义上可以在总体上理解为政治生活有机共同体。它是人类为了组织自己的公共政治生活而形成的一个政治共同体①。虽然对于国家可以作出诸多实质性的理解与规定，但是国家作为人类政治生活的共同体，其基本特征是公共权力。随着现代化进程的发展，国家作为公共权力作用的一面会得到更加明显的凸现②。“公共权力”所表达的是其“公共性”。这种公共性在于此权力本身是公共的，因而，其目的与内容均是公共的，是为了公共的善与正义③。这种公共性由民主政治本性所决定④。

法治国家的权力有其运作规范，这种权力运作规范既是善的具体实证性存在，是制度公正必不可少之内容，也是保证社会良序运行不可或缺之条件。国家权力运作规范的关键是其有效度。此有效度，一是实质性的，一是形式性的。就实质性而言，国家权力在何种范围内、何

---

① 对于国家范畴的起源、演变及其理解，详见恩格斯所作的《家庭、私有制与国家的起源》。另可参见《布莱克维尔政治学百科全书》，中国政法大学出版社，1992 年，第 738－742 页。此外，钱乘旦主编的《现代文明的起源与演进》亦从语言学的角度对欧洲“国家”范畴的出现与演变作了较为详细的介绍。详见《现代文明的起源与演进》，南京大学出版社，1991 年，第 118－120 页。

② 参见高兆明：《公共权力：国家在现时代的历史使命》（《江苏社会科学》，1999 第 4 期）。

③ John Rawls, *Political Liberalism*, New York, : Columbia University Press, 1996, p. 213.

④ 国家权力的公共性决定了它应当平等地为所有公民服务。然而，由于社会成员又事实上分为强势群体与弱势群体（一般说来，平民是社会的弱势群体），由于强势群体能够通过自己的强势能更有效地维护自己的利益并从社会争取到更多的资源，由于弱势群体因自己的弱势而会使自己本应享有的平等权益受到某种事实上的伤害，因而，国家权力的公共性，在要求其平等地为所有公民服务的同时，更应当要求其重视为平民服务。这种要求与国家权力的公共性规定并不矛盾。

种程度上是有效的;就形式性而言,国家权力依何种程序行使才是有效的。法治社会的国家权力并不是一个能渗透一切角落、无所不能、无所不揽的权力。法治社会国家权力的这种有效性限度,以私域与公域的合理界分为前提。

1. 私域与公域

"私域"或私人领域、私人生活领域,是以个体独立人格为基础的私人或私人间活动界域,在这个界域内的活动直接受私人或私人间的情趣爱好、情感友谊、承诺信誉、习惯等调节,国家、社会在这个界域边际前驻足。"私域"与其说是一个空间范畴,毋宁说是一个生活范式范畴,它是个人自由权利的一个特殊方面。财产权是私人领域得以存在的基础①。不过,应当注意的是:第一,不能简单地以为凡是发生于个体或个体间的就必定属于私人生活领域。在个体或个体间活动中,既有属于私人领域的,也有属于公共生活领域的。第二,即使是私人生活领域内的活动,在一定条件下也会由私人领域进入公共生活乃至国家生活领域②。

"公域"或公共领域、公共生活领域,是与"私域"相对应的范畴,是人们的共同生活世界。阿伦特将其界定为"共同的空间"。如果不将空间理解为与时间相对应的范畴(否则,公共领域就会被狭隘地理解为公共场所,其实,在公共场所中也有私人领域),而是理解为一种生

---

① 阿伦特曾对财产权与私人领域的关系作了值得注意的探讨。她认为只有个人的财产权才构成躲避公共侵扰的最后壁垒。参见 Hannah Arendt: *The Human Condition* , Garden City & New York, 1959。

② 诸如,恋爱婚姻一般说来属于双方私人生活领域,他人无权、也不应当干涉。然而,一旦其中的一方侵犯了另一方的正当权益,那么,被伤害方并不因为原先的私人生活领域缘故而被剥夺要求社会伸张道义与维护正义的权利,他人与社会也并不由此而被剥夺伸张道义、维护法律尊严的权利。

活范式，理解为人们共同的生活世界，那么这种界定则是合理的①。这个共同的生活世界，借用哈贝马斯的话，是拥有自由权利的人们通过“对话”（或“交往活动”）自由构成的。即，这个共同的生活世界是众人由于生活的关系自由走到一起所形成的。在这里，每一个参与者都能自由地发表自己的意见、捍卫自己的正当权益。在这里，调节众人行为的，不仅有在共同生活中所形成的风俗习惯、道德规范，还有在“对话”、交往活动中达成的契约规范，以及相关成文法②。这样看来，公共领域与私人领域一样均是一个现代社会的范畴。

私人生活与公共生活的分化，是社会走向现代化的显著标志之一。没有私人生活领域与公共生活领域的分化，就不可能有真正的独立人格，也不可能有现代化的社会。于历史过程中审视之，公共生活与私人生活的分化是人类进步历程中的产物。人类社会最初处于个体与类（血缘氏族）的混沌一体之中，无所谓私人生活与公共生活。当人类出现阶级现象以后，虽然有了国家，虽然随着社会联系趋于复杂，也出现了某种公共生活的胚芽，但是，由于一方面社会并没有普遍的个性独立，另一方面这种公共生活其实是为统治者所掌握并为其统治所服务，因而，并没有严格意义上的公共生活存在。这在东方古代社会尤为突出。人类直到近代文艺复兴运动以来，随着独立个性、人格觉醒，随着民主政治的逐渐建立，公共生活与私人生活终于逐渐分化独立。它的核心是相对独立个体的存在，个人自由权利的确立，个性的解放。这种分化独立反过来又促进社会公共生活与个性的进一步发展，并对整个

---

① Hannah Arendt: *The Human Condition* , Garden City & New York, 1959.

② 公共领域的行为调节需要成文法。这基于两个理由：一是如后所述公共领域本身还有一个广义与狭义的理解，或者说公共领域自身还有一个再分化的问题，广义的公共领域中就包含了国家生活；一是即使在狭义的公共领域内，也还有一个普通民众的普遍自由权利需要国家必要保护的问题。如宗教团体及其活动属于公共领域内的事，但对一些邪教的反社会行为必须有成文法的严格限制。

社会、国家生活发生重大影响。

伴随着私人生活从社会公共生活中分化，社会公共生活自身亦出现分化。这就是作为政治生活领域的国家从一般社会公共生活中的分化。这个分化的过程，就是社会与国家的二分相待，社会自治能力与监督国家能力扩大的过程。伴随着这个过程的，是国家从对社会的僭越中逐渐退位，权力逐渐缩小。这样，公共领域事实上就有广义与狭义之分。广义的公共领域是包括国家在内的公域，狭义的公共领域则是不包括国家、并与国家相对意义上的公域。狭义的公共领域为公民社会（或通常所说的民间社会、市民社会）。这样，现代性社会就是一个由私人生活、公民（或民间、市民）社会、国家生活所构成的两层次三界域的社会结构。这两层次三界域结构相互之间有恰当的张力，但彼此又并不绝对对立与拒斥，相互间以一种张力中的和谐构建起现代性社会的基本结构①。

此处值得注意的是，由于“市民社会”内容的丰富性及其理解的歧义性，人们往往将其局限在经济活动领域，并因此将其排除在公共领域之外，并与“公民社会”概念相区分。这种理解并非完全没有道理，而且严格说来，“市民社会”与“公民社会”确实是两个不同的概念。但是，在笔者看来，当我们在理解现代社会结构时，若要将“市民社会”排除在公共领域之外，则应当特别谨慎。第一，通常社会文化领域所理解的“公共领域”，虽然在一定意义上与西欧某些历史现象（如公共社交场所的出现）相一致，但是，这种理解将经济生活理解为私人生活而不是公共生活的做法，事实上就是将市民社会理解为私人领域而不是公

① 在华文语境中关于市民社会问题的研究，有一种将市民社会与国家二元对待的认识。这种认识固然有其某种道理，但在总体上总有一种肢离社会形态的感觉，不能完整与合理地说明市民社会与国家。笔者以为应当在“现代性社会”理念之下统一私人生活、市民社会与国家。

共领域。这无论是在逻辑还是在历史上都欠妥。更何况,这种理解对现代社会缺少解释力。此外,这种理解将“公共”只是理解为一种实在的空间,而不是生活范式,至多是抓住了“公共”的表象,并没有抓住其本质。离开了私人生活领域从社会生活领域中的分化与社会生活领域自身的再分化,对于人类近代以来的历史就难以有深入洞见。第二,“市民社会”概念不仅仅是纯粹经济活动意义上的。尽管黑格尔在《法哲学原理》中“市民社会”部分以市场经济交往活动为内容,但是,如果注意到黑格尔这部分思想内容本身,注意到黑格尔将“同业公会”理解为“市民社会”的普遍与特殊统一环节,那么,就不难发现,黑格尔在“市民社会”概念之下所讨论的内容,其实已接近我们今天所理解的“公民社会”这一公民自组织内容,具有公共性品质。

林语堂曾说过中国人“缺乏公共精神”,其缘由在于家族制度的根深蒂固。虽然他在具体阐述时可能有所偏激①,但是冷静地说,他确实一语中的。公共精神的缺乏在于公共生活(领域)的缺乏。在一个相当长的历史时期内,中国既没有公共生活也没有私人生活,只有家族生活。或者说家族生活既是公共生活,也是私人生活。个人是空虚幻影,家族是唯一实在,家族消融了一切。在这个场景中,个人只能生长出家族精神。然而,家族精神、家族生活又并不等于公共精神、公共生活。这不仅是如林语堂所说的家族生活以血缘为连接纽带,因而它对家族血缘联系以外的人难以产生体认接纳,产生出“对于公众是一种恶行,对于家族却是美德”的家族自私主义②。更重要的还在于,公共生活建

① 如他认为中国人的骨子里头“深深伏有一种根性”,“不欲为国家而死,更没有一个人肯为世界而死”,就过于偏颇。至少“国家兴亡,匹夫有责”这种精神还应当值得注意。参见林语堂:《吾国与吾民》,中国戏剧出版社,1990 年,第 157 – 170 页。

② 林语堂认为在中国家族生活制度中培养出“个人主义”精神,我以为这种表达不准确。家族制度中生长不出严格意义上的个人主义,生长出的只能是家族自私主义。参见林语堂:《吾国与吾民》,中国戏剧出版社,1990 年,第 166 – 170 页。

立在个体独立人格基础之上，而家族生活貌似公共生活，以一种公共的面目出现，其实这是一种没有公众的公共。在家长制之下，不可能生长出公共生活与公共精神。既没有真正的公共生活，也没有真正的私人生活，这正是中国数千年宗法血缘社会的基本特征①。

概览中华民族近两千年历史，宗法结构及其宗法精神可以解释中华民族在漫长发展过程中既缺乏个体独立性又缺乏社会法治精神的历史现象。正是在宗法结构、宗法精神之下，一方面，社会具有某种程度的所谓基层自治，但这种所谓社会基层自治，既扼杀了个体独立性或个性，又阻扼着社会法制精神的生长；另一方面，社会具有某种所谓公共性，但是这种所谓公共性又是一种无公众的公共性。对于一个幅员辽阔的古代国家来说，在通常情况下，国家权力不可能将自己的触角深入社会的每一个角落，总是要通过一定的社会民间自治来实现对社会－国家公共生活的组织整合。而社会基层的家族乡绅豪阀的事实自治这一宗法结构，既有民间自治的形式，缓冲了社会的内在冲突，使社会整合缜密，更为重要的是，又在文化上阻扼了个性、社会公共性的形成。这提示：民间社会自治并不一定就能蕴生民主政治；当代关于市民社会的研究，至少对于中国古代社会而言，不能简单地搬用西方的逻辑框架，而应当深入中国古代社会结构，深入私域与公域、社会与国家关系来认识。

即使1949年建立共和国以后，在一个相当长时期内，我们的日常生活中也存在着两个越位：公共生活对私人生活的越位，国家生活对社会公共（民间）生活的越位。这两种越位在造成社会生活僵滞的同时，

① 不能以为中国古代社会中王权对族权、家长权、夫权承认，就断定中国古代社会中存在私人领域。确实，王权对氏族权、家长权、夫权不予干涉甚至加以保护，但不能说氏族之类的就是公共生活。因为公共生活的关键在于私人的存在，而中国古代社会中的氏族却没有私人。

又严重地阻碍着迈向现代化的步伐。一个没有私人生活的民族是没有生机与希望的民族,一个没有社会公共(民间)生活的民族是没有民主秩序的民族。一个没有私人生活与公共生活领域的民族,是一个既没有宽容与个性、没有创造力与生命力,又没有健全法制国家生活的民族。

正如前述,私域与公域是人的两个生活界域,且公域又可进一步区分为公民社会与国家两个部分,社会结构事实上是两层次(私域、公域)三界域(私域、公民社会、国家)。与此相应,国家权力也有三种功能状态:权力盲区、消极权力、积极权力。国家运用权力主动保护、干预、调控、组织社会生活的有关方面,这是积极权力。国家以一种不违规不干涉、不要求不出现的态度运用其权力,则是消极权力。在常态下国家权力对某一生活空间的不可介入,则是权力盲区。国家权力的积极、消极与盲区之分,指的是国家权力理性运用时应有的三种功能实施状态,强调的是用其所当用、在其所应在,毫无贬褒之意。即,国家权力使用的盲区、消极并不是贬谪,积极权力亦不是褒扬。相对于私域,国家权力在常态下应当是盲区,国家权力不应当涉及个人的情趣爱好。相对于公民社会,则应是消极权力,只要在国家法律所规定的范围、框架内,国家权力则是一个冷静的旁观者。相对于国家公共生活,提供社会公共服务、打击犯罪、维护社会安全与稳定,等等,国家则应当积极使用其权力。权力盲区,是国家权力的无为性界域,消极权力与积极权力,则是国家权力的有为性界域。两种界域,三种权力状况,其实是个人自由权利、公民(自治)权力、国家权力各守其份,各尽其职。

私域中的私人关系,以及公民社会关系,除了情感关系以外,基本上是一种主体间的契约关系。契约关系起源于私人权利间关系,并以相对独立利益主体的存在为前提。人们在彼此的契约行为中逐渐学会建立起一种主体间关系,形成自治有序的生活方式。契约是种私约①。契约是不同意愿的结合，它是一定诺言的约定，契约以诚信为主观条件。所以，诚信不仅是一种正常社会交往秩序之要件，也是现代社会的一种基本美德。诚为真，为义，为自律，为互信。然而，作为一种现实的契约关系，至少有三要件：主观诚信，保证践约的客观强制力量，宏观社会框架契约背景。这三要件关系，在历史与逻辑上，表现为一个权利间关系生长展开过程。

麦克尼尔曾仔细将契约区分成两种形态：个别性契约与关系性契约。他将个别性契约理解为是一次性的交换，且除了物品的单纯交换外当事人之间不存在关系，将关系性契约理解为非一次性的，且当事人在物品交换之外还存在着复杂社会关系的契约②。本书于此借用这对范畴分别表示两种不同的契约关系：私人间简单、一次性契约关系；私人间于一定制度安排背景下反复交往过程中的契约关系。个别契约关系是任性、偶然的关系③。契约以守诺、诚信为基础，个别契约并不排斥守诺与诚信，甚至也并不排斥个别契约当事者之间的平等、自由关系。然而，一方面，它并不能保证当事人的必然诚信，相反，个别契约能极其明显地放大契约的任性特性，从而增加了彼此关系的或然性。另一方面，由于个别契约并不是建立在普遍、持久联系基础之上，因而，短视与浅见会使人们间的交换成本增加，并在这种个别的、有所预期的交往中，因交往关系的不确定性而产生某种焦虑与紧张，从而减少了对生活环境的可依赖性与安全感。所以，个别契约虽是基于社会成员对自

① 在法学上，契约被归入私法领域研究。参见泰格、利维：《法律与资本主义的兴起》，1976 年，第 237 页；伯尔曼：《法律与革命》，1996 年，第 40 页；贝勒斯：《法律的原则》，张文显等译，中国大百科全书出版社，1996 年，第 172 页。

② 参见麦克尼尔：《新社会契约论》，雷喜宁译，中国政法大学出版社，1994 年，第 10－32 页。

③ 黑格尔认为契约本身具有任性的特点。参见黑格尔：《法哲学原理》，范扬、张启泰译，商务印书馆，1982 年，第 255 页。

身自由权利的自由行使，但人们在行使权利过程中却会感受到某种缺规范、不自由。① 这种个别契约式的交往方式，一方面，增加了社会由一种生活方式向另一种生活方式转变过程中的混乱与成本；另一方面，在增加人们对这种新生活方式本身怀疑的同时，败坏了诚信有诺的社会风尚。理性在痛苦的实践中醒悟：个别契约必须升华为关系契约。

关系契约是一种稳定关系结构中的契约。关系契约中仍然有偶然性因素，但是这偶然性已为稳定的结构自身所规范、框正。在关系契约中，契约当事人双方是作为个性而不是作为个别存在，他们不是孤立、瞬逝的个体，而是稳定关系体系中具有个性的个人。这样，他们的关系就会超越当下的局限性，而获得某种长远稳定性。即使在契约交往中出现某种纷争，交往双方当事人中的弱小一方，在原则上也不会因为其弱小而遭受不公。因为，社会整体的关系结构调整与制约着这个社会中的每一具体交往活动，并保证这种交往活动的基本自由、公正。这样，关系契约中就孕生诚信的理性精神，并且以诚信精神为其基本条件。无论是根据马克思的实践理论，还是根据哈贝马斯的理性学习理论或哈耶克的理性累积理论，都可以发现，人们在市场经济的自由平等经济交换活动过程中，必然会在实践中通过个别契约向关系契约过渡，必然在经济自由基础之上，努力建立起一种能够保护与维系其自由平等权利的具体制度体制。这提示人们：非一次性的开放性交往关系，以及规范化了的交往方式，是私人间权利关系良序的必要条件。这样，在私人间权利关系中，事实上已经引进了某种形式的契约背景性制度的存在。

其实，个别契约也不是在纯粹个别真空中进行。特定的社会政治、

---

① 伴随着市场经济出现的，是相对独立利益主体的普遍出现。这些相对独立利益主体间的交往方式，在最初是个别契约式的，充满了随便、偶然与任意，甚至这种契约本身也变成随便与任意的：满口胡言，一张废纸。

经济、文化以及制度体制,构成个别契约交往的现实环境。这正是契约的具体历史性。如果说在自由资本主义之初,私人契约还没有受到社团、行业协会、国家政府较多干涉的话,那么在社会交往日益扩大、科学技术高度发达了的今天,情况则发生了重大变化①。自从20世纪上半叶凯恩斯主义出现后,在自由主义与凯恩斯主义的激烈论争中,西方发达国家对社会经济生活过程的宏观调控干预明显加大,作为19世纪自由资本主义市场经济"两大支柱"的个人所有权和契约权,已经受到了巨大的"侵犯"。人类走向现代化的历程表明:个人活动在越来越多地受到社团、行业协会自律控制的同时,也越来越多地受到国家政府宏观调控的制约影响。今日,社会基本制度体制的公正,已是个人平等自由关系的先决条件。关心个人平等自由权利,就必须关心社会基本制度体制的公正。

私域部分地向公域过渡,公域对私域的宏观制约;公民社会自治的普遍化,国家权力对社会宏观控制作用的加强;公民社会对国家权力监督的自觉意识,国家权力对公民社会的法律制约,是当代社会的基本特征。在这些基本特征中,存在着的是各种权力间关系的互动调适。

国家权力对于私人契约关系以及公民社会活动,提供宏观制度背景并扮演裁决纠纷仲裁者之角色,这是一种消极权力功能。这种消极权力功能,一方面保证了社会的自由活力及其基本公正秩序;另一方面又将国家积极权力作用方面凸显:集中于社会公共政治生活秩序,对社

---

① 早在1931年,正是梅茵《古代法》一书的编者,英国法学家C.亚伦就清楚地指出,梅茵关于个人自决、契约自由的"这些文句在它写成的当时是适当的、可以接受的——那个时候,19世纪个人主义的全部力量正在逐渐增加其动力。""我们可以完全肯定,这个由19世纪放任主义安放在'契约自由'这神圣语句的神龛内的个人绝对自决,到了今日已经有了很多的改变;现在,个人在社会中的地位,远比著作《古代法》的时候更广泛地受到特别团体,尤其是职业团体的支配,而他的进入这些团体并非都出于他自己的自由选择。"参见梅茵:《古代法》,1984年,第97页。

会公益的强力保障。

2. 公益与强权

国家(政府)拥有强权,这是作为公器履行公益职责所必须。若政府不能有效履行公益职责,则社会就不可能有规范与秩序。就国家强权的合理性而言,这里主要关涉两个问题:私约与公益关系,国家强权及其权威的限度。

私人契约是种互惠行为①。正如前述,互惠有形式与实质两个方面(见本书第二章)。就实质方面而言,不仅参与契约的双方都能从利益交换中公平得益,且这种契约行为不能损害社会共同体的公共利益。在一个摆脱了身份关系的社会中,维护社会公共利益是对平等自由权利这一契约关系灵魂的守护。事实上,私约一开始就受到公益制约,并先在地被公益赋值。纯粹私人契约是形式的契约,因而未必有效力。只有在公共权利或公约、公益这一背景性规定中,私约才可能是真实、因而也是有效力的。伯尔曼曾从法学的角度深入研究了契约的这种私约与公约公益之从属关系,贝勒斯则从实在法的角度得出了同样的结论②。

---

① 此处"私人"可作广义理解,甚至可与"法人"通用。

② 伯尔曼认为伴随着国家对经济、社会宏观调控干预的加强,"契约法,在传统西方法律制度中被看作是在广义公共政策确立的限度内使根据当事人的意愿达成的协议发生效力的一套规则体系,而在20世纪它却致力于使自己适应一种全新的经济境况,在这种情况下,立法对最重要的契约种类专门规定了详细的条款","提出标准的契约形式"。即使是作为个人私有财产的房屋,"个人所有者未经政府的许可,则几乎不能种植一棵树或扩建他的厨房。"参见伯尔曼:《法律与革命》,中国大百科全书出版社,1996年,第40页。贝勒斯在对契约法研究中从实在法的角度提出了有关契约法的20个原则,其中首要内容之一就是"公共利益原则:为了公共利益,诺承义务的执行应受到社会政策的限制"。"该原则仅仅是更为概括的、支持为了公共利益而限制自由的政治原则的一种具体形式,它证明了对财产的公益限制以及某些刑法的合理性。"另外,与此相关的是"不法契约原则"。这是指违背了"为公序良俗所必需的公共政策"的契约属于不法契约,而法院"一直都在这样限制着承诺义务,拒绝招待那些有违公共政策的契约。"贝勒斯:《法律的原则》,1996年,第179、220－222页。

契约是私人活动，私约受一整套公法规则体系所限制；契约自由精神必须以公益精神为前提。而国家权力的基本任务之一就是维护与推进公益。包括国家安全、社会治安等在内的社会公益，是国家强权的积极权力部分。

维护公益不能没有国家强权。在民主政治条件下，国家强权本身就是公民某些正当权益的一种集中体现。欧洲启蒙运动以来，契约论虽然不断遭受诘难，但是它以自己的方式确立了个人间平等基本自由权利的至上性，发现了国家权力合法性的价值根据。契约论通过对传统君权神授、专制独裁、宗法等级的强有力否定，通过对个人平等基本自由权利的肯定，通过对国家人民性的认识，在人类思想史上留下了自己的地位①。甚至当今罗尔斯所做的工作在根本上也没有超出契约论的范围②。任何一种政治结构设计都有最初的逻辑原点。在中国古代封建宗法社会，这就是以血缘关系为枢纽的家，在以市场经济为基础的现代社会，则是现实存在的个人③。只有从个人平等基本自由权利出

---

① 马克思主义经典作家曾指出："马基雅弗利、康帕内拉和其后的霍布斯、斯宾诺莎、胡果·格劳修斯，以及卢梭、费希特、黑格尔等都已经用人的眼光来观察国家了，他们是从理性和经验中而不是从神学中引申出国家的自然规律。"《马克思恩格斯全集》第1卷，第128页。

② 罗尔斯明确宣布，他所要做的工作就是弘扬"传统的社会契约理论，使之上升到一种更高的抽象水平"，因为他坚信正是契约论思想"最接近我们所考虑的正义判断，并构成一个民主社会的最恰当的道德基础"。他还明确认为在民主社会中，每一个人都有平等的自由权利，都是作为目的存在。他"排除了把人们看作促进相互利益的手段的倾向。在社会体系的设计中，我们必须把人仅仅作为目的而决不作为手段。"罗尔斯：《正义论》，何怀宏等译，中国社会科学出版社，1988年，第2、175页。

③ 这就如同布坎南所说的："为真正民主理论提供基础的最重要的前提是把个人看作价值的唯一来源。"参见布坎南：《自由、市场和国家》，吴良健等译，北京经济学院出版社，1988年，第253页。在对国家生活形成的抽象逻辑思考中，出发点是社会中每一个现实存在的个人，每一个别的人在相互交往中形成各种关系，表达与捍卫自己的利益，接纳与尊重他人的利益与权利，并在此基础上形成一定的社会结构。社会政治生活结构在抽象意义上讲是人们在自己的社会生活中自己构建而成的。

发,从每一个人出发,才能揭示民主、公正的秘密发源地。但是,对这样一个逻辑原点在理解上应当注意:其一,个人作为国家政治结构价值来源的逻辑起点,只是逻辑的、且也只有在起源的角度才是合理的。一旦离开了抽象起源的角度,问题就会变得极为复杂。一方面,对于每一个具体个人来说,社会政治结构是先在、历史的;另一方面,民主政治中不仅有个人的价值,亦有社会的价值。譬如民主政治中少数服从多数的运行规则,就隐藏着社会价值的优越地位。其二,作为价值来源的个人,不是孤立的存在而是社会的存在。故,在其作为逻辑原点展开过程中,就进一步展开了作为关系存在的诸多个人相互间的关系及其利益协调,逻辑地引导(或生长)出社会整体。必须从个人进入社会整体。以个人作为价值原点,必须进入社会价值。否则,个人就是虚幻空洞不真实的。从个人出发未必就是反社会的。社会整体在逻辑中是生长出的,它并不排斥个体,而是个体的现实存在。社会必须立足于个体,从个体中生长出来,否则,社会就是无根无基、浮游不定的异己怪物。契约论思想在经历了古典时期的荣耀后,就不断受到批评责难①。这些批评责难有许多确实击中了契约论的弱点。不过,冷静地说,尽管契约论存有这样那样的缺憾,它仍然有不可磨灭的理论价值。至少它以一种理论的抽象,揭示国家权力的人民性本质,揭示法律价值合理性的最终根据。即使对契约论持批评态度的罗素,也承认契约论有一定程度的合理性②。契约论至少合理地告诉我们:国家权力原本来自人民,属于人民,并为了人民公益。

---

① 黑格尔就批评"(社会)契约乃是以单个人的任性、意见和随心表达的同意为其基础的"。参见黑格尔:《法哲学原理》,1961 年,第 255 页。罗素也曾以一种苛责的口吻说:"社会契约按这里所要求的意义讲,总是一种架空悬想的东西"。参见罗素:《西方哲学史》(下册),马元德译,商务印书馆 1976 年,第 166 页。

② "社会契约说当作一个法律拟制,给政治找根据,也有几分道理。"罗素:《西方哲学史》(下册),马元德译,1976 年,第 166 页。

然而，国家强权是否无限的？其合理性限度何在？从理论上说这个问题要回到欧洲近代的大契约论与小契约论之争。近代契约论的最早阐述者是德国思想家蒲芬道夫。他的契约思想分别指向两个方向：一是社会起源，一是国家起源。前者为社会契约，后者为国家契约。后来的洛克、孟德斯鸠坚持了契约的这种两元性质。他们认为人们通过契约让渡的权力是部分权力而不是全部权力，让渡出去的权力组成国家机器，留下来的权力组成社会自治；让渡出去的少，留下的多；让渡出去是为了保护留下来的，故，在功能形态上国家取最小值，社会取最大值，这就是大社会小政府；不能赋予国家道德化要求，亦不能指望国家权力在道德上是善的；必须以恶制恶，以权力制约权力，这种制约既来自于国家权力内部的互相制约，更来自于社会从外部的制约，国家与社会各有运行规则，不能窜扰。这是小契约。

而霍布斯与卢梭却将上述两个方向压缩为一体。他们认为契约所让渡的权力是全部而不是局部，人们服从国家的意志就是服从自己的意志。他们以国家取代社会，这样的国家当然就缺少来自于社会的外部监督，当然是一种大政府。这是大契约①。大契约论所隐含的理论前提是：人们通过契约所构成的国家是一个完满理想共同体；它既是一个政治共同体，也是一个道德共同体。这就意味着现实的政治权力就是道德的善，政治与道德是无差别的一体性关系；意味着国家边际的无限大可能，国家可以包容、熔铸一切，这样，社会就会不再有个性与自由。更为严峻的问题是，作为“公意”的国家总是通过权力的代表来代表公意，这意味着作为代表的人可以公意的名义做任何事，且总是善的。而这本身就隐含着否定民主的可能。否定民主的东西自身必须被否定。这样看来，以小契约为基础的小政府，至少在理论上要较之以大

---

① 参见朱学勤：《道德理想国的覆灭》，上海三联书店，1994年，第62-64页。

契约论为基础的大政府更为合理。在民主社会中，小政府具有更多的“合法性”。

当然，小政府之“小”不应当被简单理解为一个量的概念，而应当被理解为一种权力关系，被理解为一种政府与社会、与公民的关系概念。所谓小政府，与其说是量的规定，不如说是质的规定。即承认人民权力的至上性，承认国家权力的有限性，承认国家权力应当对人民负责，这是其一。其二，所谓小政府，在功能上也只是相对于包揽一切的大政府而言，并不是说越小越好。诺齐克主张的“守夜人”式国家，即使是在诺齐克自身的理论逻辑体系中，也难以成立。因为，如果他要坚持自己所提出的矫正公正，那么，他就必须回到他所反对的罗尔斯立场。这就从一个侧面解释了为什么诺齐克虽然提出了矫正公正的问题，却并没有加以论述之缘由①。

国家强权是一种有限权力，即使为了社会公共生活领域中的公益，也应当在授权范围内、通过法律的途径、并且依靠法制实施其权力。只有一种有限权力的国家权力，才能被有效地监督制约并防止其腐败。

3. 制度性腐败与以法治权

权力存在着腐败的天然倾向。权力腐败不仅是腐蚀现代性社会政治生活的恶性肿瘤，亦是毒害社会风尚、沦落民族精神的剧毒素。

权力腐败是为了私人目的滥用公共权力的行为。此处尤其是指掌握国家公权力的公职人员违反公认行为规范的以权谋私行为②，其核心是权力与金钱交易或联姻，使权力由公共服务工具蜕变为私人工具。当权力成为捞取金钱的手段时，权力就失去了它的社会性，而蜕变为谋

---

① 参见诺齐克：《无政府、国家、乌托邦》，何怀宏译，中国社会科学出版社，1991 年。

② 不能将那些本属于工作作风、勤政态度等行为轻率地归纳进腐败范畴。那样既会搞混事情的性质，也不利于对腐败本身的克服。

取个人利益的工具。当金钱能支配权力时,权力就沦为少数富有者的家犬。当权力与金钱联姻时,社会共同体就会沦为权贵们鱼肉百姓的盛宴。

现代经济学中的寻租理论以经济生活中的寻租、设租现象为研究对象,揭示了权力腐败的某种机理。设租(Rent Setting)相对于寻租(Rent Seeking)而言,指的是拥有资源分配权力的部门或人,运用所掌握的公共权力为自己谋取私利①。从一定意义上看,设租者本身也是寻租者②。现代经济学对这一问题的研究,至少从经济学角度揭示了权力机关或掌有权力的个人,利用公共权力为自己谋取私利的可能,并为我们认识权力腐败现象提供了某种科学实证分析基础。

国家是掌握一定社会资源的社会强权实体,法律秩序以及由制度体制所安排的社会关系秩序需要国家权力的维护。这样,对于建立一个良序社会而言,就提出了一个前提性条件:国家权力结构及其运作本身必须规范化。对于一个社会而言,国家权力的失范是最可怕的失范。

国家机器一旦形成以后,就会成为一个具有自我利益且能自我繁殖的相对独立存在物,即使是民主政治亦莫例外。根据韦伯的看法,现代社会不可避免地要变为一种科层民主制度,而科层制是"专家没有灵魂,纵欲者没有心肝",人们在"妄自尊大情绪的掩饰下产生一种机械的麻木僵化"。所以,他对人类社会的前景相当悲观与失望,认为等

---

① 此利益即为租金。经济学原义上的这种"租金"是一种生产要素所有者的收入超过要素机会成本的剩余,它是因某种物品的自然稀缺而产生。租金使得该物品的占有者可以不付出努力而获利。寻租理论所讨论的租金,是由于政府对市场进行行政干预和管制,抑制了市场公平竞争,造成资源的稀缺性,从而形成的额外利润。

② Appelbaum E and E. Katz, *Seeking Rents by Setting Rents*; *The Political Economy of Rent Seeking*, Economic Journal, September 1987.

待人类的将是“铁的牢笼”①。韦伯提出了现代官僚科层制问题,但是,他对科层制的认识不仅因更多地关注其消极面有失之偏颇嫌疑,而且更为重要的是,他没有注意到官僚科层本身作为独立的社会利益集团对整个社会生活的可能影响②。事实上,正如黑格尔在《法哲学原理》中曾以思辨方式所揭示的那样,官僚科层具有双重身份:普遍性权力以及普遍性权力的特殊拥有,即,作为公共权力的代表,作为不同于其他利益集团的独特社会利益集团。由于黑格尔看到、并以自己的特殊方式揭示了科层基于双重身份谋取特殊私利的可能,所以,他非常明确地提出了警惕科层权力腐败的问题。当今时代,日益庞大的科层队伍,不断累积的公共权能,高度发达的科技手段,使得国家权力一方面能够拥有与支配的社会资源空前巨大,另一方面能够支配社会资源的能力空前增大。这使得权力腐败问题在当代变得更为突出、尖锐。科层集团面临着黑格尔所提出的尖锐问题:能否真正代表民众利益而正确行使国家强权。这是其一。其二,公职人员具有双重身份:**自然人与公职人**。公职人员支配社会资源、履行公职,应当以公职人的身份出现。但是。她/他同时亦是一自然人,如果其履行公职时身份故意发生错位,那么就会利用强权设租,出现腐败现象。由于现代国家所能支配的资源及其支配能力的极其巨大,因而,一旦出现了公职人员利用权力设租的腐败现象,那么,这种腐败的程度及其社会影响可能极为巨大。

腐败并不是现代化过程中的特有产物。问题的关键在于:**现代化过程中的腐败现象原因何在?** 亨廷顿将它归之于社会价值观念改变、

---

① 参见韦伯:《新教伦理与资本主义精神》,于晓等译,北京三联书店,1992 年,第 143 页。

② 黄仁宇在《万历十五年》中曾对中国封建社会中作为一相对独立利益集团的科层及其心态与作用,有极为生动的描述。如果我们能通过思想的穿透力,剥去其古代外衣,那么,亦可以从中发现一些即使在今天也不乏对认识科层制富有启迪意义的内容。

社会善恶是非判断标准变化，认为是规范标准本身的落后过时，“规范背离了公认的行为方式”；归之于新的政治、经济力量的兴起，这些新起的政治、经济力量助长了金钱与权力互换的行为，刮起了权钱交易之风；归之于政府权威的扩大，在扩大了的政府权威当中尤其是“贸易、海关、税收方面的法令和管理那些牵涉面广而又有利可图的行当”，“就成了刺激腐化的温床”①。亨廷顿的分析确实言之有理，但就其根本来说仍停留于问题的表象。现代化过程中腐败现象的广泛存在，核心原因是社会结构的不完善，缺少有效的制约监督机制，缺少健康的、制度化了的政治生活。只有在这种情况下，社会新生的政治、经济力量，政府职能与权威的扩大等，才能助长腐败。不能简单地以某些人的道德堕落来解释较为普遍的社会腐败现象。当社会腐败成风之时，更应当追寻腐败得以形成的客观条件与基础，必须通过人们的精神寻求在精神背后存在着的决定精神的因素②。不过，亨廷顿的上述分析之中又确实提出了一个非常值得注意的问题：处于社会转型时期的权力腐败现象有其特殊性，应当与社会结构转型本身相联系。

这样，对于权力腐败的原因，从客观的角度，应谨慎地分为两类：其一，结构制度体制性的。此类腐败在根本上是因社会结构转型尚未成功、社会结构本身所造成。此类腐败可以称之为制度性腐败。所谓制度性腐败，是指由于社会结构的内在构成所造成的社会制度体制的内在缺陷，以及由此进一步引发的社会权利与义务分配、社会系统整合与运作方式的缺陷，而导致的权力腐败现象。要克服制度性腐败，首先要克服社会结构及其制度体制本身的内在缺陷。其二，对权力的具体监

---

① 参见亨廷顿：《变化社会中的政治秩序》，李盛平等译，北京三联书店，1988 年，第 54－66 页。

② 参见高兆明：《社会变革中的伦理秩序》，中国矿业大学出版社，1994 年，第255－256、278－280 页。

督制约的某种不足。虽然这后一方面与前者亦有联系，甚至亦应当通过制度建设加以克服，然而，二者之间的区别仍然是清楚明白的：一是结构制度体制性的，一是非结构制度体制性的。处于社会转型时期权力腐败的特殊性，不在于后者，而在于前者。

在现代化初始阶段，权力腐败现象难免，但它对于改革与现代化建设事业却是十分危险。那种腐败能促进改革的说法，如果不是别有用心，就是极其天真浪漫。事实是腐败将毁灭改革。腐败能促进改革这种说法究竟该怎样被理解？是指腐败行为本身，还是指对腐败现象克服后所实际带来的效果？这里需要进一步分清的是腐败自身质的规定性，与由它所触发的一系列变化的实际结果。确实，腐败冲决了既有的社会结构、规范秩序，然而，它所直接带来的是无序混乱失范，是生活秩序与心灵秩序双重意义上的解构、破坏，而不是建设、进步。它至多是纯粹的破，它所冲决的是包括要确立的新的价值精神与行为规范在内的一切法则规范，它所崇奉的仅仅是权力与金钱；它至多是暴露了既有生活方式、交往法则中的缺陷不足，却不能积极地克服这种缺陷不足；它使社会资源重新配置，但这种资源重新配置一方面以严重社会不公为代价，加速社会财富占有的两极分化，另一方面也未必是更有效率的。从客观的立场来看，如果说腐败能促进改革的话，也仅仅是在下述意义上而言：腐败表明社会有机体已经存在严重疾患，不能照旧生存下去，必须进行重大社会改革，调整既有的权力结构，变更既有的社会生活秩序；腐败暴露了一系列严重的社会问题，引起人们对这些问题的高度重视，并促使人们以积极的态度去解决这些已经暴露的问题，从而使社会得以进一步健康发展。在严格意义上讲，这是一种坏事变好事性质的转化。这种转化是有条件的，它取决于人们对问题的反应及其努力状况。但是，无论如何腐败本身不是建设性的。

国家权力腐败本身并不可怕，可怕的是腐败不能被扼制；官员腐败本身也并不可怕,可怕的是因为腐败而成为官员。一个朝气蓬勃健康向上的社会,应当具有自身内在的免疫系统,这个免疫系统能够有效地消除机体内的各种致病菌。一个有生命力的政府,是有能力反对与防止腐败的政府。人民的政府在反对与防止腐败的斗争中,保持人民政权的性质,承担并履行其应有的职责。

保持权力的人民性,防止腐败,不能寄希望于某个人,不能寄希望于官吏的良心信念,只能寄希望于制度体制本身。只能通过制度体制来防止与克服腐败。这就是权力制约。权力制约是指权力自身是有机体系,没有一个实体性的权力是无限开放至上的,任何一个实体性权力都是有限的且受到来自其他权力的有效监督、牵制。权力制约有两个方面内容:人民对国家强权机构的制约,国家强权机构间的制约。前者是权利对权力的制约监督,后者是权力间的制约监督。

没有制约的权力是唯一的权力,唯一的权力是必定要腐败的权力。哈耶克在讨论到市场经济条件下劳动者的自由权利与雇佣劳动关系时,曾表达了一个值得深思的思想:被雇佣的劳动者要保持自己的自由权利,至少需要一个社会条件,这就是社会存在着数量无数多的雇主。在只有一个雇主的社会中,这个雇主必定拥有无限权力①。这就是说,一个国家不能仅有唯一的雇主,哪怕这个唯一雇主就是国家本身。否则,社会物质财富分配中的“不劳者不得食”或“不工作者不得食”,就会蜕变为“不服从者不得食”。在政治生活中,情况亦是如此。唯一的权力总是与专制相联,并难免腐败。

权力自制不可靠。这就如同在社会生活中完全指望个人的行为自律一样不可靠。权力有一种自我表现、自我膨胀、为所欲为的内在

---

① 如果“社会中只有一个雇主,……他实际上拥有着可以强制的无限权力。”参见哈耶克:《自由秩序原理》,1997 年,第 148 页。

冲动①。缺少制约的权力是易于腐败的权力，绝对的权力就是绝对的腐败。对权力的制约首先意味着权力的相对分散，以权力制约权力。

不过，制约权力的最重要力量是人民的监督。没有人民对一切权力的有效监督，甚至连以权力制约权力这一手段都会失效。人民的有效监督会促使和保证权力对权力的制约。孙中山先生提出的“权能分立”观点是深刻的②。人民的监督是人民意志的实践。不过，人民意志实践需要主观表达与客观行使两个渠道。社会舆论自由是其主观表达渠道，人民选举、公共社团是其客观行使渠道。人民是一抽象的集合体，它自身其实是多元的③。人民只是选民，人民不可能似人民主权字面所说的那样在直接统治社会④。现代民主制，仍然是种代议制，但是，现代民主制应当且有条件扩大公民直接参与的范围，缩小代议制的范围，从而加强对国家权力的有效制约。这可以在两个方面得到现实展开：一是随着社群社区作用与功能的扩大与加强，限制国家强权的权力与集权；一是随着以现代交通、信息通讯技术为基础的信息社会的来

① 人们在日常生活中有颇多微词的政府部门工作效率低下、扯皮推诿现象；政府部门门难进、脸难看、话难说、事难办现象；政府机关的豪华与相当一部分基层中小学教师领不到工资、有一批亟须办理的社会公共事业无力或无心办理并存现象；在房改中政府机关可以通过各种名目各种渠道用公款突击买房、分配给其工作人员，而相当一部分企事业单位人员只能望房兴叹；政府机构改革的最大阻力不是来自于民间，而是来自于政府权力机关自身这一民间流言，等等，都揭示了权力在合法的范围内存在着自我表现、自我膨胀、为所欲为的内在冲动性。

② 孙中山先生将权力分为“人民权”与“政府权”两个方面，他称人民权为“政权”，称政府权为“治权”。人民拥有选举、罢免、创制、复决并用以去管理政府的权力，政府则拥有立法、行政、司法、考试、检察五种权力职能，这些职能不仅互相制约而且被用以治理社会。只有权、能“彼此保持平稳，民权问题才算是真解决，政治才算是有轨道”，“两力相等，两势调和，乃能极宇宙之大观”。孙中山先生的这些思想是极有见地的。

③ 参见乔·萨托利：《民主新论》，1997 年，第 22－34 页。

④ 熊彼特认为：“民主并不是指，也不可能指，按照‘人民’和‘统治’这两个词的明显意义说的人民是确实在那里统治的意思”，“民主方法是为达到政治决定的一种制度上的安排，在这种安排中，某些人通过竞取人民选票而得到作出决定的权力。”转引自顾昕：《以社会制约权力》，载《市场逻辑与国家观念》，北京三联书店，1995 年。

临,信息与决策过程可以得到广泛传播,公民参与将会变得更加广泛、更加直接、更加有力、更加平等。这种参与的扩大,要求分散官僚机构的权力,削弱乃至逐渐取消等级制,由垂直化社会管理模式变为网络式管理模式①。当民主制度的生活实践发展到这一步时,一方面,可以事实上强化与巩固公民(选民)的社会主体地位,使科层公职人员的视野由原先一味向上的偏视,变为兼顾左右但更多地向下的全视;另一方面,又可以通过公民这一千手千眼佛,有效地监督与制约国家权力的行使。只有这样,才有可能从社会制度体制上杜绝权力腐败现象的普遍产生。人民选举、多元公民社团自治及其对国家权力的监督,是以(公民)社会之眼审视国家权力,以(公民)社会之手牵制国家机器。

防止与克服权力腐败现象,当然应当重视与强调权力掌有者本身的道德操守与品德修养,但立足点却只能是以法治权。唯有以法治权,才能有效地杜绝可能的权力异化,真正建立起社会主义法治国家。

三、法治国家

法治国家的实质是人民能够通过自己的权力对国家实行有效监督,国家强权在根本上是属于人民的,国家依法管理社会。因而,法治国家不等于法制国家,二者区分之关键不在于"治"道方法,而在于"政"道原则之不同。

1. 政道与治道

牟宗三先生曾将政道、治道分别定义为政体的基本原理与政府基

① 乔·霍兰德:《后现代精神和社会观》,载大卫·雷·格里芬:《后现代精神》,王成兵译,中央编译出版社,1998年,第88-90页。

本职能之运作。这在总体上是恰当的①。政道是关于社会国家生活的基本原理法则,是如中国古儒所说的天、道、理,治道则是关于管理社会国家生活的基本方法手段,是如中国古儒所说的法、术、势。政道乃治道之本根、灵魂,治道乃政道之具象与实施,彼此互为表里、互为依托②。

中国是一个有着悠久法律传统却是长期封建宗法统治的国家,这不得不令人探究这种封建宗法统治之道的秘密。

中国传统政治,尤其“政”道要义博大精深。内圣外王、以德配天,是其基本原理;家国一体、以家推国,是其基本模式;伦理政治、仁政德治,是其基本学理。

在西方,古希腊的柏拉图与亚里士多德分别以自己的《理想国》、《政治学》,在理想主义与现实主义各有所偏重的立场上,表述了对国家的乌托邦式的民主理想。那是一种大同的民主国家。这种对“政”道最高问题的揭示,在东方早期思想中亦不缺。孔子在托始于三代的复古面貌之下也提出了类似的思想,这就是“天下为公”的“大同”世界③。天下为公即天下为天下人之天下,而非某人某夫之天下。那么,何种人才能主持天下之政道?只有那些替天行道、奉天承运者。他们

① 牟宗三先生甚至就以《政道与治道》为书名,作一可称之为当代新儒家政治哲学的鼎力之作,其用心是想在总结剖析传统儒学政治思想基础上,寻得传统政治向现代政治转化的通道,然事实则未必能如其愿。

② 不过,政道与治道也有一个相互分化、相对独立的问题。在初始阶段,政道、治道处于一种混沌一体状态中。这就有点类似于伦理、政治、法律等在原初均初处于混沌未分化状态一样。政道与治道的分化,以社会自身的分化、社会公共生活复杂化为客观背景。治道相对独立成为一种“冶术”,一方面要求政治生活中用世俗的而不是理想的方法来处理;另一方面,又使得政治本身有可能成为一门科学,即政治生活中也有一些相对独立的治理方法,这些方法在社会公共生活中具有某种客观性。

③ “大道之行也,天下为公,选贤与能,讲信修睦。故人不独亲其亲,不独子其子。使老有所终,壮有所用,幼有所长。”“是故谋闭而不兴,盗窃乱贼而不作,故外户而不闭,是为大同。”(《礼运篇》)

即地上的君、王。“礼乐征伐自天子出”①。这就提出了一个关键的问题：谁能当、凭什么当、通过什么渠道当这地上的君王？孔子认为是以德配天，“有德者禀受天命”。他的逻辑次序是先有德，后受天命而做君王。在他看来，天有天道，有德者能得天道，得天道就能行王道与人道。于此又有两种可能：此有德者是天生的还是可以努力得来的？孔子倾向于后者，主张“下学而上达”，进行道德的努力去与天道感应，进而达到天人合一。由践“天道”之“仁”而及“圣”（君子），由践“仁”而外化为执“礼”，执仁、有礼必天下归顺而成王。这就是成王行天道的政治原理或逻辑。

中肯地说，孔子的这种思想内在地包蕴反叛宗法血缘世袭政治制度的种子，甚至也包含着只有获得人民拥护才能有资格得天下的思想。对于后者，孟子作了进一步发挥，他提出了王霸之别。以德得天下者为王，以力得天下者为霸，以德得天下就是只有得到人民拥护的王才是合法的、替天行道的王，否则，即使以武力得到天下也无合法性。这就是孟子“天命说”中值得注意的合理内容②。不过，孔、孟对“内圣外王”、“以德配天”的这种理解逻辑，到了汉代董仲舒那里则发生了相当大的变化，以至整个逻辑次序被根本颠倒了。在董仲舒那里，不是以圣定王，而是以王定圣③。君权来自于天，天有德，君有天之德，故君为圣。这样就以王权本身来注疏圣与神圣。所谓成者王败者寇就可以被进一步注疏为：成者为王为圣，败者为寇为卑。所以，霸亦王亦圣，马上夺天下，马下治天下。董仲舒的这种政治哲学思想，以后就一直流传并支配

---

① 值得注意的是，东方古代尽管也有“大同”，但大不同于古希腊的那个“大同”。这里不是民自做主，而是君王为民做主。故，在对政道的最高理解上，东西方一开始就存有根本差异。这种差异反过来进一步强化了两种政治生活方式的差别。

② “天不言，以行与事示之而已矣。”“泰誓曰：‘天视自我民视，天听自我民听’，此之谓也。”（《孟子·万章上》）

③ “天以天下予尧舜，尧舜受命于天而王天下。”（《尧舜汤武》）

着中国的政治生活，并反复为封建帝王们所实践。天下为武夫们的囊中物盘中餐，争来夺去。总是为的一家之利，天下不再属公，为天下亦不再是为公。

这样，中国传统政道原则中就内含致命弱点：首先，国不是民之国，而是天之国。这就注定了民不能成为国之主，且在这个天之国中人注定有人格等级差别。有天之子、天之奴，天之子替天行道牧羊民众。其次，一般地说以德配天、仁者得天下并不为过，但问题的关键是谁来判断、以何标准判断仁否德否。如果说不是以民、民意，而是以一种高悬于民众之上的不可知、但却可以给予某种血缘关系解释的天、天意，作为这至上根据，那么，一切均有可能披上仁与德的外衣。民众不仅在理论上会被剥夺一切权利，在实践中也没有任何机制能够有效地保护自己的基本权利。再次，既然以德配天可以解释为成者为王为圣，那么这就意味着，在社会政治生活中为了夺取权力与巩固权力，可以不惜一切手段，目的就是一切，手段没有任何规范性可言。即，亦无任何规范性的“治”道可言。中国封建社会里确实发展起一套治国之策，这些治国之策也确实有时受到封建制度的根本限制，而未能充分尽其用、施其效，不过，这些治道在根本上是为维护那个统治制度与统治秩序服务的。这是问题的一方面。另一方面，中国古代封建社会的治道，在另一个角度上看，是说有则有，说无则无。说其有，是因为其确实有一套治理国家的方法；说其无，是因为其又确实无定型。它在根本上是人治，人无常态，行无定法，故恰恰是无治道。

内圣外王、以德配天，还仅是在最抽象的意义上说明“政”道的合法性。它一方面需要进一步展开、丰富，另一方面需要具象化。这就有赖于其机理模型：家国一体、以家推国。

家庭是人社会性与自然性的连接点。家庭作为自然关系是以两性为基础的血缘关系，作为社会关系则是社会成员间的公民关系。作为血缘关系总是存在着血亲自然等级，因而，家庭成员作为家庭血亲关系总是存在客观的不平等。只有进入社会领域，家庭成员间的血亲自然等级才可能消失，彼此间才可能作为平等的社会成员存在。这就意味着若将家庭中的血亲关系带入社会生活领域，社会生活中就必然会出现等级与不平等。而人类最初的社会国家生活恰恰正是基于家庭血亲关系基础之上。因而，最初的社会国家生活中就不可避免地存有等级与不平等。中国古代社会与其他民族相比，不仅表现出将家庭生活及其关系融合进国家生活的高度自觉性、圆通性，更表现出这种融合存在时间的悠久性，乃至全部国家生活的结构与运作均以“家”为模式。这样，家、国就有“天然”的一致性。社会的规范准则、身份地位原本是同于家庭的，人们无须为在社会与家庭之间的角色变化而操心。角色及其要求都是同一的。这确实是社会政治生活设计中的大智慧，既简单又圆融、实用。而这也正是中华帝国之所以能绵延数千年的社会结构最隐蔽秘密之所在。

中国古代的政治始终没有从家庭（族）秩序中独立出来。相反，它不断地从后者得到滋养，不断地强化与后者的联系。从先秦到宋明，这种趋向显得极为明显。中国古代的国家首先由血族结构上升而来，故一开始就带有宗法的特征。华夏三代时，家国实为一体，国就是自然的家族（王族），家族的秩序就是国之当然秩序。家族血缘关系同时也就兼有政治关系的意蕴，族长在家族中所处的血缘环节，与其政治地位一致。这样，血缘关系上的亲疏远近上下，也就同时成了政治生活中的尊卑高低关系。至春秋时期，宗法国家内部矛盾加剧，天下大乱。孔子疾呼“克己复礼”，实乃是要在纷争之世重新确立基于宗法之上的国家政治秩序。其学理的核心是由“孝”至“忠”、由“亲亲”至“尊尊”①。“孝”

① “礼之可以为国也久矣，与天地并。”（《左传·昭公二十六年》）“孝，礼之始也。”（《左传·文公二年》）

原本是亲子关系，它与“慈”相对，二者的统一，构成完整的相互义务责任关系。秦汉以前，“孝”主要有两个方面的含义，一是表达对祖宗的敬服，一是表现为对在世父母的奉养之责。但是，后来“孝”与“忠”相通，孝亲是为了忠君①。这样，移孝作忠的学理逻辑，就将亲子关系直接移植到君臣关系上来。“忠”在先秦之时，泛用于一般待人接物，其意旨在于尽力、真诚，它可包括对君负责、对民负责、尽职尽力等。然而，由于移孝作忠，则使忠原来的含义发生了重大的变化。由于孝是亲子关系中的下辈对上辈的单向度责任，故移孝作忠就将这单向度的责任移到政治关系之中来，使忠成为仅仅凸显臣民对君主服从的政治范畴。由于孝是一种基于天然血缘关系上的近乎绝对的责任，因而，这种忠也就自然地演绎出它的绝对性。由孝至忠即为由亲亲至尊尊，通过对家长权威的强化与维护，来强化与维护统治者的权威与尊严。君臣父子，君权即为家长权。这才有为西人所难以理解的中国政治生活中的“君要臣死，臣不得不死”的谜面。由孝作忠，孝反过来又被忠所注释、强化。在这互释的反复过程中，构成了中国古代的宗法“政”之道。

更为值得注意的是，由于移孝作忠，使原本存在的父子有亲、君臣有义、夫妇有别、长幼有序、朋友有信之五伦，被董仲舒进一步从中提取出三纲，即“君为臣纲、父为子纲、夫为妻纲”。这三纲的提出，并通过前者对后者的绝对支配权力，就形成了一个严密的以亲亲同化尊尊、以尊尊强化亲亲的宗法伦理与宗法政治体系。这种对尊尊的同化与强化，到了宋明时期就愈益强烈与系统。这尤其表现为，一是进一步强调宗法家国的一致性。所谓“大君者，吾父母宗子；其大臣，宗子之家相

---

① “其为人也孝悌，而好犯上者，鲜矣；不好犯上而好作乱者，未之有也。君子务本，本立而道生。孝悌也者，其为仁之本与！”（《论语·学而》）“君子之事亲孝，故忠可移于君。”（《孝经·广扬名》）“以孝事君，则忠。”（《孝经·士》）

也”[1],“‘天子建国,诸侯建宗’,亦天理也。”[2]。二是突出强调父权与君权的同一性。所谓“家人有严君焉,父母之谓也”,“家者,国之则也”[3]。三是突出强调家长之权威。这种步步逼近、层层深入的构架体系,使得家国一体、由家及国的政道至炉火纯青之地步。

概言之,以家推国,以孝推忠,将社会的政治关系转换为自然血缘关系,看起来似乎是对家的提升,实质上是国的沉沦。这样一种构建,以君臣投射父子,以忠映照孝,将人们的父子关系转换为君臣关系,将对族权的敬畏转换为对皇权的顺从。君主即大家之家(族)长,家(族)长即为家(族)之君主,并将父子关系进一步扩展衍生为一系列人与人之关系。可谓天网恢恢,疏而不漏,使家国处于完全同构与互补之中,使宗法血缘精神融入社会政治结构之中。在这样的宗法政治之下,人们的一切行为都会得到明确而又详尽的规定与制约,政治的触须深入生活的每一个角落、每一个具体过程,从而进行有效的社会控制。故,中国古代封建宗法政治,不仅仅是一种“政”道,它同时就内蕴有一种精微的“治”道,是“政”与“治”合为一体。而此治道之精微,恰恰在于此政道之家国一体宗法要义。正是在此意义上,笔者不赞同牟宗三先生的下述看法:中国数千年的政治生活完善了治道,空悬了政道,甚至治道发展至明清时期已臻至善,存在的问题只是治道与政道间的悬隔,治道得不到后者的支持,治道只是完善了一个君权之政道。治道总是政道治之道,因此它总是政道的,两者间不存在根本性的阻隔[4]。

由此可见,中国古代社会政治生活存在两大特征:其一,家庭血缘

---

① 张载:《经学理窟·西铭》。

② 张载:《经学理窟·宗法篇》。

③ 程颐:《伊川易传》。

④ 这就如同伯尔曼在《法律与革命》中所反复强调的那样,法律虽然是治理社会的工具手段,但又不仅仅是治理社会的工具手段,它还是一种价值信仰。

关系与一般社会关系的原始未分化状态，一切关系均是血缘关系。其二，国家关系与社会关系的原始未分化状态，国家关系就是社会关系，个人进入社会就是进入国家。而国家又是以血缘家庭为本位，故，这就织成了一张缜密无所不包的等级罗网。这张罗网吞噬了一切个性。这里隐含着现代中国现代化过程中的两大任务：社会关系与血缘关系相区别，社会生活与国家生活相分化。

中国古代政治在学理上是伦理政治，即古人所说的仁政德治①。它所遵循的是"正心、诚意、修身、齐家、治国、平天下"逻辑。此逻辑完全是个体道德的逐级放大。换句话说，中国古代的社会政治生活，建立在个人道德基础之上，并以个人道德修养、社会伦理关系涵盖与代替政治关系。因而，尽管其政治构建精微致极且圆融实用，但从根本上说，中国古代的政、治之道是没有获得分化、没有发育成熟的。伦理政治有两大特征：一是直接建立在血缘宗法伦理关系基础之上，且直接将这种血缘宗法伦理关系作为政治关系，以伦理代替政治；一是将政治建立在个体德性基础之上，希求通过个体的内在修养这一主观因素，而不是社会客观运作机制来组织社会政治生活，所以它只能是人治而不是法治的。伦理政治也正是在这个意义上是应当被否定的。

政治不应当被伦理所取代。不过这在学理上就提出了另一个问题：政治是否有其伦理、价值基础？如有，这个价值基础与政治本身的关系怎样？或者极而言之，政治是否可以完全游离于伦理、价值之外？确实，伦理、价值是关于应然、意志的，政治是关于实然、事实的，两者有相当大的区别，不能混淆，更不能彼此取代。然而，即使我们不一般泛泛地谈论应然与实然的统一，即使我们仅仅面对政治生活本身，也仍然

① 这里的"仁"、"德"均是在伦理的角度上而不是善的意义上使用，其具体内容依据对仁、德的具体理解而不同，至于它的现象性存在更是千变万化。

回避不了关于政治生活的价值基础问题。社会国家政治生活是关于人与人之间关系的结构组织方式问题，故它本身就不似纯粹的自然现象那样，可以作为纯粹的实然事实并加以纯粹客观的观察（如果不是过于苛刻而可以这样讲的话）。它本就是有意志个人所构成的有机体系，总是包含着个体居于自身利益对已经存在的事实与可能出现的事实的某种判断，且构成关系的各个方面都会根据这种判断调整自己的行为，进而调整这种关系体系结构。人们在构建自己的社会国家秩序时，总是以某种价值前提作为出发点，总是以某种理想状态作为自己的判断依据。

这个判断依据，在中国古代是大同、小康，是家国一体的融融血缘秩序。在古希腊就是柏拉图、亚里士多德的理想国，在欧洲近代以来，就是莫尔的乌托邦、康帕内拉的太阳城、罗尔斯的正义社会，马克思的自由人联合体更是其突出代表。在这些理想根据中，存在着的则是各种被具体赋值的正义。柏拉图、亚里士多德的各司其职、各得其所的社会等级和谐观，同时就是种正义观；中国古代的三纲五常、亲亲尊尊，就是那种政治生活结构的正义观；而在当代罗尔斯那里，则是正义的两个基本原则。显然，政治总是摆脱不了伦理、价值的纠缠，总是以一定的伦理、价值原则作为自己的价值基础。

人们总是通过对社会国家政治生活正义与否的价值判断，对现有国家政治生活结构、秩序做出相应的反应。没有伦理、价值基础的政治是不现实的。这里的关键在于：首先，以何种伦理、价值为基础。其次，作为基础的伦理与政治的适当分界。再次，在一定价值基础之上深入政治生活的具体过程，并对其作科学实证分析，在此基础上制定能体现价值理想的实际运行制度、体制、规则、程序。中国古代国家政治生活中伦理政治的过失，不在于以一定的伦理价值为基础，而在于以封建宗法血缘伦理价值为基础，在于直接以这种血缘伦理代替政治生活及其关系,在于其没有,也不可能对政治关系、结构、运行程序作科学实证的考察分析,在于其立足个体德性流于人治,而不是立足客观机制立于法治。

牟宗三先生针对中国伦理政治传统弊端,主张道德之"仁"与科学之"智"的二元对立,使之生长出现代民主政治①。在伦理是关于价值领域、政治是关于国家生活组织运行的意义上,也未尝不可以说伦理与政治之别是"仁"与"智"之别。牟先生根据中国传统文化的实际,强调必须发展科学精神,必须克服道德君临一切、代替一切的现象,这是合理的。但是,他却由此进一步面临更为复杂的问题:科学能否完全独立于道德(这是当代人类所面临的科学精神与人文精神关系这一重大问题)?对于中国传统政治思想来说,克服其伦理政治弊端,是否在保留其伦理精神、道德理性要义基础上,扩展一下其实证方面就行了?或者换个角度更尖锐地说,是否在传统伦理道德基础上就有可能建设现代民主政治?即使从牟宗三先生所注释的"天下为公"这一"政"道出发,结论也是显然的。天下为公作为价值理想蕴藏于政道之中,它意味着国家是"公"的,故天下为公之"政"道,就不是以"家"为构建国之模型,而应以"民"为国之构建基点。家有家长,民则是民主,这正是两种政治原则、政治模式的根本区别。所以,现代民主政治建设不仅仅是操作层面的,更重要的首先是价值层面的。应当是在民主、主权在民的合理人文价值精神指导之下的科学精神的弘扬。在现代化过程中,应当要求仁与智的分化,要求智这一关于社会国家生活的科学实证研究的相对独立生长发育——这是我们当今面临的重大紧迫问题之一,但却并不能由此得出结论,主张政治与伦理二元割离。那样,不仅割裂了实

① 用牟先生的话说是:"道德理性之自我坎陷(自我否定):经此坎陷,从动态转为静态,从无对转为有对,从践履上的直贯转为理解上的横列。"通过此转变,"遂有'道德中立'和'科学之独立性'。"参见牟宗三:《政道与治道》,台北学生书局,1983年,第57-58页。

然与应然、科学精神与人文精神的统一，而且在实践上也会使社会国家生活失却善的价值方向与价值灵魂，失却了能够统摄人心的依据。

政治应当且必须从伦理中独立出来。没有这种独立，就没有社会国家政治生活的现代化、法治化。但是，这种独立又不能绝对化，否则就没有社会国家政治生活的合理化或政治正义。这种分化独立，只不过是实现二者由原初幼稚混沌一体的原始状况，向成熟完善过渡的中介。分化是为了更高程度的统一。伦理、价值为政治提供人文前提与出发点，在某种意义上说，它是国家生活“政”道之形而上内容。国家生活中“治”道之形而下方面，则是它的实证化与具象化。现代社会国家生活结构及其运作程序的制度化、规范化，在根本上是自由、平等、民主等现代伦理精神、人文价值的制度化、规范化。

这样，政道与治道关系，在一定意义上就是道德理想与国家具体制度关系。

2. 道德理想与世俗国家

人们对社会国家的认识批判总是据于一定的道德理想。存在总是具有理想性，理想总是有转化为存在的冲动。这正是黑格尔那凡是现实的都是合理的，凡是合理的都是现实的著名格言中所包含的基本内容。不过，冷静思索后就不得不提出：道德理想对于社会国家生活的批判，究竟是在何种意义、何种程度上展开？是立足于对国家生活基本原则的批判，还是深入国家生活的每一个具体过程，以道德理想作为国家生活的直接指导原则？或者说，理想的道德原则是通过对国家生活基本原则的批判而间接指导国家生活，还是自身就充当国家生活的直接执法者？国家的理想层面与国家的经验层面如何区分又如何一致？

社会结构、国家制度的合理性本身并非不证自明。任何一个时代的社会生活组织方式、国家制度，都会受到那个时代的诘问：是否公平正义？尽管不同的时代对公正有不同的具体理解与标准，但是，它们必须经受这种诘问与批判并借以获得存在的“合法性”，这一点却是共同的。这个诘问与批判过程，就是社会合价值目的性的自我批判过程。

这个诘问首先是理想对现实、价值对存在的批判。它所要解决的是社会基本结构、国家制度的基本原则，即，国家结构与国家生活“应该”怎样。只有获得正义、善规定性的国家，才有存在的合法性。换句话说，社会结构、国家制度的基本原则首先必须是正义、善的，这种诘问直接建立在道德理想基础之上。不同民族、不同时代会有不同的道德价值理想，这种理想在政治生活中担负着对国家制度及其权力运行的至上监督功能。在欧洲中世纪，上帝之城与世俗之城的对立，表现了这种道德理想与世俗国家的对立。世俗国家通过上帝获得存在的合法性，每一顶世俗王冠之上都要放上一只上帝之手。这在现象上表达的是神权对王权的控制，但实质上则表达了至善道德对世俗国家权力合法性的诘问与确认，是以神性的形式体现人类道德理想王国对世俗国家政权的诘问与监督。上帝死了，人类的终极价值关切仍然存在，对世俗国家的诘问与监督仍然存在，只是不再以上帝的形式，而是直接以人的方式、人的道德理想的方式出现而已。

当然，这种道德理想诘问本身又是应当被诘问的。不过，只要有人类基本良知与价值，只要坚持真善美，只要不背离时代精神，那么，当今时代的道德理想内容具有真实确定性。在当今时代，除了人民自由与幸福生活，没有任何价值目的可以成为国家政治生活合法性根据。将任何人民自由与人民幸福生活以外的东西作为国家政治生活的最终目的，作为一切政治生活的合法性根据，都是在嘲笑与戏弄时代精神与人民意志。这种嘲笑与戏弄，最终必定会自食其果。

善的道德诘问只是为国家制度确立一种公平正义的原则。善的诘问所要解决的只是国家生活原则公平正义的客观内容，确立什么是公平正义的。在国家生活的原则上，善规定了公平正义，公平正义是善在日常政治生活中的具体存在。不过，一旦善的道德理想通过了对国家生活原则的诘问，那么，它就将这种原则的实施交付国家政府机构操作。道德理想批判是种社会政治理想批判而非制度操作，是种政治制度原则设计而非政治制度规范实施。国家的合法性由道德理想赋值。道德理想批判在使国家获得合法性的同时，赋予国家制度灵性与人性。没有这种批判诘问，就没有国家制度的灵性与人性。道德理想批判在国家生活中的地位，有点类似于立法机构与执法、司法机构的区别。它确立国家生活中的基本结构、原则与规范，但本身却并不直接去操作。它将操作的任务交付后者并监督之。它是幕后的存在者，是不在场的在场者。在国家生活的操作层面上，如罗尔斯所说的法律、制度面前的形式上的平等，就是公平正义。在这里，道德感已让位于冷静的理性实践。在这里，道德诘问批判仍然存在，只不过它除了既有的形而上的对原则的诘问以外，只是在监督、诘问实施原则过程中的公正性。在国家生活的操作层面上，是所谓法律的统治，而不是所谓的道德的统治。在民主政治的国家生活中，内心的法应当通过外在的法发挥作用。换句话说，在日常政治生活的操作层面上，直接追求的是制度公正而不是道德善，直接实行的是法制而不是德治。

原则的诘问必须化为具体的操作，原则的实践必须立足于现实。国家生活中的原则一旦确定以后，必须化为具体政治制度实践。政治制度实践存在于世俗日常生活中。人类近代以来国家生活的不同于之处，不仅在于自由、民主的人文精神，亦在于严密的制度体制建设——甚至在科学实证主义精神思潮席卷之下，不仅后一方面所取得的成就更多，而且反过来推动前一方面的进步。民主政治不是人治而是法治，不以情感而是以理性为基础。民主政治既要有人民民主的形而上的价值诘问，也要有制度规范的建设。

在欧洲历史上，国家政治正义的追求有两种不同的理论与实践风格传统（或基本路径）：理想主义与经验主义。这两种传统可以上溯到古希腊时期的柏拉图与亚里士多德。尽管柏拉图的理想国有世俗的成分，但是他的基点是从理想、绝对、至善、先验出发，建立起尘世间的理想国家。柏拉图既开创了从理想构建世俗国家的先河，亦开创了从神圣的立场对国家合法性拷问的先河。亚里士多德不同于他的老师。亚里士多德不谈论超越政治经验事实的先验模式，他只是从经验事实出发，从"人是一个政治动物"出发，追索作为政治的人是怎样组成国家的，并在经验基础之上追寻城邦正义。亚里士多德的这一做法，开创了从经验的立场构建合理国家之先河，亦开创了从世俗的立场拷问国家合法性之先河①。

如果说柏拉图的途径是从道德理想出发构建世俗国家的话，那么，亚里士多德则是从世俗（国家）生活出发寻求道德理想的真实内容。前者更多的是理想对现实的统摄，是乌托邦式的道德激情，后者更多的是理想的现实基础，是理性的冷静。两者就其内在逻辑来说具有某种互补性。从发生学逻辑看，由经验到理性到理想，理性、理想反过来对经验起价值指导作用，在此意义上柏拉图的立场只有建立在亚里士多德基础之上才可能是合理的。但就现实历史过程、人的现实活动看，人总是在某种价值、信念、信仰下理解存在，并依信念、信仰、价值安排与改变所面对的世界。在柏拉图与亚里士多德的两种路径、两种立场中，已存在着当代社会国家生活中的善与合法、道德价值理想与制度体制规范操作设计，应当互动协调统一的胚芽。

人并非生活在纯粹的经验中，相反，经验要服从理性、信念、信仰。德国古典哲学中关于密纳发猫头鹰与高庐雄鸡之争，正是对人存在的

---

① 参见亚里士多德：《政治学》、《尼各马可伦理学》。

这种二重性特质的昭示。就国家生活的政治正义而言,一方面,不能没有政治正义的价值追求。在当代,不能没有平等的基本自由权利、人民的正义这一基本价值追求。另一方面,这种价值追求又必须是基于经验、实践的。必须基于共同体自身的历史、文化现实——然而,这种历史、文化现实,又不能成为拒绝自由、民主、人民正义的价值追求的借口。国家生活的政治正义,应当是道德理想与经验实践的有机统一。

亚里士多德的立场尽管后来在基督教神学狂潮中被淹没千年之久,但是,经过宗教改革与文艺复兴运动,它在经验论的大潮之下复活了。霍布斯、洛克、孟德斯鸠等人从经验事实层面探究近代世俗社会国家的组织结构。霍布斯是其中最为突出之代表之一。霍布斯从感觉论的经验论、人性论出发,提出了自然权利与自然法理论。他认为天性自私好战的人通过契约建立起公共强权"利维坦",保证自然法对自然权利的限制,保证彼此契约的有效性①。霍布斯关于国家权力的思想值得注意的有二:其一,在霍布斯看来,自然法尽管对人有约束力,但是,它只是对人内心的一种约束力。这种约束尽管必要却又力量不足,它需要有外在强制力量的存在。其二,国家是人们在追求利益的社会活动过程中生长出来的,它基于所谓人性"恶"的方面,是一种不得不存在的恶。这即意味着国家机器在运行、操作过程中,更多地是对人性中某种可能丑陋方面的注意,而不是立足于美好善良的愿望。

霍布斯的这一思想,是欧洲近代感觉论的经验论在国家社会生活中的结果,其直接承袭的则是马基雅弗利与培根的思想。马基雅弗利认为,古典国家学说的失败在于把目标定得太高,以完美的理想、终极的抱负、高尚的品德作为社会国家存在的基础,必定要陷入困境。所以他关注的就是政治操作。他是"现实主义"的。他不是将人类完善的

---

① 参见霍布斯:《利维坦》,黎思复等译,商务印书馆,1985年。

目标,而是将大多数人和多数社会在多数时间内所实际追求的目标,作为国家生活的目标。这种按照人的较低目标制定的国家生活组织原则,看起来似乎很低级,但是却比之乌托邦式的要更实际有效。这就如同培根曾说的那样,“为空想的国家”制定“空想的法律”总是要陷入窘境的①。这种在现实基础上建立起来的世俗国家,体现出更多的生长原则,更注重国家政治生活的操作性层面,有其积极意义。但是,它同时也存在致命缺陷:缺少国家生活中的价值追求②,缺少理想对现实的批判与指导作用。因而,它理所当然地要受到来自另一方面的批判。这就是以卢梭为代表所做的工作。

卢梭继承了柏拉图的传统。他要在道德理想基础之上建立一个理想的世俗国家。在他看来,现存的一切世俗国家都是不合法的,都是对人的自由权利的一种剥夺,只有悬置或者说否定一切既有的国家形态,才有可能建立起人民的国家。他要通过“公意”的力量改变国家与社会,改变这不公的世界。通过公意建立起来的社会共同体,既是政治共同体,也是道德共同体。卢梭不同于霍布斯,他更注重内心的立法。他要从道德理想出发建立世俗国家制度③。而这种思路又进一步引导他向两个方向发展:一是道德与政治的一体化,或者说政治道德化;一是借助于一种特殊的手段,以强力推进道德。应当承认,卢梭通过公意途径以自己的方式表达了国家应当是人民的、应当是平等公民有机结合的思想。这合理且深刻。更为重要的是,他还以自己的方式揭示:社会仅有外在律法还不够,必须要有内在律法作更为深刻的根基。他的这

---

① 参见列奥·施特劳斯、约瑟夫·克罗波西:《政治哲学史》,李天然等译,河北人民出版社,1993 年,第 466 – 467 页。

② 即使是马基雅弗利,也不是绝对的工具主义者。他有基本价值立场,这就是民族的独立解放。这在其《君主论》中能够被明确感觉到。

③ 参见卢梭:《社会契约论》, 1987 年;《论人类不平等的起源与基础》,李常山译,商务印书馆,1982 年;《忏悔录》,李平沤译,人民文学出版社,1987 年。

个思想充满了哲人的睿智，并为康德领悟且得到充分弘扬。不过，卢梭由此也陷入了困境。恰如卢梭自己所曾说过的那样，那些想把政治与道德分开论述的人，于两者中的任何一种，都将一无所获，然而，政治与道德究竟怎样结合则是值得认真研究的。道德理想直接成为政治规范就无异于取消政治。这是问题的一方面。另一方面，如果以一种强力手段推进道德理想，情况也丝毫不会好一点。因为它以下列两者为前提：具有神性无限权威的人物与国民宗教①。而前者事实上就否定了立法的人民性，后者则必然导致一种宗教或准宗教狂热基础上的政治不宽容②。这与共生共在的现代性民主政治生活哲学格格不入。

事实上，霍布斯与卢梭两种思想传统正反映或代表了西欧英法近代两种实践传统③。如果说，卢梭代表了对国家原则的诘问方向，那么霍布斯则代表了从世俗经验构建具体的政治制度操作方向，如果说卢梭代表了人文主义精神，那么霍布斯则代表了科学实证主义精神。卢梭与霍布斯所代表的两个方向在现代社会必须实现统一。当代罗尔斯与阿马蒂亚·森关于政治正义的思考，则是理想建构与经验演进两种理论与实践路径在今天的重现④。

一个尚未彻底完成启蒙任务的民族，在国家生活中同时面临双重任务：彻底反封建的、科学社会主义基础之上的现代人文精神的道德价值诘问，以及现代民主政治生活不可或缺的操作性的制度规范建

---

① 参见朱学勤：《道德理想国的覆灭》第3章第5－6节，1994年。

② “政治的不宽容与神学的不宽容”“是分不开的”，“我们不可能和我们认为是要堕落到地狱里去的人们和平共处，爱这些人也就是仇视惩罚这些的上帝了；我们必须绝对地要末是挽救他们，要末是折磨他们。”参见卢梭：《社会契约论》，1987年，第185页。

③ 参见哈耶克：《自由秩序原理》，邓正来译，北京三联书店，1997年，第61－70页；乔·萨托利：《民主新论》，1997年，第55－57页。

④ 参见罗尔斯：《正义论》，1988年；阿马蒂亚·森：《正义的理念》，王磊、李锐译，中国人民大学出版社，2012年。

设。在这种价值诘问中,亦存在自我价值批判的任务,既要坚持道德理想的价值诘问,又要谨慎地将道德价值理想从具体的国家生活中超越出来,避免使之成为国家生活的直接操作性制度规范。从而既保证道德理想对国家政治生活的价值理想指导与诘问,又克服政治道德化的倾向,实现从传统社会向现代社会的转变。在这种价值诘问中,应当将通过这种诘问所取得的成就积淀、转化为制度性的存在,落实于可操作性。如是,才有可能建设起社会主义民主政治,才有可能实现先辈们所追求的美好社会理想。

社会国家生活中的"合法性",不仅是善的,也是合法的,不仅是形而上的,也是形而下的,不仅是理想的,也是可操作的。善的,是形而上的、理想的;合法的,是形而下的、可操作的。善规定着合法,善通过合法指导社会国家生活,但并不直接作为国家生活的规范,即国家通过法直接管理社会。

任何制度都是有缺陷的,即使是法治社会也不可避免地会存有某种制度缺陷。那种以为法治社会是完美无缺的想法,过于浪漫。重要的是,法治社会中的政治生活,是人民主权且有严格法制权威的生活。在法治社会中,这种可能存在的制度缺陷相对较小,即便出现了这种缺陷,也会能有效揭露与克服。

3. 制度缺陷与道德风险

所谓制度缺陷(unperfection of institution),是指制度体制本身的不完满而表现出的欠缺性。任何一种制度体制,哪怕是民主政治的制度体制,都不可能绝对完满无缺,总是存在着某种"先天"缺陷。这种制度的"先天"缺陷性主要有三个方面:其一,制度体制相对于生活本身的滞后性。任何制度体制总是对生活世界内在秩序的具象反映与表达,并从生活世界本身获得存在合理性的证明。制度体制一旦形成后就获得相对独立性与稳定性,不能伴随生活变革而随时发生相应变动。在社会激烈变革时代,这种滞后性更为明显。其二,制度体制相对于生活的抽象性。制度体制无论怎样具体,它只能是原则的。它的具体理解、运用、实践,有赖于具体语境下的具体解释与掌握。在这种具体解释与掌握中,蕴含着某种可能的缺陷。其三,制度体制作为一体系,如同法律体系一样,应当具有技术上的圆融自洽性。但是,事实上制度体制作为一种技术性存在,本身却难以做到绝对的圆融自洽无碍,总是在不同程度上存在着某种内在裂隙。存在着制度作为一个系统所要求的内在耦合性,与系统内部各部分间的颉颃性之矛盾。制度的这种内在缺陷警示人们:在进行民主政治建设、完备制度体制时,应当破除对制度体制的神话。制度体制并非万能。

事实上任何制度体制都不可能完美无缺,都客观存在着某种欠缺、漏洞。民主的制度体制亦不例外。诸如人们所熟知的多数人暴政可能,形式民主与实质民主对立,政治自由与经济自由抵牾,以及当代世界正激烈争论的自由与平等的优先性问题等,都是民主制度内在缺陷在现实或理论层面的呈现。

当我们说制度缺陷时,事实上不同程度地隐含着一个主观情感倾向:对这种制度在总体上基本认可,只是这种制度并不尽如人意。事实上,制度缺陷本身就有一个质、量判断。如果制度中的内在欠缺达到如此严重程度,以至于出现制度性腐败、制度性虚伪,那么,这就表明这个制度体制的基本方面有致命病变。对于这样一种制度缺陷,只有通过制度的基本结构性调整加以医治。如是,对制度缺陷就要加以进一步限制:由于一个社会的基本制度关涉社会的基本稳定,因而,制度缺陷能够被容忍或接受的范围应当是非基本制度方面的。

道德风险(moral hazard)在伦理学领域是一个尚未引起人们普遍重视的问题。风险是一种特殊的不确定性,它是造成危险、损失的潜在因素①。道德风险是因道德精神品质的不确定性而可能导致的风险性。当我们使用此概念时更多的是包含着价值负面性评价。道德风险具体包含两个方面内容：其一，社会日常生活各个方面所采取的行为措施，尤其是具体制度体制安排、重大行为措施、剧烈社会动荡，对社会道德价值取向、社会成员道德品质、社会道德风尚的不确定性影响，尤其是重大消极影响可能。其二，在包括国家生活在内的社会组织生活过程中，立足于依赖个体道德品质从事管理，因个体道德品质及其行为表达的偶然性与不确定性，而给社会公共生活及其管理带来的巨大风险可能。

冷静地说，中国近年来所产生的道德沦丧感觉，并不完全是空穴来风。那种种所谓道德沦丧现象中，当然有一部分可能属于新道德生活方式的内容，不过，不可否定的是，其中有相当一部分即使是在新道德价值精神看来也是属于沦丧的。为什么有古老文明传统、素以礼仪之邦自豪的东方民族，其社会伦理秩序、道德状况竟然会在短短时间之内发生如此巨大变化？为什么即使是以1949年共和国建立以后最初阶段的某些具有朝气、生命力的标准来看，社会的道德水准确实在短短的时间内出现了如此溃退现象？对于这样普遍而又重大的社会现象，不能简单地从个体的思想品德本身来说明，必须深入这个具体的生活时代认识问题。或者说，在普遍意义上，对个体道德水准为何发生如此变化的认识，必须深入个体的日常生活环境，尤其是作为客观实在化的社会结构及其制度体制。“文革”十年的所谓批判运动，最终将民众运动得几乎一切规范意识荡然无存，并在那近乎残酷的互相批斗中，又几乎使人间最纯朴的信任、亲情、友谊、仁慈等精神灰飞烟灭。改革开放以后，在摸索前进过程中所采取的一些做法，诸如价格双轨制、政府行政

---

① 乔·萨托利：《民主新论》，1997年，218－219页。

事业部门的普遍创收制、客观上的效率至上评价体系，转型过程中将一大批国企老工人以近乎无情的方式推向市场，迅猛城市化进程中对土地、农民、农村的疯狂掠夺，高压维稳，以及事实上盛行的金钱、权力价值指向，等等，虽然对解决一些具体问题起到了某种暂时的效用，但对人们心灵冲击、精神崩塌之无形影响，却是无论怎样估价都不会过分。历史以其特有的代价，从反面冷峻地揭示了改革开放进程中的道德风险，告诫人们必须重视由于在实践层面上所采取的一些具体制度体制、手段措施而有可能付出的巨大道德代价。这种风险代价对社会的负面作用是深刻的，它所毁灭的是民族精神与国民人格。社会道德状况主要不是由所谓道德领域自身所决定。正是由于这个原因，我们在今天才极为重视以制度公正为核心的广义道德环境问题。

这种意义上的道德风险所揭示的是：社会政治经济文化等诸具体领域行为措施选择，必须突破各自具体领域的局限性，必须破除效率至上的价值标准，必须考虑它们的社会整体效应，尤其是对社会精神价值的无形作用。必须将社会作为统一整体对待，必须实现社会的物质文明与精神文明的协调发展。我们所做的一切，必须立足于人的健康全面发展。如果我们的社会发展以社会成员道德人格为代价，以社会道德风尚、价值精神为代价，那么，这种发展极为危险，对民族不是福音。

第二种意义上的道德风险，是一种基于个人道德品质及其行为表达不确实性的意义上的道德风险。本书在此所关注的是在社会国家政治生活中，尽管应当重视社会全体成员的道德品质与人格精神提高，以弥补可能存在的制度缺陷，但是，与此同时却必须始终清醒地意识到，依赖治者美德克服可能的制度缺陷的想法与做法，存在着巨大风险。

克服制度缺陷有两种基本途径：制度体制自身的进一步完善，制度外因素的弥补。

法治社会是一个制度化的社会。然而，一方面，即使是再好的制度体制,也要通过人执行;另一方面,存有缺陷的制度应当被矫正。这种矫正既有赖于实践经验中的摸索总结,也有赖于生活在这个制度中的人的道德精神状况。后者就是康德所强调的道德自律精神,就是罗尔斯所说的人应当具有自觉不利用制度缺陷的义务。当生活在有缺陷的制度中的人们具备了这种自律精神与义务感,那么,制度的缺陷就会在一定程度上得到有效矫正。所以,社会成员的道德状况对于制度具有极其重要的意义。它可以充分发挥好的制度体制的社会积极功能,并在一定程度上弥补由于制度缺陷所造成的不足。

法治社会中的制度缺陷,应当在一定程度上寄希望于生活在这个制度中的人的道德状况来弥补。“政者正也,子帅以正,孰敢不正?”“其身正,不令而行,其身不正,虽令不从。”①“上好礼,则民莫敢不敬;上好义,则民莫敢不服;上好信,则民莫敢不用情。夫如是,则四方之民襁负其子而至矣。”②“人主之心正,则天下之事无不出于正,人主之心不正,则天下之事无得由于正。”③中国古代大儒的这些思想,均以各自的方式表达了一个基本思想:治者的道德品性对于社会、国家生活的意义。如果我们不苛责于他们的德治、人治基本思想,而是汲取包含其中的治者道德品质对整个社会精神风尚、制度体制运作意义的合理成分,汲取包含其中的治者应当是德者的积极思想,那么,应当冷静地承认其有某种永恒价值。道德对于社会政治生活的意义,从一个侧面证实了道德在人类生活中的永恒意义。人类的现代化,高度的技术进步与物质文明,丝毫也未能减弱道德对于人类自身的意义。

然而,以人的道德状况来弥补制度缺陷,也只能是在特定范围内的有限弥补。因为:

---

① 《论语·颜渊》、《论语·子路》。
② 《孟子·离娄上》。
③ 《朱文公文集·戊申封事》。

第一,讨论制度缺陷的原则前提是坚持人治还是法治。现代民主制度决定了这只能是以法治为基础,否则,就会动摇法治社会根基,就是对现代化价值取向的逆转。

第二,如果因为制度本身的缺陷性,因为这种缺陷性的不可避免性,转而求救于治者的道德品质,否定法治建设的基本方向,否定制度的基本社会规范作用,那么,就会陷入人政德治的泥潭。当年柏拉图期待哲学王建设理想国家,但是,柏拉图一方面没法找到这样的哲学王,另一方面也没法保证哲学王做了治者后真的不同于先前那些君主。柏拉图只不过是通过哲学王表达了他对君主的一种理想期待。然而,正如亚里士多德所洞察的那样,任何一个人都是有情感的存在,即使是一个优秀者,也不能保证其始终出于理性做恰当的事。所以,亚里士多德反对人治,主张法治。至少在主张法治、坚持制度的客观性与稳定性意义上,亚里士多德的认识更为深刻、合理。如果我们的期待首先不是法治、制度,而是明君、清官,寄希望于治者的道德品质,那么,即使是真的有了一个明君清官,也很有可能是人存政举、人亡政息。更何况历史反复表明:即使是明君清官也有私心,也可能犯错误、做荒唐事,且一旦他们犯了错误、做了荒唐事,后果就将是灾难性、毁灭性的。要预防与克服制度缺陷,我们的立足点不能是好官,只能是建设好的制度本身。

第三,人的道德作为实践理性,在根本上不是认知,而是实践活动。它直接依赖于主体的实践智慧能力,具有特殊性、具体性、主体性的特质,因而,有相当的不确定性。这样说,并不否认具有高尚道德操守、坚定意志力的君子人格能够执着不已,无论在何种情况下,都能做到富贵不能淫、贫贱不能移、威武不能屈,并不否认一个人真的具有这样一种道德操守与意志力所能拥有的现实行为的价值确切可预期性。这样说,一是在大众层面上,一是就道德行为与道德认知的并不直接一致性意义上而言。正如前述,在大众层面上,人们为非作歹,往往并不是因为在认知上分不清是非曲直善恶，相反，往往是心知肚明，明知故犯。人们的道德认知向道德现实行为的转化，离不开主体的内在意志力。大众层面的道德精神及其意志力培养，需要有客观环境维系与激发。甚至罗尔斯所说的作为合格公民应当具有自觉不利用制度缺陷的义务这一美德，也离不开严格法律制度背景。近年来，中国这块土地上曾有所谓“59岁现象”。冷静地说，并不能因为最后的“59岁现象”的发生，就完全否定那些当事人原先具有的善的动机与行为。相反，他们中有一部分人原先确实具有强烈的事业心、道德责任感、崇高生活目标，把关守职，确实为社会与民众做出了值得骄傲的成就。但是，由于种种原因，当他们面对最后几十年所要面对的生活时，一失足千古恨。“59岁现象”留给人思考的内容太多，就本书此处相关主旨而言，我们能够体悟到的则是：在社会国家治理中，寄希望于某些人的道德操守而不是制度体制本身，极不可靠，具有极大的道德风险性。这种道德风险应当通过制度体制本身的建设加以规避。

因而，“我们需要的与其说是好的人，还不如说是好的制度。我们渴望得到好的统治者，但历史的经验向我们表明，我们不可能找到这样的人。正因为这样，设计使甚至坏的统治者也不会造成太大损害的制度是十分重要的。”①

这样，人类在社会国家生活中似乎陷入一种悖论：应当实行法治，但是制度总是有缺陷的，缺陷的制度应当通过人的道德精神弥补；道德自律在国家生活中并不可靠，总是存在着道德风险，道德风险应当通过制度化来规避。这种社会国家生活中的悖论，是人自身的存在悖论。人既是感性物质的存在，又是理想精神的存在；既是个体、特殊的存在，

① 波普：《猜想与反驳——科学知识的增长》，傅季重等译，上海译文出版社，1986年，第495－496页。

又是社会、普遍的存在;既是当下性的存在,又是超越性的存在。①

这种悖论事实上是对法治社会,乃至整个人类社会内在矛盾的揭示。这种悖论既不能否定客观制度,也不能否定主观道德,而是要求客观制度与主观道德间的恰当张力,要求二者间的统一。这是人类社会永恒面临的科学实证精神与人文主义精神矛盾的现实存在。它所要求的是人类应当以自己的智慧,在社会国家生活中寻求科学实证精神与人文精神的现实统一。法治社会在原则上开启了实现这种统一的现实道路。在这条道路上的艰辛探索,会给我们带来既健康稳定、又适合人性生长的秩序。

① 这或许正是哲人所说,人一半是神一半是兽的精义所在。

第四章　良序社会

良序社会主要不是一形式规定，而是一实质规定。在以民主政治为背景的现代社会中，说一个社会秩序良好，正如罗尔斯所说，至少有以下几层含义：其一，在这个社会中，有一种公众认可的正义理念，每个人都接受且确信这个社会中的其他人也都接受相同的正义理念。其二，在这种正义理念指导之下，社会成员间形成稳定的合作系统，这个合作系统不仅被公众认为是公平正义的，而且还构成社会的基本结构，具象化为社会的具体制度体制。其三，社会所有成员都有正义感，都能按照社会基本制度行事①。良序社会，不是一个消失了一切差别的社会同一体，而是社会的每一个公民、集团拥有平等的基本自由权利，都将公众认同的正义理念作为自己的内在精神，且严格在这种正义理念指导之下处理日常生活事务。这样，良序社会就既是一个制度正义、富有德性精神、合乎人性的社会，同时又是一个持续受到社会德性精神滋润的社会。它是文明得以充分延续与健康发展的自由人联合体②。

---

① 参见罗尔斯：《政治自由主义》第 1 讲第 6 节，万俊人译，译林出版社，2000 年。

② 罗尔斯认为良序社会既不是共同体，也不是联合体。他之所以说良序社会不是共同体，就在于强调良序社会不存在唯一的社会意识形态或价值体系，在平等自由权利基础之上，政治是平等开放的。而他说良序社会不是联合体，就在于强调良序社会的基本制度在社会的广义再生产过程中的优先与基本作用，强调存在着一种基本的公共理性，这种公共理性事实上应当渗透到个体日常生活中。在罗尔斯的话语体系中，联合体中的各个人有其特殊的最高价值追求，且可以根据这种价值要求选择加入与退出。但是，在一个公众良好合作体系中，或者说在一个具有平等自由权利的民主社会中，他假设一个人（除了死亡）是不可或无法退出的。罗尔斯所说的“共同体”与“联合体”理念，不同于我们通常习

现在的问题是：良序社会是现代化社会的目标之一，但是，对于正在进行现代化过程的民族而言，它何以可能，如何建立，又如何得以维系？正如本书开宗明义所说，本书的基本立论之一是：克服社会转型时期道德失范现象的基本有效途径是加强制度有效供给，向社会供给一个基本公平正义的制度，为人们提供一个公平正义的日常生活世界，以框正行为，型塑习惯，哺养心灵世界。然而，建设朗朗乾坤与公平正义制度的主体，正是这些生活在道德失范现实世界、且存在着道德失范现象的人。我们现在面临一个类似鸡生蛋、蛋生鸡样的悖论。走出这种悖论的现实道路就是如笔者曾说过的那样，我们在改变不太完美世界的同时改变不太完美的自身，不完美的人在改变不完美环境中，会使环境与自身都逐渐变得比较完美①。没有什么救世主。只有靠我们自己的良知与理性，靠我们自己的实践能力，经过痛苦的自我反思批判，确立起一种新的生活观念、价值精神，并在这种新的生活观念、价值精神指导下，选择一种新的生活方式，锲而不舍践履之。

一、规范整合

我们如何组织起自己的新生活？社会公正的现实内容是何？能够引导社会稳定健康发展、个人正义向善的社会基本框架是何？或者说，在什么样的社会范型中，具有平等自由权利个人的交往活动，才能形成一种和谐而稳定的关系状态，在这种关系状态中，社会生机勃勃、公正有序，个人富有个性、自由发展？为了实现这种和谐稳定的公正秩序，为了维护公民的平等自由权利，社会与公民个人应当具有何种价值精

惯上使用同样概念所具有的内涵。这应当引起我们的仔细注意。参见罗尔斯：《政治自由主义》第1讲第7节，2000年。

① 参见高兆明：《道德生活论》，河海大学出版社，1993年，第426页。

神？罗尔斯经过苦心研究后认为，只要具备了下列三个条件，就足以使具有平等基本自由权利的公民之间建立起一种和谐而稳定的公正合作系统。这三个条件是：其一，以一种政治正义观念所规导建立起的社会基本结构；其二，这种政治正义观念是各种理念（或完备性学说或意识形态体系）重叠共识的核心；其三，当日常生活中出现各种危机——包括宪法与基本正义问题发生危机时，公众能够按照这种政治正义的观念进行积极的对话讨论①。罗尔斯此思想的核心是对社会政治生活价值精神的关注。他旨在强调：没有一种积极有效的价值精神深入公民内心、成为时代精神，就不可能有一种民主制度意义上的公平正义。尽管罗尔斯的表述较为抽象，然而，正是这种抽象性，才使得他的理论具有更大的普适性。只要不过于苛求，应当承认罗尔斯关于和谐而稳定的公平正义关系体系的上述思想基本是合理的。

由于本书是从制度角度切入讨论问题，故，对上述问题的思考仍然取制度的角度展开，从规范整合的视野切入。不过，就其要旨言，与其说是讨论社会规范整合方式，毋宁说是在探究多元社会中新的社会公共生活价值精神，探究我们应当以何种价值理念指导自己的社会公共生活，构建何种范式的社会结构，社会公正的现实内容应当是什么。

任何一个社会，都有自己的规范整合方式，且从形式上看，大体是德、法两种规范体系。然而，第一，规范是作为生活主体的人的关系状态及其表达，研究规范整合方式，实则是在研究作为现实的人的相互关系结构。第二，不同的德、法内容规定及其相互间格局关系，构成了不同的社会。现代化社会应当如何规范整合？这应当立足于现代化生活自身的内在规定。对于后发国家与民族，研究现代化过程中的社会整合，一方面应当在全人类文明进程中探究；另一方面又应当注意避免简

---

① 参见罗尔斯：《政治自由主义》第1讲第8节，2000年。

单地将发达国家与民族的做法当作普遍范式，应当透过特殊性把握其背后存在着的普遍性因素。

1. 合理多元与一元法治

现代社会的规范整合，首先是对社会提供基本关系框架，并通过这种基本关系框架为社会提供基本行为范型，厘定社会基本存在范式。这种基本关系框架，为社会自身绵延不绝、生生不息再生产，提供一个基本范式。因而，这种规范整合主要不是技术性的，而是实质关系性的。当我们在说规范社会生活时，首先应当反思的是这种规范方式所表达的社会关系结构，以及指导这种规范确立的价值精神本身的合理性。

当我们谈到现代社会的规范整合时，总是隐含着一些基本前提：建立在市场经济基础之上、公民具有平等的基本自由权利、民主制度、开放多元社会，等等。这些基本前提构成了现代社会与前现代社会的根本区别，它们既是时代精神的现实内容，又是由社会历史本身给定与确证。

一个社会基本结构是否正义，关键看是否所有公民在此结构中有可能享有并维护平等的基本自由权利，是否能够为所有公民认同与接受。尽管在历史过程中看，社会结构总是先于特定的公民而存在，但是，在现实生活中，就一个社会基本结构的正义性而言，则必须返溯公民，必须从这个共同体每一个公民的认可获得其现实合理性根据。没有得到公民认可的社会基本结构、制度，谈不上拥有正义性。这正是契约论方法在研究社会政治生活中活力经久不衰的缘由之一。

正如罗尔斯以自己的工作所揭示的那样，组成现代社会的公民不是任意的个人，而是有政治、道德素质与能力的个人。他们能够积极参与社会生活，践履和尊重社会的各种权利与义务，具有理性能力，既拥有理性判断、自由思想、推论抉择、从日常生活学习的能力，又具有正义感与善观念的能力。公民因拥有这些能力，一方面成为现实的自由存在者，另一方面在社会交往活动中，成为社会所要求的、最低限度意义上的可充分合作的成员——每一个人因此不仅在宪法意义上，而且在现实生活中亦可能成为平等的①。

然而，正如罗尔斯所理解的那样，民主制度集中体现为立宪民主。在民主制度或民主理念中包含着自由与平等的双重要求。这双重要求之间存在着某种紧张与对峙。这种紧张与对峙，是民主思想传统本身的内在冲突。这种紧张与对峙，如康斯坦特(Constant)所称的那样，是"古代自由主义"与"现代自由主义"两种传统之间的冲突——这两种传统分别与洛克、卢梭相联系。"古代自由主义"传统更强调政治自由和公共生活的价值，"现代自由主义"更强调良心和思想的自由，某些个人的权利和财产权利，以及法律规则②。民主制度或民主理念的这种内在双重要求、两种传统的紧张对峙，并不表明彼此的绝对对立，而只是表明民主自身的丰富内容，昭示民主制度的多元性特征。民主制度的这种多元特征，决定了一个民主的社会要保持稳定和谐的正义秩序，必须所有参加者，或者说所有公民，都确立起一种价值共识理念，且无论社会生活发生怎样的变化，这种价值理念都深植于每一个公民内心，既坚信他人会如此行事，自己亦坚定不移地如此行事。正是这种基本价值理念，从精神上凝聚起共同体，并从根本上维系共同体的基本秩序。

以市场经济为基础的现代社会，是一个多元社会。多元社会并不是简单地指有多个利益集团的社会，而是指利益集团间相互平等包容性、社会结构开放性、价值评价体系非单一性的社会。严格地讲，任何

① 参见罗尔斯：《政治自由主义》第 1 讲第 3 节，2000 年。
② 参见罗尔斯：《政治自由主义》第 1 讲第 1 节，2000 年。

社会都有多个利益集团,但并非所有社会均是多元社会。一个社会只有在充分分化基础之上,不同群体彼此间获得了平等身份、相互包容,才有可能是多元社会。正是在此意义上,多元社会是一个现代概念①。

多元社会是一个非排他性生活世界。在这个生活世界中,所有存在者身份都是平等的,并以一种理性的态度在经验生活中彼此商谈、交流,构建起我们－共在关系。说现代多元社会是一个非排他性社会,并不是指这个生活世界中不再存在着利益对立、冲突、斗争——事实上,这种利益对立、冲突、斗争有时还十分尖锐激烈乃至残酷——而是指作为一种生活范型,现代社会不同于以往社会的基本区别之一就在于:这是一个民主的社会,是一个以平等身份为前提,每一个人拥有平等基本自由权利的社会,因而,在普遍意义上,这个社会中的基本社会关系范型是以一种平等精神协商共在共生的关系。非排他性的多元社会,是合理多元社会。

民主制度所面临的一个最重大,且关涉民主制度长久稳定性的问题是:一个公平正义的民主制度,如果不能得到具有不同价值体系的公民的普遍认肯与支持就可能失败。民主制度中的公民具有思想、良心、信仰的自由,而且在事实上会形成不同理想信仰与价值精神,会形成如罗尔斯所说的诸多"完备性"思想学说体系。这些不同的价值体系在自由而平等的公民中存在,并使公民分化。如何使这种分化不至于损害民主制度本身,并保持社会的长治久安?这是一个将价值体系本身所关注的善的问题,转化为政治正义的问题。即,将关于善的冲突,通

---

① "历史地看,单纯的多元主义(指这个观念,而不最近才出现的这个词),是在16和17世纪蹂躏欧洲的宗教战争之后,随着对宽容的逐渐接受而出现的。……多元主义以宽容为前提,……多元主义坚持这样的信念:多样性和异见都是价值,它们使个人以及他们的政体和社会变得丰富多彩。"参见萨托利:《民主:多元与宽容》,冯克利译,载《直接民主与间接民主》,北京三联书店,1998年,第53页。

过平等的思想与良心自由，转化为政治正义的制度问题①。超验的善、不同价值体系之间，是不可通约、不可实证的。但是，政治的正义制度却是可以兼容、实证经验操作的。平等的思想良心自由，可以避免由于思想、良心、信仰差别而使一个社会出现具有征服性的不宽容，进而避免社会动荡不安，消除社会的不安全感。任何善或价值的冲突，如果不能转化为政治的正义，不能转化为平等的思想与良心自由，则任何一种理想、价值体系（或"完备性"思想学说）持有者，即使是暂时处于独断主宰的地位，也会潜藏着对自身安全的担忧，这种担忧反过来又会强化其独断性，进而使社会陷入恶性循环。

现代民主制度的政治文化，具有三个基本事实特征：其一，存在着多样性的理想与价值体系——这就是罗尔斯所说的多种"合理完备性"宗教学说、哲学学说、道德学说等，且这种现象将长期存在。其二，除非借助于强权性的国家权力，否则不能维系一种完备性学说、理想信仰体系对全社会的持续共享性。其三，任何一种合理的完备性学说，事实上都不能得到全体公民的一致认肯。这样，一个现代民主制度中的公民，就在平等的思想与良心自由权利之下，应当至少拥有两个方面的思想与良心内容：一是为公众所认肯的基本正义理念，一是以某种特殊方式与这种公众认肯的基本正义理念相联系的合理完备性学说或价值体系②。如果将这两个方面聚焦到一点，那就是，在现代民主制度中，存在着多元的公民、多元的思想、多元的自由、多元的权利，然而，这多元的公民、思想、自由、权利相互间又不是绝对离散拒斥的。在它们之中贯穿一种基本价值精神，正是这种基本价值精神将整个社会凝聚为生命有机整体，并保持社会的长久生动活泼、和谐稳定。这种贯穿其间

① 参见罗尔斯：《政治自由主义》"导论"，2000 年。

② 参见罗尔斯：《政治自由主义》第 1 讲第 6 节，2000 年。

的基本价值精神，就是多元社会多元价值体系中的一元共识①。在多元社会中确实存在着多元的价值体系，然而，每一个价值体系都有一种晶核，此晶核所占的绝对空间可能并不大，但它一方面处于价值体系的核心地位，另一方面又与其他价值体系有着某种可沟通、对话之处。

多元社会确实以利益差别为基础，因为每个主体都有特有的利益，且这种差别不仅仅是经济的，还有政治、文化、信仰、习俗的。然而，既然合理多元社会是一个平等的自由社会，那么，社会成员相互间关系就应当是合作共存共生的关系。所谓合作共存共生关系，并不简单地指协作关系，因为协作关系可以在一种最高权威发布命令之下的协调活动。它意指：这是由平等基本自由权利主体所构成的关系；它由公共认肯的活动规则与程序所引导与规范；其所进行的每一个合作项目都是由每一个参加者认肯与合理接受的；所有介入合作并按规则与程序行事并履行职责的人，都能合理得利，且这种合理得利能为每一个参加者所接受②。多元社会确实是一个竞争的社会，然而，这种竞争不是格斗，而是一种合作性竞争、冲突性共谋。多元社会确实以个体独立自由权利、独特界域为基础，然而，每一个个体又都是首先以对他人权利与界域的承认、尊重为前提。麦金太尔曾对现代社会正义之主体性失落表现出深切担忧。其实，现代社会正义主体及其价值合理性根据并不会失落，只是须以一种不同于既往社会的眼光与方式去认识。正义及其价值合理性根据并不外在于现实活动着的人。它存在于我们的日常生活世界中，存在于大家通过对话、商谈而达成的一致中。日常生活世界是我们的，日常生活世界的正义与价值合理性根据也就存在于我们－主体中。

---

① 这个基本价值精神，罗尔斯用“重叠共识”来表达，本书则用“一元共识”来表达。“一元”共识，相对于多元社会，更能揭示其内在的统一性，多元的共生性。

② 参见罗尔斯：《政治自由主义》第1讲第3节，2000年。

霍布斯与卢梭曾对人类自然状况作了两种截然不同的规定:兽性的与神性的。其实,他们均以自己的方式表达了对社会多元性的一种认识:排他性多元无异于绝对一元。所以,他们试图从契约的立场将这种排他性多元引向兼容性多元。他们以先验人性论作为理论出发点,并分别从经验主义与理想主义两个方向寻求对问题的解决。他们的具体做法尽管存有诸多缺憾,然而,他们寻求主体间性的这一思维方向却是合理的,并给后人留下诸多启示。严格地说,无论是霍布斯还是卢梭的自然状态都不是多元社会。多元社会中的主体,既不是兽也不是神,而是人——以人的方式相互承认与尊重,并在经验世界中,通过理性学习寻求共同生活的方式。人是理性的存在。此理性人不仅是指人具有如经济学所规定的、追求自身利益最大化的经济人之理性,更是指人具有在人类世代发展过程中形成的某种永恒性人文价值精神之理性。每一种理论形态都带有时代的印记。霍布斯、卢梭所采用的理论方法,反映的是他们所处的资本原始积累时期的历史状况,而当代罗尔斯所采用的无知之幕理论方法,则反映了与古典时代大不相同的当代社会政治经济生活。虽然罗尔斯"无知之幕"设定事实上回避了一个至关重要的问题:个体间如何才能是平等的?不过,罗尔斯的这个做法或许更多地是在提醒人们:现代性社会的基本结构本身应当是使生活在这个结构中的公民具有平等的自由权利,正是这个社会结构本身先在地规定了作为公民的个体间(应当)是平等的。——如果我们以一种更彻底的理性反思态度对待罗尔斯的理论方法,那么,与其说无知之幕这一理论方法是理性主义的,毋宁说是经验主义的。罗尔斯以一种理性的方式表达了自己所感受到的一系列基本经验事实:主体间应当平等;在一个民主的社会结构中,只有通过协商、达成共识,才能实现各自的真实利益;具有理性能力的人们在日常生活经验中学会做自己的主人。多元社会是一个理性－经验主义的社会。每一个体都具有理性能力,都能承认大家是平等的自由主体,并在日常生活中提高实践理性的智慧能力,实现存在的价值。

多元不是杂多。排他性多元是以多元面貌出现的杂多,一切均处于偶然性支配之下,漂泊孤离,因而是形式的多元而不是真实的多元。真实的多元以自由为其内在规定,在非排他性的独立自主活动中,整个社会表现出一种生动有序性。真实多元即为合理多元。在合理多元社会中,每一个存在者都有其存在的理由,都将他者真诚地视作与自己一样拥有平等自由权利的存在者,因而,都承认、尊重与维护他者的正当权利(当然,那些伤害其他主体基本权益的存在者,如法西斯主义、黑社会势力集团、邪教等,由于其反社会、反人类的性质,规定了其不具备存在的合理性,故不在合理多元社会之例)。所以,合理多元社会是一个有限规定、无限样式的社会。

任何一种社会都以一种结构方式存在,并表现出一定的秩序状态。纯粹杂多的社会由于缺少内在的统一性、凝聚力与秩序,因而难免毁灭的厄运。排他性的形式多元社会,或者通过纯粹的生物竞争走向强权霸道,或者通过无政府主义走向独裁专制——这两种在实质上是同质的。那是一个人性被充分扭曲、人性中恶的成分被充分激发的社会。合理多元表明每一个存在者均具有存在的合理性理由,表明彼此在日常生活中能通过学习提高生活的智慧与能力,形成一种平等基本自由权利基础之上的社会秩序。这样,多元社会事实上是法治社会。

在非排他性的生活世界中,不同社会集团之间的价值体系可能不同,然而,一般说来,除了那些违反法律或为法律所特殊规定的情况外,这些不同价值体系之间亦非绝对排他性的。在这里存在着的是价值宽容,是对异的尊重。当然,这种价值宽容并不意味着相互间没有批评、交锋,相反,彼此间会存在着批评、交锋,只不过这是以一种平等的身份、在法律的范围内通过说理的方式进行。这样,多元社会价值体系的非单一性事实上又隐含着一个前提：存在着一种为多元价值体系所共同接纳的一元价值内容，且这种共同认肯的一元价值内容在一个立宪民主社会中又必定通过宪法法律而制度化。换言之，在一个民主社会中，当人们生活在这样一个社会制度之中，形成、表达并维护自己的思想与价值要求时，已经隐含着一个前提：对于在这个社会中生活的最基本方面有共识。只有有了这样一个共识，才能够畅所欲言，表达自己的意见。虽然人们在日常生活中对这样一个最基本共识隐而不言，但它却深藏于人们内心。这个基本前提的具体表达可能是多样的，但它的基本精神则是：平等的自由权利，尊重他者，遵守规则，服从多数，保护少数。这样，共同认肯的多元共识，就集中体现为法治精神以及在法律面前人人平等精神。一元法治表达了合理多元社会的基本价值要求。

其实，只要作为一个社会共同体存在，只要这个社会共同体还有某种秩序，它就总是有某种共识。这种共识，借用卢梭术语表达，就是公意。问题的关键是这种共识、公意是什么，如何形成？中国传统社会中共识产生的方式主要有两种，一是道德的规范与训勉，二是由上而下所施予的强制性权威①。即，这种共识内容是道德的，其形成则是通过行政强制的（道德的规范与训勉，依照德治的原则是上者对下者的示范与教导，内中亦包含了某种自上而下的近乎强制的方式）。对于普通民众而言，这种共识是外在强加的东西，而不是在日常生活中自己主动参与构成的。“民可使由之，不可使知之。”亦从一个侧面集中地揭示了上者、治者对这种社会共识、公意的垄断性。这种共识内容及其形成方式，与自由、民主制度、民主生活有天壤之别。影响东方民族这种共识形成方式的缘由复杂。其中，除了宗法血缘精神的弥漫外，与中国古

① 参见林毓生：《两种关于如何构成政治秩序的观念——兼论容忍与自由》，载其著：《中国传统的创造性转化》，北京三联书店，1988 年，第 92 - 93 页。

代早就形成大一统帝国相关。大一统帝国产生了相当大的行政问题，必须有强大的政治权威以制定行政方面的制度与规定，用官僚与军队强迫的办法使民众服从上者的权威与命令①。大帝国的行政权威与宗法血缘精神，互动互补，相得益彰，既强化了宗法血缘精神，又巩固了帝国中央一元集权。古代东方民族的共识是种被加予的共识。在这种共识中不包含个体的自由意志内容。它是没有多元的一元。

相比之下，西欧文明发展过程中的共识形成方式与东方有原则的不同。这种共识形成方式与自由民主精神孕育，从源头上可以上溯到古希腊城邦民主制。古希腊的基本政治构架是城邦政治。城邦是一个由自由民构成的政治实体，人数很少，地域极小，类似于中国古人所说的小邦寡民。因为人数少，地方小，不用繁杂的行政系统就可以治理公共生活，形成一种社会秩序。同时，城邦公民每个人都能够直接参与城邦政治事务。如古希腊雅典公民很少私人生活，时间大多花在开会、辩论等公共事务上。通过辩论达成所谓共识或公意。这是一种自生的共识。在这种共识中包含着个体的自由意志内容，是内涵了多元的一元。以古希腊为文明源头的西欧文明，虽然在其后的发展过程中有过波折，曾出现过独断与排他，但相对于东方文化而言，总体上，尤其是近代以来，在社会政治生活中承袭了古希腊公共生活中的自由民主精神。这种自由民主精神在法治精神中得到了集中体现。

值得指出的是，西欧文明这种社会共识形成方式及其内容较之东方民族的原则不同，还应当归功于欧洲中世纪建立在“两个世界”基础之上的“政教分离”的理论与实践。欧洲中世纪，在王室与教廷、王权与教权的紧张冲突与斗争中，最终形成了政教分离的现实状况及其理

---

① 参见林毓生：《两种关于如何构成政治秩序的观念——兼论容忍与自由》，载其著：《中国传统的创造性转化》，1988 年，第 93 页。

论。世界被分为两个部分:世俗世界与神圣世界。王权是世俗的权威,其合理性界域是世俗世界,它负责世俗生活的秩序,但对精神领域却无法、亦无能染指。教权直接秉承上帝的旨意负责精神领域,是人类精神世界的导师。王权是世俗的领袖与权威,教权是精神的领袖与权威。王权是世俗王国的,教权是神圣天国的。这样,社会事实上存在着两个权威,一个是政治权威,这由王权为代表,一个是精神、信仰、价值权威,这由教权为代表①。在世俗政治生活中,即使是拥有最高权力的帝王,也不是至善神圣的,不能成为民众的精神领袖与导师。任何一个凡人,哪怕她/他拥有令人畏惧的世俗政治权力,她/他都不可能十全十美,都不能替天布道、代民生意。政治权力与价值合理性、真理这是两码事。拥有政治权力,并不能拥有价值合理性与真理,不能成为真理的代言人。垄断权力,并不能垄断精神。这样,一方面限制了政治权力,另一方面又通过价值合理性问题——经过一系列中介环节——将社会的公意从政治家手中归还给社会与民众。一元共识并非由某一人物、集团所垄断与颁布,而是社会、民众在公共生活中自觉形成。

西欧的"政教分离"思想及其传统,与中国古代"内圣外王"思想恰恰相反。内圣外王的理论内涵是:社会政治生活中的领袖,不仅负有政治责任,而且还负有道义责任,不仅是政治领袖,而且还是精神领袖,因而他不仅具有政治权威,而且还具有精神权威。如此,就在政治权力与真理之间直接画起等号,在上者替天行道,代天言命,就是理所当然的了,加予性共识亦获得了合法性。在这种共识之下,一方面存在着权威与功能极为巨大的政治权力,另一方面悄悄地、但又名正言顺地取消了社会公众对于政治权力进行有效监督的权利。在加予性共识之下,没

---

① 奥古斯丁《圣城》中所提出的俗城与圣城区分,对于其后欧洲政治实践乃至思想文化的影响十分深刻。

有合理多元，更没有自由与民主。

正如本书第三章所述，现代社会是一多元社会，在这多元社会中，既然有一元共识，且这种一元共识又实体化为基本的宪法法律，既然法是公民在共同生活的经验世界中通过理性累积学习而成的基本生活规则要求，既然法规是社会的最基本规范，不仅是应当的，而且是必需的，那么，法就是自由的另一种存在样式，就是统摄多元社会的一元内在规定。多元社会与一元法治，互为依赖，互为规定。在社会主义民主的现代社会中，社会的整合首先是法律的一元整合。社会活动的内容、样式可以无限，用以调节社会活动的基本规则须是一元公共的。规则面前人人平等。以法治国，依法治社会。良序社会首先是法治整合的社会。

合理多元与一元法治共识的内在张力与统一，在现实生活中演化为法治社会。同时，亦勾勒出制度认同在法治社会整合框架中的优先性地位。

2. 制度认同与道德认同

社会规范整合的主要渠道有二，制度整合与道德整合。所谓制度整合，就是通过社会的制度体制将社会统一协调为一整体，它又可以称之为法律整合、权力整合（这里的权力不是指集权式的强力，而是指一种与德治相对应的法治权力）。道德整合则是通过具有伦理性的风俗习惯、道德价值将社会统一为一整体①。

制度整合与道德整合均可以不同方式进行。依靠专制强权亦可实现社会的制度整合与道德整合。不过，正如前文所述，现代社会是多元民主社会，这就内在设定：第一，这是一个由具有一定公正意识与自由

① 参见沙莲香主编：《现代社会学——基本内容及评析》，中国人民大学出版社，1994 年，第 207 - 209 页。

意志能力的公民组成的社会。第二，所有公民具有平等的基本自由权利，包括平等的良心与思想自由权利。在一个合理多元社会中，存在着多元的合理价值体系，这些价值体系之间在原则上说不存在着高下之分，但彼此会形成一元共识。第三，社会公共生活中的制度，是具有平等基本自由权利身份的公民在经验世界中商谈、共识基础之上而形成的行为交往规则。这些行为交往规则在本质上是一种自律共识，只不过这种自律共识一旦形成以后就随即采取客观化的他律方式存在。第四，进入文明社会以后，人类的任何一个社会都不是唯一一元规范的社会①。现代社会是法治社会，因而，现代社会的整合首先是制度整合，其关注的首先是公民的行为活动而不是思想意识。

然而，正由于我们的生活世界是现代民主社会，行为交往活动中的制度规则是公民在日常生活经验世界中通过理性商谈达成共识的结果，所以，制度整合本身又隐含着制度认同这一前提。所谓制度认同是指公民对一制度框架体系在价值上的承认与肯定，认为它是基本正义的，自己愿意遵守与维护这一制度体系。制度认同内在包含着两个方面的内容：一是价值上的肯定，一是有转化为行为的现实趋势与取向。在这个制度体系中，每一个成员（无论是作为单独的个人，还是作为集合体）都以一种拥有平等基本自由权利的公民身份存在，并通过相互合作合理互利②。合理互利不同于简单互惠③。制度认同是一种出于理性对制度体系质的规定与肯定。它有两个方面的含义：一方面是对其发生学的原则肯定。它是公民自由实践活动过程中的自由产物。另一方面是对其过程与结果的肯定。它是公民平等合作的过程，并能有效预期共同合理互利。不仅如此，正由于制度体系的这种合理性，它又

① 参见沙莲香主编：《现代社会学——基本内容及评析》，1994 年，第 211 页。

② 参见罗尔斯：《政治自由主义》第 1 讲第 1 节，2000 年。

③ 有关简单互惠的局限性，请参见本书第二章。

同时获得公民的一种情感认同。如是,这种制度体系又反过来从公民的理性、情感中得到滋养与巩固。本书前述合理多元的一元共识,以及罗尔斯在《政治自由主义》中所说的重叠共识等,正是对这样一种基本公平正义思想及其实在化了的制度的认肯共识。

合理多元社会的制度框架为这个社会中的所有公民认肯并自觉接受,这有两方面的内容。其一,正如本书第三章第三节所述,此制度框架是经过所有公民价值批判后,为人们所认肯接受,即这个制度框架本身经过了善的诘问,获得了公平正义的价值属性。此制度是人民自己制定,而不是由个别人制定强加给予的。其二,这个社会中的所有公民都以这个制度框架来规范自己的行为,使自己的行为保持在制度框架所允许的范围内。虽然人们的行为总是在一定思想指导之下进行的,但是对于社会的其他成员而言,一方面,她/他所能直接观察到的只是行为者的行为;另一方面,她/他并不介意他者的价值理想或如罗尔斯所说的“完备性学说”的具体内容,她/他所能关注与要求的也只是他者行为本身在这个制度框架中的合理性、正当性——这就恰如他者对“我”,并不介意与干涉“我”有什么样的价值理想,尊重“我”的思想与良心自由权利,只要“我”的行为本身是合乎这个由共识所形成的制度框架的具体要求即可一样。只要这个社会中的所有成员都能在这个制度框架的范围行动,那么,这个社会就有基本正义的秩序。这就是说,一个公民拥有平等基本自由权利的现代民主社会,只是以制度整合社会,并仅关注公民行为的正当性与合法性,它只寻求社会的正义秩序,而不直接关注公民个人道德上的善①。

---

① 这并不意味着现代社会就没有了善。这里有两个不同的思维层面:在制度层面是社会正义,在个体层面是个体善。从伦理学的角度来说,这就是社会伦理与个体道德的区分。社会伦理关注伦理关系的公平正义性,个体道德关注个人的内在道德情操心性修养之善。在社会伦理的角度悬搁行为的动机、存而不论,只看行为结果,在个体道德的角度则极为重视行为动机本身。

马克斯·韦伯当年曾在《作为安身立命的职业的政治》(*Politics as a Vacation*)中论及政治行为相对独立性时提出了两个范畴,这就是意图伦理(an ethic of intentions)与责任伦理(an ethic of responsibility)。意图伦理只顾及动机的纯真性,容不得道德价值体系上的任何相容性与暧昧性,而不顾及行动结果。责任伦理则认为世界上不存在十全十美的人与事,政治上只能做在条件许可前提下的事,应当学会妥协,应当讲究现实的效果。虽然意图伦理并不是完全不顾及责任与效果,责任伦理也并不是完全不顾及动机与意图,但在总体说这是政治生活中两种立场相当不同的范畴。尽管韦伯当年提出这两个范畴时主要是立足于个人角度而言,但其要旨经过转换对于从制度角度认识社会整合问题同样有效。一旦社会的基本政治框架确定后,它就是相对独立中性的,在这个框架内可以包容不同的价值体系。它所关注的是公民的现实行为及其结果的正当性、合法性,而不十分关心公民行为动机本身。这样一种行为框架本身引导具有不同价值理想的公民们和谐相处。确如"我"希望"你"能尊重"我"的价值理想一样,"你"亦希望"我"尊重"你"的价值理想。虽然对彼此的终极关切各自可以保留自己的意见,但在现实生活中却只寻求行为本身及其结果的一致性,这就是行为及其结果的正当性、合法性。上帝的事交给上帝,人只能做人所能做的。

不过,制度自身是一体系,有基本制度与非基本制度之分。基本制度是稳定的,非基本制度则是相对变化调整着的。基本制度是一种制度体系中的核心部分,它是一个制度体系的质的规定性所在,并规定了非基本制度的具体内容、发展方向及其相互关系。基本制度既是非基本制度的合理性根据之所在,又决定了一个社会的结构范型与公民间的基本交往方式。非基本制度则是由基本制度依据特定程序、在一定具体条件下衍生而来,具有更多的技术性、工具性特征。这样,"社会整合首先是制度整合”的命题就应当作进一步限制：社会基本制度整合社会。正是社会基本制度决定了一个社会的框架特征，保持社会生活方式的一贯性与社会秩序的稳定性。这样，对制度的认同首先是对基本制度的认同。

那么，这是否意味着公民对非基本制度是非认同的？公民对非基本制度是接受而非认同。认同不同于接受。认同是主体出于对制度内在价值肯定基础之上的认知、情感共鸣，而接受则是一种消极的接纳。接受可以是不认同的，但在行为中出于尊重法律、遵守法律的态度而执行之。这是其一。其二，这是否意味着社会的非基本制度在社会整合中不起作用？非基本制度在社会整合中仍然发生作用。一方面它作为基本制度的具象化存在，使基本制度可实证、可操作化；另一方面它作为一种事实的行为规范在行为层面普遍规范、整合社会。非基本制度的这种特殊社会地位与功能性质，公民对非基本制度的这种特殊态度，在逻辑与实践两个层面上，均与公民在经验世界中理性学习累积进步相一致。它表明了社会的规范性、开放性、进步性之可能。基本制度与非基本制度统一构成了社会系统整合的现实性，并使得社会在法治规范性中表现出生动性与生长性。需要注意的是，单独地看，公民对非基本制度是接纳而非认同，但是，由于非基本制度是基于基本制度之上发挥作用、且公民事实上对它们作出了属于正当的价值判断，由于现实存在的制度是由基本制度与非基本制度所构成的制度体系，因而，在现实生活中，只要公民对基本制度是认同的，那么，他们会对这个由基本制度所规定了的制度统一体采取认同的态度。

在形式上，多元民主社会中的制度整合是法律整合，是公民对法律的服从，似乎并不要求公民对制度的认同，但在事实上却以公民对制度的认同为基础，并事实上会获得公民情感上的认同。这种情感上的认同缘于公民对基本制度与公民间平等基本自由权利的直接一致性日常生活感受。这种基本制度既是公民交往合作、合理互利的产物，又是公民的现实生活世界。公民可能平时并未能完全自觉意识到自己的这种情感，然而，假若公民一旦面临有人想从根本上改变这种基本制度，或者假若公民换了一个生活世界，那么，她/他就会对这种基本制度及其生活世界表现出深深的眷念与依赖，并会为捍卫这种基本制度而不惜一切。

多元民主社会中的基本制度整合表明，基本正义的制度对于社会秩序的优先性与基础性。这样一个基本制度并不是先在于人的，但是它一经形成之后却先在于每一个具体公民。每一个公民均享受到它的阳光雨露，承受到它的阴霾风霜。它是每一个公民的现实日常生活世界。在这个日常生活世界中，每一个公民理解自己的角色及其要求，养成自己的生活习惯，形成自己的第二天性，提高自己的实践能力。在这个日常生活世界中也会有矛盾与冲突，不过，此日常生活世界中有一套大家认同的解决矛盾冲突的基本法则与规则，这样，矛盾冲突的存在就不再如同以往历史形态中那样成为一种社会的破坏力量，相反，它会成为社会的建设性力量。

制度认同虽然发生在多元价值体系共存的背景之中，但是，制度认同本身却是多元价值中的一元共识。这是关于公共政治生活基本原则的价值一致性。因而，制度认同虽然是以政治制度的面貌出现，但却是一种社会价值的具象化。它并不绝对排斥在社会政治生活中道德认同的存在及其必要性。因为，如果没有公民对这种制度框架体系的道德善的认肯，这种制度框架本身的合理性及其长久稳定就是值得怀疑的。正是公民对制度道德善的价值认肯，才使公民在整个日常生活中保持一种人格上的完整性①。当然，所有公民对这种制度的道德善的认肯，

① 政治伦理学的首要问题应当是政治正义秩序问题，然后才能具体化到诸如政治品德等问题。

与各公民所拥有的终极价值体系相互间的可能不一致性，并不相悖。不过，这仅是在公民对基本制度框架道德善意义上的道德认同，而不是所有公民对一种价值体系的完全认同。这种意义上的道德认同，并不否定公民与自己既有终极价值体系的渊源联系。甚至也不排除这样一种情况，一个公民在自己的日常生活中会修正乃至改变自己既有的价值体系，即使如此，这个公民也不会改变自己对基本制度善的道德认同①。这正是社会整合中制度认同的最深沉、最稳定之处。

在公民对基本制度善的认同同时，这个基本制度就从公民这里获得了极为重要的承诺：遵从与维护的义务与责任。即，公民通过对基本制度善的道德认肯，就同时认肯了出自于这个基本制度要求的义务与责任，就是经过反思自证的具有现实合理性的义务与责任，并承诺对这种基本制度的义务与责任。这样，对于这个基本制度的遵从与维护的义务与责任，就是公民自身的自由意志行为。当年康德讲绝对命令的绝对义务，其实，这是要以人对这种绝对命令的自觉承诺与自觉义务为前提——如果没有这种自觉承诺，则自由意志的绝对义务是不可想象的。公民对于这种义务与责任的认肯与承诺，是一个社会正义秩序之源头。

由此亦可见，公民对基本制度善的道德认同，是对基本制度道德合理性、道德权威的认肯。即，公民在对这种基本制度经过理性反思性批判之后，认为它在道义上是善的，具有价值合理性，并拥有相应的道德权威②。（也正是由于这个原因，它在现实中才能够具有整合社会的现

① 参见罗尔斯：《政治自由主义》第1讲第5节，2000年。

② 制度的道德权威是一个较为复杂的问题。它既可以用来指一个制度的道德合理性，又可以指公民们通过反思对这种制度结构的道德认肯。由于制度的实存形象在现实生活中往往是通过这种制度中公共权力拥有者的道德状况来体现，这意味着如果这个制度中公共权力拥有者的道德状况很糟糕，存在着较为普遍的权力腐败现象，那么，这个制度的道德权威是值得怀疑的。

实效能。这就意味着,一个制度要能够对社会进行有效的整合,其本身首先应当具有道德合理性与道德权威。没有道德合理性与道德权威的制度,除了仰赖强权暴力,没有他法能够有效地整合社会。)

在社会整合与公共政治生活中,制度认同中隐含着某种道德认同前提,但正如上述,这种道德认同是对这个基本制度道德合理性与道德权威的认肯,因而,这并不能成为在一般意义上说道德认同优先于制度认同的理由。在一般意义上说,制度认同优先于道德认同,制度整合优先于道德整合。

社会的规范整合离不开道德整合。道德整合是社会的内凝剂。问题的关键是究竟如何理解社会的道德整合。如果简单地直接将道德规范要求作为社会国家生活的规范要求,就会陷入伦理政治泥坑。如果说在社会规范整合中的制度整合首先是基本制度整合,那么,在道德整合中同样首先是基本道德整合,这个基本道德就是本书将要讨论的基准道德。道德整合与制度整合有明显不同之处。在制度整合中,非基本制度可以在事实上作为社会行为层面的普遍规范要求整合社会。一方面,人们虽然并不一定认同它,但却接纳它。这是出于对法治、法律尊重的自觉理性行为。另一方面,它受到国家强制力量的保证。而非基本道德则未必具有此种有效力①。这也即意味着,一般说来,制度整合具有使社会在行为活动层面表现出一元规范秩序的现实能力,而道德整合却未必具有这种现实能力。二者的这种差异就在于一是强约束力,一是弱约束力。当然,对道德整合不具有一元规范能力的这一说法必须有严格限制:它仅限于社会行为活动层面、且相对于非基本道德而

① 诸如完全不计任何报酬且始终如一为公共利益服务。又如典型意义上的舍己为人:自己的孩子与他人的孩子同患重病,舍自己孩子不顾,将有限的财力与物力捐赠,将生的希望让给他人孩子。这些在道义上都是崇高的,但在社会大众行为层面上却未必具有普遍的规范整合意义。

言，若在基准道德的角度看问题，则人们在共同生活世界中形成的基准道德，同样具有一种使社会呈现为一元规范秩序的现实能力。

道德整合同样须以道德认同为前提。道德认同是指公民对社会某种道德法则及其价值精神善的肯定，从及基于这种肯定基础之上的自觉践履取向。道德认同不仅仅是认知，更是种实践的现实冲动。由于道德认同涉及公民信仰与存在价值目的性理解，由于在宪法、法律范围内公民信仰体系的多样可能性①，由于存在的价值目的性问题，即使是在正确与错误之分的意义上，属于正确的存在价值目的性也还有层次性之分，因而，道德认同较之制度认同要更为复杂、更为受限。道德认同只能在下节所述基准道德的范围内才能成立。超出了这个范围，轻率地谈论社会整合中的道德整合、道德认同，就是极其危险的。那会背离平等的基本自由这一民主社会的特质，就会堕入意识形态垄断陷阱。欧洲中世纪宗教狂热中对异教徒的残酷迫害历史，应当永远令人类警醒。

概言之，从纯粹抽象逻辑上看，似乎纯粹的制度整合是冷冰冰的外在整合，然而，无论是在逻辑上还是在现实日常生活世界中，基本制度整合以对基本制度的认同为前提——这就意味着以公民对社会基本制度善的价值判断与道德认肯为前提，即使是对事实上作为人们普遍行为规范要求的非基本制度，公民在未必认同但却接纳这一外在形式之下，也包含了它们是正当的这一道义判断前提。这样，制度认同并不能完全超脱于道德认同。制度整合虽然在实践上优先于道德整合，但它必须以某种道德认同、道德整合为前提。这种道德认同、道德整合，是在社会基本制度善、非基本制度正当基础之上的价值整合。

---

① 宪法规定宗教信仰自由，那么，这里就存在着一个不同信仰体系之间的关系问题。

在多元民主社会的规范整合过程中，制度整合优先于道德整合，制度认同优先于道德认同。

3. 基准道德与价值信仰

基准道德相当于人们通常所说的底线道德。它有两个方面的含义：其一，对社会而言，指维系社会正常交往的最基本且必不可少的道德价值及其规范要求；其二，对个人而言，指做人的最基本且必不可少的道德品质。价值信仰是对价值观念、价值体系中核心成分的一种虔诚笃信之信念，它是人们价值判断的根本依据。价值信仰表达的是一种根本价值取向，不同价值体系的区别，核心是价值信仰的区别①。

基准道德不是道德规范体系，更不是道德价值信仰，而是一些特殊的道德规范及与其相应的道德品质。作为规范体系的道德，有层次之分，既有最基本的规范要求，也有比较崇高的规范要求。正如前述，不同层次的道德规范要求，有不同的社会约束力强度。社会正常交往活动必不可少、最起码的规范要求，约束力最强，乃至往往以国家意志的形式存在，与法律规范相重合。而那些更高层次的道德要求则相对约束力较小，往往以被倡导的形式存在。这是其一。

其二，不同的价值体系表现为不同的意识形态体系（或如罗尔斯所说的“完备性学说”）。在一个价值体系中，最基本的道德规范要求相对远离作为意识形态的价值中心，而具有更多的价值中立性，这种价值中立性并不意味着这些道德规范本身不再作为价值要求、价值规范存在，而是说它们较少地具有意识形态特征，更多地具有做人的一般价值、社会一般公共秩序与一般价值精神之特质，因而，它们可以为不同

① 参见保罗·库尔茨：《保卫世俗人道主义》，余灵灵等译，东方出版社，1996 年，第 110－113 页。

的道德价值体系所共有。在一定意义上可以说，它们本身具有非意识形态性特征。它们在时间中表现为绵延不绝、世代承袭，在空间中表现为不同社会集团、不同民族所共有，是全人类的语言与财富。全人类性、普世性，正是基准道德价值精神及其规范要求的基本特质。这些最基本的道德规范要求能够在人类发展过程中世代传承、具有价值中立性，并不意味着这些道德规范要求在所有的道德价值体系中的社会作用都一样。相反，它们总是服从并服务于所从属价值体系中的价值核心部分，并事实上是为那样一种价值体系所代表的利益集团服务，从而表现出强烈的价值属性。正是由于这个原因，我们才能够真实把握为什么封建宗法社会中礼教具有“吃人”的性质①。马克斯·舍勒曾揭示，一个价值体系是由一系列价值要求所构成，决定价值体系之间区别的，主要不在于其所构成的组分，而在于这些价值要求之间的优先性关系，在于何种价值要求居于主导支配地位。即，在不同的价值体系中，诸价值要求之间有个优先性差别问题②。舍勒的这个观点基本是合理的。只不过值得注意的是：首先，这种优先性差别不应当简单地理解为先后次序关系差别，而应当理解为是一种内在结构性差别。其次，在有些价值体系之间，仍然存在着组成成分的差别，且往往这些有差别的组成成分，构成了不同价值体系中的核心内容。

其三，特定的道德规范体系总是具体、偶性的，因而，总是要从历史

① 关于这些具有全人类性因素的道德要求的历史意义及其批判性继承问题，详见高兆明：《中国传统道德扬弃方法论》，载《现代教育论丛》，1996 年 1 期。

② 舍勒认为：“除了生活现实的相对性之外，诸价值本身(撇开其不断变换的实际事物载体不谈)之间的优先法则亦是各不相同的。一种‘伦理’便是诸价值之间优先法则的一种体系。”“各种行为、信念、类型各异的人等等是按该伦理得到评价，不仅如此，伦理本身针对一切单纯的适应性先行有了改变。”伦理“是时代和民族本身占支配地位的优先法则”。参见马克斯·舍勒：《价值的颠覆》，罗悌伦等译，北京三联书店，1997 年，第 52 – 53 页。

上消失的——尽管这种消失的具体样式可能多样。然而，基准道德规范虽然是作为组成要素存在于这些特殊价值体系之中，且其具体内容及其社会作用性质事实上受这些特殊价值体系所规定，但是，它却具有永在性，并不因为所“寄生的”那个特殊价值体系的消失而消失。

正由于基准道德具有普遍性的品质，所以，它能为不同的价值体系所认肯接纳。一个社会在其历史传承与现实生活过程中，会形成一些能够为公民普遍接受的道德价值精神、道德意识及其规范要求，诸如公平、正义、仁爱、诚实、守诺等。它们尽管存在于各特殊价值体系之中，却拥有超越性，并不为某一价值体系所独有。正是这些能够为公民普遍接受的道德价值意识与道德要求，使社会生活、人生存在有了基本秩序与某种可公度性。没有这些最基本的道德价值要求与道德意识，很难想象人类还能作为一个共同体存在。它们是维系人类的最基本精神价值。如果说在不同的社会成员、价值体系、理想要求之间，存在着某种道德价值内容、规范意识的共识的话，那么，基准道德正是社会成员的道德共识。尽管这种道德共识的内容极其抽象，甚至在具体理解时会有极大分歧，但它毕竟隐含着人们对于人性、人生、人们相互关系的某种共同领悟。人们相互间在价值体系、终极理想、至善上可能存在着极大分歧，可能难以彼此说服认同，然而，人们却可以在基准道德上取得某种共识、一致。

这样，基准道德在现实生活中就有两种功能：其一，对于公民个体而言，基准道德是公民做人的最基本要求。作为一个人生活在这个世界上，无论拥有何种终极理想，要赢得他人的普遍敬重，就应当且必须具有基准道德。它可以使一个人在他人的视野中，超越其党派与价值体系、终极理想的差异，而获得某种近乎永恒的普遍人格魅力。这种意义上的道德共识，是社会成员对于做人基本要求的共识。其二，对于社会而言，基准道德则使社会获得最基本的交往秩序。这种意义上的道德共识是社会成员对于社会交往基本规则的共识。沧海桑田，日月沉浮，星移斗转，社会生活的具体内容、人们存在的具体样式，可能会有巨大变化，但是，只要组成这个社会的成员能够坚持并实践基准道德，这个社会就不会沉沦，就会有基本的生活秩序。尤其是在当代，民主制度要所确立的平等的基本自由权利，基准道德所要确立的社会道德精神与风尚，会使我们的社会重新成为礼仪之邦。

基准道德共识，只不过是道德认同的另一种表述，它所表达的是公民对社会基本道德价值精神及其规范要求认同。联系到前述对于基本制度善的道德认同，那么，道德认同事实上就有两个方面的含义：其一，对于社会基本制度道德善的价值认肯；其二，对于做人基本道德要求、社会交往基本规范的认同。

基准道德总是相对于道德崇高与道德理想而言的。在一个道德价值体系中，基准道德确实并不居于最高地位，甚至不居于核心地位，它只是其中的最基本方面。与道德理想的那种完满圆融性相比，基准道德确实显得很一般、很平常，没有前者所具有的超尘脱俗、高山仰止气质。也正是由于此原因，人们才对道德崇高与道德理想格外关注推崇，并希望日常生活世界的所有人都能具有某种道德崇高。然而，当人们这样想时，往往忽略了两个极为重要的问题：其一，在多元民主社会中，是否只有单一的一元道德价值体系或终极理想？其二，作为个体存在的公民，如何才能成为道德崇高的？

在当代关涉社会结构、制度的思维中，我们应当始终确立一种思考问题的前提：民主社会是多元社会，多元社会中存在着多元价值理想与终极意义。正是这种思维前提，构成了一种不同于既往的思维方法。虽然我们可能还不太习惯、不太适应这种思维方法，但是生活本身却要求我们的思维方法必须发生这样的转变。

正如本书第三章所述，国家政治生活中亦有道德理想与终极性关切,这就是社会公平正义理想。但是,道德理想与终极关切只是对国家制度体制合理性的诘问,而并不直接作为社会国家生活的规范存在。直接作为社会国家生活规范的是国家制度体制、法律法规。罗尔斯认为民主社会既不是联合体也不是共同体,其本意之一就是要强调在社会国家生活中除了社会正义这一公共理念之外,不再有任何作为意识形态的终极价值目的,且社会正义被规定为公民平等的基本自由权利,公民间没有任何特权、身份、价值上的优先性①。中肯地说,罗尔斯的这一思想是合理的。虽然社会正义在不同时代、不同社会利益集团那里会有不同的具体规定,但是,如果居于一个特定的时代、在人民的立场,那么,社会正义总是有一个大致稳定的内容,总有它的可通约性。这正是它的人民性、现实性之所在。否则,就会由于过于夸大社会正义内容的相对性,而陷入否定社会正义的客观性、历史性之虚无主义境地。即使是在进行现代化建设的社会主义国家政治生活中,社会正义也应当是国家政治生活中的最高公共理念。如果说科学社会主义具有不可战胜性,那么其依据就在于她拥有正义、因而深得民众的拥护。科学社会主义的优越性通过社会正义获得价值论的证明。如果在一个公平正义的社会国家生活中,除了社会正义这一公共价值理性之外,还有任何其他终极价值关切,那么,这种终极价值目的的社会普遍性品质值得怀疑。

多元社会本身隐含着文化多元性这一事实②。在一个民主社会中,会有多个社会集团,多种价值信仰,信仰自由又赋予各种信仰之间

---

① 参见罗尔斯:《政治自由主义》第1讲,2000年。

② 事实上,对于“多元性”本身的多样性理解中,其一就是文化的多元性。参见萨托利:《民主:多元与宽容》,载《直接民主与间接民主》,1988年,第53－70页。

平等的关系①。这些不同价值信仰、意识形态之间的最高价值目的均不相同，且各自的最高价值目的在其特有的意识形态体系中均有充足理由。这种最高价值目的的差别会反映到道德理想的具体内容上。这样，在民主制度中，社会的一元价值要求就不是体系的，而是共识基本内容的；社会存在的最高价值理想内容就不是一元的，而是多元的。文化多元性事实与平等自由权利共同揭示了一个内容：恰如我们的理想对于自己是神圣的一样，社会中存在着的每一个价值体系、价值理想，对于其信奉者而言都是神圣的②。这样，社会生活中的道德整合，就只能是为所有公民、集团都能接受且能有效践行的基准道德。

如是，对本书第二章所说：社会结构转型时期应当加强制度供给，通过利益诱导的社会激励手段在社会公众中确立起所要确立的道德价值精神及其规范要求这一做法，须作进一步限制：利益诱导所要确立起的道德价值精神及其规范要求仅限于基准道德规范范围。在社会国家生活中确实应当做到利益诱导与价值引导的统一。但是，这种利益诱导，一方面应当在民主政治背景之下、通过制度化了的社会运作机制付诸实践；另一方面又应当严格限于基准道德范围，一旦超出了基准道德范围，就应当极为谨慎。至少中国“文革”十年历史从反面提出了这样一个警告③。

---

① 诸如有神论与无神论，信仰基督教与信仰佛教、伊斯兰教等，这些信仰之间均是平等的。

② “最强有力地推动着我们的那些最高的理想，在任何时代都只能是在与其他理想的斗争中实现的，这些其他理想对于其他人来说，正如我们的理想对于我们来说一样，都是神圣的。”参见马克斯·韦伯：《社会科学方法论》，李秋零译，中国人民大学出版社，1999年，第6页。

③ 笔者曾提出利益诱导与价值引导相结合。这在一般意义上说并不错。但是，一方面，这种做法本身只是一种工具理性，具有双刃性；另一方面，它在微观管理的意义上具有更多的直接效准性，在社会国家生活中指向的则是社会制度自身的正义性。参见高兆明：《道德生活论》，1993年，第103－106页。

现对我们再对多元社会中的公民如何才能成为道德崇高问题略作探讨。我们希望多元社会中的每一个公民都变得道德崇高——每一种价值体系对于自己的信奉者都有这样的要求。为了使问题的讨论更为简洁、抓住关键,我们悬搁不同的价值体系对于道德崇高有不同的具体规定这一问题,假定孟子所说的大丈夫人格在最抽象的意义能够代表各种价值体系对于社会成员的共同的人格要求,那么,现在的问题是:作为社会成员的个体如何才能成为这种君子人格?这牵涉诸多方面。现我们再将问题集中到一点:个体并不是天生君子人格,个体有一个人格提升过程。那么,这个人格提升过程又是怎样的?它与基准道德的实践有何关系?基准道德与道德理想、道德崇高的关系如何?是否基准道德否定道德理想与道德崇高?如果将道德理想、道德崇高理解为至善、完满,那么,基准道德由于其最起码、基本性,而决定了其优先于道德理想与道德崇高,**基准道德是道德理想与道德崇高的生长点**。如果将道德理想理解为一种高尚人格,那么,甚至在基准道德中就存在着道德理想与道德崇高。伟大人格并不在于一时一事的惊天动地,而在于平凡中的始终如一。伟大寓于平凡。正是在此意义上,基准道德与道德理想、道德崇高具有一致性。

在日常生活中,我们确实感觉到崇高人格的稀缺,并祈盼、赞美崇高人格。然而,冷静地想一想,我们直接感受到的可能更多的是基准道德缺失。否则,我们还能产生普遍道德失范的感觉吗?其实,这么多年来,我们不乏对崇高人格的张扬,并一直在以崇高人格要求社会成员,对基准道德虽未表现得明显不屑一顾,但事实上采取了一种轻蔑态度。许多人连起码做人的品质都不具备,却被套上了人格崇高的光环。许多人不屑于日常琐事,醉心一鸣惊人。至于公德缺失、假话空话、厚颜无耻,亦不罕见。拔苗助长,令人心惊。至少生活本身告诉我们,基准道德既是做人的基础,也是社会健康有序发展的基础。很难想象,一个人不具有基准道德却能有高尚的心灵、博大的胸怀,能成为人民的伟大儿子、忠诚战士;很难想象,一个公民不拥有基准道德,却能有崇高理想、博大情怀,能在日常生活中恪守规则、捍卫法治;也很难想象,一个社会缺失基准道德,这个社会却能拥有高度文明的水准与清明的社会风尚。在社会公共生活中,基准道德优先于价值信仰。

在社会规范整合中,以法治为基础,强化基准道德,似乎使社会日常生活秩序缺少了卓越高尚,显得平庸。当我们在考虑建立基本正义的社会制度时——在这个制度中德行有用、德福一致——可能会面对一个无法回避的问题:社会制度在总体上基本正义,社会秩序生动谐和,社会风尚清明,然而公民个体的道德情操却未必像过去那样高尚圣洁。不过,这里却包含着两个值得进一步追问的问题:其一,如何理解过去的那种"高尚圣洁"? 如何看待这种道德风尚的改变? 其二,如果真的那样,公民个体的道德操守是否真的不高尚了? 其实,过去那种道德高尚圣洁未必真的就是高尚圣洁,未必真的人格健全。它们不仅有其存在的社会历史条件,也许更有某种社会历史与人格代价。

当年托克维尔在论及美利坚民族以"正确理解的利益原则"反对个人主义时,曾认为正确理解的利益原则切合人的弱点,是以"个人利益来对抗个人本身",因而能对人产生巨大影响。他看到"只靠这个原则还不足以养成有德的人,但它可使大批公民循规蹈矩、自我克制、温和稳健、深谋远虑和严于律己。它虽然不是直接让人依靠意志去修德,但能让人比较容易地依靠习惯走上修德的道路。"它"一旦完全支配道德世界,无疑不会出现太多的惊天动地的德行。但……怙恶不悛的歹行也将极其稀少……就某几个人来说,这个原则使他们下降了;但就整体来看,它却使整体向上了。"①从托克维尔的字里行间中我们体悟到

① 托克维尔:《论美国的民主》(下),董果良译,商务印书馆,1988 年,第 653 - 654 页。

一种思想:伴随着人类文明秩序的演进过程,个体德性的提高与社会风尚的改进未必同步,但社会风尚改善与社会成员整体道德水准提高却是一致的。即,只要社会风尚改善了,公民个体的道德水准在总体上必定提高。

我们可以在抽象的意义上设想:在任一特定社会中,其社会成员的道德水准状况存在着一个道德水平平均值 G 。依据 G 这一平均值,将这一社会中的人群分为三类:高于平均值 O 类,平均值 G 类,低于平均值 S 类,且设定三类人群呈正态分布,G 类占大多数。一个社会的风尚状况在总体上尽管由 O 类引领,但却由 G 类决定。如果一个社会风尚改善了,那么,这就意味着社会大部分成员的道德水准提高了。制度供给的作用正在于努力提高平均值,改善社会风尚,提高社会一般道德状况。基准道德以及德行有用的社会制度体制,似乎给人留下了社会不再那么彻底无私忘我,似乎社会道德境界下降的印象,但是事实上却是社会整体道德水准的提高。这里有个人们认识问题的方法、立场转变问题。如果以既有的那种圣人道德标准来观察社会成员,那么,社会绝大部分成员确实是凡人,凡人的道德境界较之圣人的道德境界无疑要逊色得多。不过,公民本就是凡人。如果不再以一种理想的圣人道德而是以一种现实的凡人道德来要求公民,那么,就会发现公民那种文明礼貌、克制自律、遵章守法、维护公益、契约有信等德性品格的养成,就是一种道德进步,就是凡人中的贤者。甚至在一个人的如此始终如一中,我们也会感受到某种做人的高尚与神圣。

在社会结构转型过程中确实有一个社会教化、规范重整的任务,然而,社会教化的过程主要是公民在日常生活的经验世界中自我学习、自我教化的过程。社会的规范整合主要是法治整合,以及在此基础之上的基准道德整合。社会通过这种规范整合,为公民提供一种日常生活世界,在这种日常生活世界中,公民通过生活实践的学习、训练与陶冶,养成一种新的德性精神。

二、德性精神

人,形神兼备。此"神"在英文中为 humanity ,它相对于 human being ,是人的内在道德性 inner morality①。在中文中,虽然"神"可以有多种理解,乃至可以包括外形至活,但本书是在相当于孟子所说人之"性"的意义上使用。就人之为人的内在规定性言,道德使人配称之为人。在此意义上,德性精神即为其神。此处德性精神与道德精神概念相同,但并非指道德的精神②。形仰神而存。人赖以安身立命的是德性精神。有什么样的精神就有什么样的人。

若在历史维度中考量,造成各个社会历史时期或不同文明之间相互区别的,不仅仅有我们通常所熟悉的社会物质生产方式,而且还有以公民德性精神为内容的公民风范。在现代社会,这种公民风范不仅仅是礼貌教养、优雅谦逊、绅士风度、克制自律、自尊尊人、诚实守诺、遵纪守法、宽容理解,等等,更是一种政治生活态度:视他人(无论属于何种种族、团体、宗教信仰)均是与自己具有同等尊严与平等自由权利的同类公民,并在此基础上共在共生。在这种政治生活态度中所透射出的,正是公民的宽容民主、平等自由之德性精神。虽然公民风范有其形成的客观基础与复杂机制,乃至它的形成本身就离不开现代性社会的建立,但公民风范本身则又构成现代性社会的一个必要前提。社会正义制度的真正建立,以公民美德精神为必要条件。罗尔斯在考察现代社会政治正义时,实际上是以一定的公民风范或理性的公民为前提。在

---

① 牟宗三先生曾对 humanity 与 human being 的关系作了非常精辟的论述。参见牟宗三:《四因说演讲录》第 2 讲,上海古籍出版社,1998 年。

② 故所谓"盗亦有道"亦为盗之团伙的一种德性精神。

罗尔斯看来公民风范或理性的公民必须具有进行社会合作的一系列美德与能力:必须有两种道德能力,即正义感与善观念能力,用以参与公平的社会合作与合理调节自己的合作行为;必须具有理性的能力,即用来判断、思想、推理的能力;必须具有道德认同的能力与公共认同的能力,即在享有向社会制度提出自己合理要求之权利的同时,承诺对社会正义制度的义务①。罗尔斯于此事实上揭示了一个正义良序社会的存在,离不开公民德性精神的滋养与补充。现代社会的建立过程,既是一个建立公平正义社会结构、制度体制的过程,同时亦是一个哺育、塑造与提升公民德性精神的过程。

汤因比在考察历史变迁时曾揭示:在文明解体、社会转型阶段,会出现灵魂分裂,出现诸多互不相容的生活、行为、情感方式,从而产生出一种存在的杂乱感②。在一般情况下,杂乱为混乱无序。杂乱感则为人在混杂无序日常生活中的杂乱无章、无所适从感觉。这种杂乱无章、无所适从感觉,不仅仅是外在生活秩序的,更重要的还是内在心灵秩序的。这种情况在社会变革、结构转型时期尤为突出。然而,事实上社会变革、结构转型时期的杂乱及其杂乱感有其特殊性。舍勒在探究资本主义精神实质及其未来时曾揭示:现存生活秩序衰亡的原因在于价值的颠覆。如果我们并不过于苛求舍勒仅立足于心理分析的缺憾,而是通过他的工作,进一步认识社会心理变化背后所存在的深刻社会历史原因,认识两种不同生活方式间的更替造成了这种价值颠覆,那么,他的工作对于我们认识社会秩序变化仍然具有重要的启发意义③。社会

---

① 参见罗尔斯:《政治自由主义》第1讲第3、5节,2000年。

② 参见汤因比:《历史研究》(中)第19章第1、5节,郭小凌等译,上海人民出版社,1986年。

③ 参见马克斯·舍勒:《资本主义的未来》,罗悌伦等译,北京三联书店,1997年;《价值的颠覆》,1997年。

结构转型时期社会生活中的杂乱及其杂乱感，是在既有生活方式发生根本变化基础之上，由于生活、习惯、思想、精神中注入新的因素，从而引起矛盾冲突之结果。它有两个方面的基本内容：外来文化与本土文化的撞击，传统文化与现代文化的冲突。外来文化对本土文化的撞击，会激发起对本土传统文化的反思。而外来文化的批判汲取以及对本土传统文化的反思批判，能引起既有社会价值观的振荡、崩塌。因而，社会结构转型时期的杂乱及其杂乱感，虽然本身并不等于就是历史发展、文明进步，但是它们却是历史发展、文明进步的可能。在这种杂乱与杂乱感受中，人们经过痛苦的日常生活秩序动荡与心灵秩序迷惘历程，会以自己的方式，逐渐形成一种新的适合新时代的交往关系及其秩序，并逐渐孕育出一种新的社会精神与公民德性，从而实现民族精神的现代化，公民心性的现代化。

新的时代应当有新的民族精神气质、内在精神范型。现代化进程中的民族精神升华过程，面临着民族精神气质、内在精神范型的转化问题。这个民族精神气质、内在精神范型的转化，首先是由神圣道德范型向世俗道德范型的转变。

1. 世俗道德与神圣道德

此处神圣道德并不是指宗教道德，而是指一种近乎完满至善至圣的道德要求，故，此处世俗道德就不是指与宗教道德相对应的俗世道德，而是指一种并不那么完满至善至圣的常人日常生活基本道德要求。不能简单地将世俗道德与神圣道德理解为道德的两个不同境界，以为神圣道德在品质上要高于世俗道德，世俗道德在品质上要逊色于神圣道德。与其说世俗道德与神圣道德是两种境界的道德，毋宁说它们是两种道德范型。这是基于道德价值是立足于此岸还是彼岸而作出的划分。世俗道德是立足于现实此岸俗世生活的道德范型，神圣道德是立足于彼岸至善理想的道德范型。世俗道德作为一种道德范型虽有"俗"性，却并不内在地拒斥高尚与神圣，亦不否定社会倡导高尚与神圣的道德精神，相反，它内蕴着高尚与神圣。它只是立足于此岸世俗日常生活世界引导公民在俗世中走向高尚与神圣。而神圣道德则立足于彼岸理想世界召唤着人们走向神圣。这样，本书的世俗道德甚至亦可包容宗教道德意义上的神圣道德。

中国古代传统中事实上是一直在推行一种神圣道德范型。它也确实造就出一批高尚道德人格，并能使人们在极其艰难的条件下，战胜一切困难，建设国家，守护人格。然而，无可讳言，由于神圣道德立足于彼岸理想世界，因而，它有一种先天缺陷：易使人产生一种错觉，以为自己不食人间烟火。这种先天缺陷性并非时时都表现得很明显，但一旦有了某种社会条件，病症就会显现。在极左思潮居主导地位年代，甚至神圣道德本身亦成为极左思潮的一部分。更为重要的是，市场经济建设及其运作机制立足于人们现实尘世生活，并通过人们对尘世生活现实利益的关心来激活人们的创造性与积极性。这意味着在以市场经济为基础的现实日常生活世界中，为了使社会系统和谐统一，社会的道德价值系统也应当立足于尘世引导人们。崇高应扎根于尘世中。

这样说并不否定德性的神圣性，甚至亦不完全否定神圣道德本身。神圣道德确实以自己的方式揭示了人之为人的神圣内在规定性，揭示了人的至善发展方向，揭示了人的理想性存在。它确实具有一种使人超尘脱俗、顶天立地的精神力量。千百年来，正是在神圣道德理想的鼓舞激励之下，一批批圣者贤哲、仁人志士拔地而起。他们既成为时代良心与社会精英，成为推动社会历史进步之先驱，又成为民众仰慕、学习之楷模。在此意义上，神圣道德代表了社会的理想与完美，给人以战胜苦难、卑劣与黑暗的力量与勇气。在物欲横流、充满迷惘的社会，神圣道德更有其存在的现实理由。如是，反观中国古代心学理学，反观中国古代圣人贤哲,我们不难发现他们以一种特殊的方式要求与感召着人们:不惧艰难困苦,战胜堕落诱惑,勇于担当责任与义务,做一个大写的人。康德绝对命令的道德义务论亦如是。康德之所以要提出绝对命令的道德理念与道德要求,其实也是以一种哲人的思想方式,抗争资本原始积累时期物欲横流尽显兽性本色之社会,揭露狭隘功利主义与经验主义所导致的社会视盲症,抨击为所欲为、没有自由的自由时代。正是在此意义上,神圣道德甚至并非完全脱离世俗——它是立足神圣、通过至善来反观世俗。

然而,现实的问题是,一方面,人总是首先立足于世俗、立足于现实感性经验生活,总是他那个生活世界的产物。现实日常生活世界是世俗的,人不可能逃脱世俗生活。另一方面,最后能真正成为神圣、至善的,无论古今中外,总是极少数。虽然这极少数对社会有极大的影响作用,但是,这种影响作用必须通过占人口绝大多数的普通人才能变为现实,且占人口绝大多数的普通人对社会的整体状况起着决定性的作用。马克斯·舍勒曾将社会生活者分为"雅""俗"两类,这大致相当于中国古人所说的"贤"者与"俗"民。雅者,心即为终极价值之寓所,故雅者依理想体验价值,而俗民只能依经验体验价值①。即社会绝大多数作为所谓俗民存在着的人,是通过经验生活而体验并走向神圣的。更何况在一个多元民主社会中,道德价值事实上是多元存在。与此相应,就提出了三个问题:其一,生活在世俗世界中的人能否变得神圣崇高?如何变得神圣崇高?其二,如何才能将少数圣人贤哲之品质变为社会中绝大多数人的自觉实践或品质?其三,在一个民主制度中,多元道德价值如何整合?或者说在民主精神之下,社会基于何种立场形成统一的

---

① 马克斯·舍勒认为"雅人在比较之前体验价值;俗人则只在比较中或通过比较体验价值。"关于雅俗之分,详见马克斯·舍勒:《道德建构中的怨恨》,载其著:《价值的颠覆》,1997年,第18-19页。

道德世界？

历史表明，除非在一种类似宗教信仰的意义上推行神圣道德，除非普通民众在一种宗教虔诚之心下拥有一种宗教意义上的神圣道德，否则，即使是准宗教式的神圣道德也会在剧变的生活世界中失却其有效性。中国古代社会的传统道德似乎是在推行一种神圣道德，其实，那却是完全世俗化、实在化、具体化了的世俗道德。家国社会、日常生活的举止应对、规范要求，细致入微。“道”就在“日用伦常”之中①。所以，古代中国社会的道德才有那样一种强大的社会渗透力与影响力，才能成为一种无所不在、无时不能的道德规范性。如果要总结中国古代历史上道德巨大社会作用的原因，那么，除了其缜密细致的道德规范体系与社会构架原理的一致性外，就应当首推道德的世俗范式。当然，这不是说中国古代没有神圣道德。神圣道德是社会精英道德，是作为普通民众楷模、理想而存在的道德。这两种道德范式并行不悖。值得注意的是，虽然在古代儒家道德学说中有君子与小人两种道德境界或两种道德生活范型，但是一部儒家经典《论语》的立足点，就是从世俗生活出发而作的大义融通，就是要从世俗生活中将普通人引向高尚神圣境地②。

历史亦表明，如果以一种强力在全社会推行神圣道德，虽然或许会收暂时之效，然而，一旦离开了强力约束或准宗教式的顶礼膜拜，情况

---

① 余英时先生从东西方文化比较的角度揭示中国文化的特质，中国古代文化没有人神之二分对待，理俗两个世界不即不离。这亦从一个侧面证实了中国古代道德的世俗性特征。参见余英时：《从价值系统看中国文化的现代意义》，载王元化主编：《释中国》第1卷，上海文艺出版社，1998年。

② 孔子以为“君子喻于义，小人喻于利”。对此虽有不同的解释，笔者以为还是取小人明于利益，对小人应当以利导义此解为宜。这种解释与孔子所主张的对普通民众应当“庶之，富之，教之”思想一致，与孔子基于普通生活导向完美的做法一致。

会发生根本的变化①。更为重要的是，现代化建设以市场经济为基础，市场经济以一种无可抵挡的客观物质力量将人们的视野引向世俗生活。尽管市场经济建设必须注重物质与精神两个方面的平衡协调，尽管生活在市场经济中的人应当避免成为单面人，应当注意人性的全面发展，然而，思考问题的基本出发点却不得不面对市场经济及其所带来的这个现实。从市场经济的经验世界出发，并不意味着要停留于经验世界，恰恰相反，是为了超越经验世界。这样，世俗道德就应当是现代社会中的基本道德范型。

现代社会需要道德，现代社会中的人需要有道德精神。但是，现代社会的道德应当基于个体的现实存在方式，应当关注人的需要及其满足方式，应当使道德更加合乎人性，应当防止现代社会中的道德堕入神秘主义或空想主义②。现代社会中的人是能够变为神圣的，只不过她/他是从世俗生活现实出发，在经验世界中反思、提升自己，一步步走向神圣高尚，且这种神圣高尚就存在于世俗平凡之中。这就是如同柏拉图、亚里士多德所说的各司其职、做好社会角色所要求的就是高尚，就是如同基督所要求的爱邻人，如同孔子所倡导的推己及人。神圣一旦消除了神秘性，就会变为公民的现实精神。

世俗道德并不否定个人的现实利益，也不并不拒斥个人通过正当途径为自己正当利益的努力。世俗道德只是在同时提醒与强调："我"不是单面人，也不是游离于社会之外的鲁滨逊式的个别存在，"我"应当是完整的存在，有自己的长远根本价值目的。世俗道德所要求的是：从当下做起，做好"我"的现实每一项工作；做好一个人，"我"有一种完美存在的可能，"我"应当不懈为之努力。这样，世俗道德亦不否定一

---

① "文革"教训以及随之而来的改革开放中的道德变化现象，应当是对其的最好注释。

② 参见保罗·库尔茨：《保卫世俗人道主义》，1996年，第36页。

个人应有理想，只是世俗道德并不离开人们存在的物质条件空洞地谈论理想，而是立足于“实际条件和操作”，去构成人们关于善的价值观念与价值理想，在现实基础之上引导人们达于理想目的与现实手段的统一。“一个忽视经济条件的道德体系只能是一个遥远空洞的道德体系。”①

世俗道德并不排除与削弱人的道德责任与社会义务。只要一个人作为社会成员存在，就有无法推卸的责任与义务。这种责任义务是一集合体：既有目的性的，也有工具性的；既有功利的，也有非功利的；既有家庭的，也有社区、集团、社会的；既有对他人的，也有对自己的；既有当下的，也有长远的，等等。既然我们已经假设现代社会的人是一个生活在正义制度中的理性的人，那么，作为一个理性的人面对与处理这样一种道德责任与义务集合时，就会根据自己的价值理念，依据对当下事实情景的判断，作出一种合理选择。这种选择，只要是出于良知且是明智的，那么，就是善的，就应当被肯定与赞美。

在一个社会中，我们不能立足于公民做出道义上最佳的，而只能立足于公民做最基本应当做的；我们不能奢望公民能够获得最高限度的道德品行，而只能希望公民在获得日常生活基本道德品行基础之上去进一步发展与完善自己；我们也不能奢望公民一点儿不违反任何道德规范要求，我们只能希望公民尽可能少地违反道德规范要求，且能够明白遵守道德规范要求对自己的重要意义②。这样做丝毫也不与争取公民做出道义上最佳的相矛盾。这与社会规范整合中的基准道德优先恰恰一致。

---

① 参见杜威：《确定性的寻求》，载周辅成编：《西方伦理学原著选辑》（下），商务印书馆，1987 年，第 722 - 724 页。

② 参见哈耶克：《自由秩序原理》，邓正来译，北京三联书店，1997 年，第 116、181 - 182 页。

一个制度正义的现代社会，并不是从外界强加给公民一系列神圣完美的道德要求，而是在向公民提供最基本的道德规范要求的同时，通过正义社会结构的制度供给，使公民通过日常生活经验学习提高自己的精神境界，使公民自己在世俗生活中逐渐生长出神圣品质，且这种神圣品质并不与公民的世俗生活有不可逾越鸿沟——它只不过是世俗道德自身的结晶。而正义的社会制度与结构自身，亦在这种公民日常生活的自我学习提高过程中得到巩固与完善。

康德曾以发起一场哥伯尼式的革命著称。康德的道德深刻隽永圣洁，令人仰止。然而，在某种意义上，康德的绝对命令道德观却有可能使人对道德敬而远之——它是那么崇高伟岸，但又是那么可望而不可即。严格地说，康德的道德思想是一种圣人道德，主要是少数人的道德，而不是普通民众道德。摆在康德面前一个无法回避的问题是：占社会绝大多数的普通民众如何才能达到义务论的这种境界？对于社会大多数人来说，日常生活世界不存在这样一个支点，可以将他们撬离尘世世俗。他们只能通过自己的活动，在尘世的基地上建立起一座通天塔，一步步攀向神圣境地。不过，冷静仔细思索，在康德思想中似亦存在着使道德可世俗化的一个契点。这仍然寓于他那源于先验综合判断的普遍律令。先验综合判断既是先天的又是后天的，它既是人类世代生活道德规范要求的积淀与传承，又是现实活动着的人对于现实生活的理性把握。而可普遍性则是从个体自身向外推出的一种演绎方法。人类世代积淀传承而至的道德中自然不乏完美高大之要求，但更多的则是对日常生活调节的道德要求。个体立足于日常生活的理性可普遍化推演，从世俗道德的角度、据于我们－主体立场亦可进行。世俗道德也可普遍化。

我们的思维方法应当转换。应当由从既有高大全理想出发观照现实、要求现实的思维模式，转变为从现实出发确立应有的道德规范要求、并进一步引导人们逐步完善自身的思维模式。这种思维模式转换，丝毫也不否定积极道德价值精神的引领作用，丝毫也不减弱道德的神圣性，只是使道德更具现实生命力。生活原本是世俗的，世俗不等于庸俗。世俗的生活要求世俗道德范式。世俗道德范式内容中同样包含着神圣、高尚。从世俗出发，可以通向神圣、高尚。

从道德范式角度看，我们应当确立起世俗道德范式；从道德品质形成角度看，在大众层面，世俗道德优先于神圣道德[①]。世俗道德自身有丰富内容，既有中国古人所说礼义廉耻等，亦有如泰勒所说尊重、自尊、尊严，然而，就其现实性而言，守法与宽容却最为基础。守法与宽容，是公民为了维护平等基本自由权利及由平等自由权利所构成的正义社会秩序，在行为与心理两个层面所应具有的基本美德。

2. 守法精神与耻感意识

既然现代社会是合理多元社会，合理多元有一元共识，在一元法治基础之上，制度整合优先于道德整合，那么，这其中就隐含着一个推论：公民的守法精神是社会最基本的美德精神。

在东方晚发国家中构建社会主义现代化的民主良序社会，社会应当首先确立的最基本美德精神当然离不开主体精神与自由精神。然而，这种主体精神与自由精神必须包含守法精神。没有守法精神，甚至主体精神与自由精神本身亦会被扭曲。守法作为民族精神与公民精神[②]，不仅仅是因为守法精神中包含着行为规范及自律意识的培育，更

---

① 这里的“优先”并不是指价值上的优先，而是指一种善良高尚品性之形成，只有在日常生活中先做到一般道德所要求的，才能进一步达到神圣境地。

② 民族精神是一个民族的灵魂与意志，是一个民族得以存在与发展的内在力量。公民精神则是作为公民存在的个人的灵魂与意志，是一个人在现代社会得以存在与发展的内在力量。黑格尔曾以思辨的方式提出：民族“精神”就是一个民族的“理性的和必要的意志”。参见黑格尔：《历史哲学》，王造时译，北京三联书店，1956 年，第 46 页。

是因为中华民族历史传统的特殊性。

无论是从抽象学理还是从现实活动的角度看,似乎中国在由前现代化向现代化过渡过程中首先应当确立的是主体自由精神。确实,现代化过程是一个由身份到契约的过程,在这个过程中每一个个体都获得了独立自主的平等地位,并且作为现实利益主体存在着。没有主体与主体性精神,就没有市场经济与现代化社会。然而,现实的问题是:首先,主体精神、主体意识的觉醒,首先是个体主体意识与个体主体精神的觉醒。作为个体存在的主体怎样构建起与他人、社会的关系,怎样约束自己的行为?如果说西方社会由于其特殊的文化、历史背景,个人主义在其现代化过程中尚能发挥积极的作用,表现出其积极的方面,那么,在东方随着个人主体意识的觉醒,个人主义似乎在实践中表现出更多的另一种特征。至少近年来的实践表明,我们尚未得到人类近代以来兴起的个人主义的精髓,我们得到更多的是个人主义的消极面,或者换言之,我们得到的更多的是一种坏的个人主义。这就如同布克哈特在《意大利文艺复兴时期的文化》中所揭露的那样,刚愎自用、为所欲为。市场经济事实上已经使中国人的个人主体意识在极短的时间内得到极大觉醒与张扬,人们甚至以一种不情愿的方式感受到个人是自由的,人们已无须通过说教启蒙来确立个人主体意识与自由意识。生活实践这个最好的导师正在以一种特殊方式完成这个启蒙任务。中华民族现在所面临的最重要任务是:如何使这种正在觉醒了的个体主体意识、个人自由精神,发扬其积极面,防止其消极面,如何使个体在一种理性精神指导之下建立起与他人、社会间的我们－主体合理关系,即由个体主体意识向社会主体意识升华①。

---

① 关于主体意识觉醒的二重性,及个体主体意识应当向社会主体意识升华问题,详见高兆明:《道德生活论》, 1993 年,177－190 页。

其次，中国以市场经济建设为触发的全面现代化建设，虽然仅仅数年，但其存在的问题已是既严峻又清楚。各自为政、号令不畅、腐败盛行、犯罪剧增、大案迭起，相当程度的权力腐败与社会失范已成为令人们极为关注的普遍现象。无可讳言，这在根本上得归结为制度体制问题——这是一种制度性腐败与制度性失范。如果没有制度体制的深刻变革，这种社会病症不可能根治。当然，也无可讳言，就个体层面而言，上述权力腐败与社会失范现象，源于个体在利益意识普遍觉醒的同时，既贪婪又缺乏基本守法精神。人们突然发现了个人的存在，突然发现了有获取个人利益的现实可能，这些“觉醒”了的个体就利用一切机会尽可能地使权敛财，在一种没有任何约束的意义上充分享受自由。这期间虽然有一些相应法律法规被制订，然而，它们对社会的规范、拘束力却非常不如人意——它们在权力面前往往不过是任人把玩的芭比娃娃。事实上，如果现有的法律法规能够较好地发挥作用的话，社会生活秩序的现状就会大为改观。但事实本身却表明，无论是在社会公共生活层面还是在公民个人生活层面，守法这一美德精神都相当苍白。

资本主义在其发展过程中曾确立起三种社会精神：个人权利至上、价值相对主义、实利取向①。尽管这三种社会精神对社会具有腐蚀作用，但是，由于西方民族文化中历史悠久的法治传统与守法精神，使得社会至少在宏观层面仍然表现出整体的秩序性。我们这个民族由于历史的特殊性，缺乏这种法治传统与守法精神，所以，在市场经济建设中萌生出的个人权利意识、功利取向一旦成为一种社会精神，其在给社会带来活力的同时，腐蚀作用同样巨大。一群缺少守法精神的国民很可能是一伙乌合之众，一个缺少守法精神的民族很可能是一个没有前途

① 参见马克斯·舍勒：《道德建构中的怨恨》第5章，载舍勒：《价值的颠覆》，1997年。

的民族，一个缺少守法精神的社会不可能是一个法治社会。

先发与晚发民族在现代化过程中有一明显不同：先发民族文化以守法精神作为一事实前提存在，作为一种既得民族财富拥有，晚发民族则必须以建立这样一种民族精神为前提。在研究社会结构转型、社会失范问题时，必须注意东西方民族间存在的这一重要差别。我们不能简单套用西方民族现代化经验或理路，来认识、解释东方现代化过程。西方民族在其文化传统与历史传统中，有着悠久的守法自律精神传统①。正是在这种精神传统中，我们看到了一种社会秩序的精神根基，看到了一种自由的自律精神。个人的自由权利在这种德性精神之中会得到坚定的维护，哪怕以生命相献亦在所不惜。在这种社会精神中，既有秩序也会被改变，但是，它总是在既有法律框架中、并以一种捍卫法律尊严的方式进行②。西方民族文化的这种自觉守法精神传统与其悠久法治传统相一致。相比之下，东方古老社会既缺少法治传统，又缺少守法精神。这不是说东方古老社会中的民众都是不守法的泼妇刁民——事实上他们绝大部分人还是奉公守法的良民——而是说在东方古代社会文化中，由于以经注法、父为子隐等一整套传统伦理精神，由于传统家族宗法组织的社会基层整合作用及其家规宗法意识，由于没有现代意义上的法治，所以，东方古代社会中的民众缺失现代意义上的守法意识。也正因为此，在我们的现实生活中，法律在权力、人情乃至个人义气之下，显得弱不堪击。如果没有良法，没有司法独立，没有普遍的守法精神；如果没有法律的普遍权威，如果法律在权力面前只不过

---

① 苏格拉底宁愿受到不公正处置，也不愿逃避不公正的法律审判，以生命为代价表达了一种守法的普遍美德精神。

② 当然，两种历史形态更替过程中的急风暴雨式的暴力革命方式则应另当别论。不过，我们此处是在和平发展这一社会变革方式下讨论守法精神的，这是两个不同的问题，不可混淆。即使是西方民族的历史上亦有过如此的暴力革命，但这并不能否认其一般意义上的普遍守法精神的存在。

是纸老虎、稻草人,法治只不过是一种善良的奢望。

问题更重要的是,在一个连法律都不被敬重的社会中,还有什么规范制度不能被人们肆意挑战?还有什么规范制度能具有普遍的权威与效力?在现代社会,守法精神表达的是对社会正义制度的道义认肯与信任,对社会公共利益、行为规范的尊重,表达的是一种自制、自律精神,表达的是对宪法法制的承诺及其坚定不移践履态度。在这种对社会基本制度、公共利益、行为规范的尊重中,表达了公民对自身自由权利与责任的深切理解,表现出公民的理性自律精神。这正如康德曾经深刻揭示过的那样,尽管守法以法律义务的强制为前提,但是对法律的尊重本身就是一种"精神气质",就是一种他律形式的自律①。道德上的自律、道义上的社会责任,在社会公共生活中能够通过守法精神集中体现。每个人都生活在特定的制度背景中,个人的平等自由权利只有在公平正义的社会制度中才能得到有效保障。如果公民没有守法精神,这就意味着公民在毁灭赖以保障自身自由权利的制度。守法是现代人的最基本美德之一。守法精神是晚发民族克服现代化过程中无序失范的最有效亦最经济的精神法宝。

不过,正如亚里士多德曾揭示的那样,强者不需要公平正义,只有弱者才会诉求公平正义以维护自身的正当权利,②守法精神也一样。权力执掌者往往并不愿意将自己的手脚被法律束缚。守法往往成为治者对普通民众的要求。一个不被治者所尊重的法律,很难想象会真的有权威与生命力。如果治者对法律不敬、不恭,不能将自己的权力置于

---

① 参见康德:《伦理学的形而上学要素》,"序言",载《康德文集》,改革出版社,郑保华译,1997 年,第 361 页。

② "人们要是其权力足以攫取私利,往往不惜违反正义。弱者常常渴求平等和正义。强者对于这些便都无所考虑。"参见亚里士多德:《政治学》,吴寿彭译,商务印书馆,1995 年,第 317 页。

宪法法律的铁笼里，很难想象普遍民众会真的敬重法律并具有守法精神。处于转型时期的民族，要使守法精神成为社会文化，首先要求权力执掌者须尊重法律并具有守法精神。

守法精神的核心是对宪法法治的维护与遵守，是宪法法治精神。这样，守法精神本身就并不意味着可以放弃积极社会批判的职责。相反，维护与遵守宪法法治的承诺及将这种承诺现实化的实践精神，要求每一个公民承担起所应承担的社会责任，对日常生活中的所有违背宪法法治精神现象作不懈抗争。如是，守法精神中内含着对那些不合乎宪法法治精神的不公正、不合理法规条文的抗争与违背①。守法精神不应成为某种逃避责任的借口托词。巴恩斯在抨击人们逃避自我责任时曾尖锐地痛斥了这样一种社会现象：人们将“现存的法律或习俗与绝对的是非标准……等同，……把破坏它们的人视为彻头彻尾的恶人。”②如果离开了宪法法治精神，仅仅绝对地将守法视为美德，则是对守法美德的一种玷污。正是在此意义上，离开了对宪法法治的维护与遵守这一前提，而将遵守法规视为美德，则很可能是逃避社会责任，放弃了在宪法法治范围内的社会批判职责③。

守法精神既是一种守法的行为取向，更是一种对宪法法律敬重的美德。一个具有守法精神的人，当其在日常生活中一旦闪现出违背宪法法治的念头，或者有了违背宪法法治的现实行为，就会为此感到羞耻，并在一种耻感意识之下深深自责。耻感意识是一个人自律守法的内在依据。

---

① 美国黑人妇女帕克斯太太乘坐公共汽车的举动，抗争具有种族歧视性质的法规，后来成了美国历史上“自由精神的活典范”。而中国十年文革中的张志新的抗争，在悲壮中成了当代中华民族独立思想、追求自由的楷模。

② 参见巴恩斯：《冷却的太阳》，中央编译出版社，苏贤贵等译，1999 年，第 93 页。

③ 科尔伯格后习俗道德水平意义上的道德境界，正是这种积极责任的社会批判境界。

耻感意识是指出于自律而对过错所产生的一种耻辱感。耻感以一种自觉意识并从内心认同为合理的价值规范存在为前提,它是针对自己所做,或与自己相关行为事件的自我否定性评价。如果说守法精神更多表达的是对外在法则的尊重,那么,耻感意识则表达的是对内在法则的敬重;如果说守法精神是一个民族德性精神中的肯定性美德,那么,耻感意识则是一个民族德性精神中的否定性美德。这里的肯定性美德与否定性美德,并非在对德性本身的肯定或否定意义上所使用——二者均是美德,只不过否定性美德是通过自我否定精神而体现出的一种内在美德。

耻感并不简单等同于罪感。耻感是一种道德意识,罪感则更多地是一种法律意识。西方基督教传统中渗透着罪感意识。这是出于宗教信仰、源于对上帝不顺从与叛逆而产生的一种原罪意识,这种原罪意识是一种特殊的道德意识。原罪成为人的一种心理重负:存在原本具有罪孽,只有通过不懈努力,才能获得宽恕,赎罪成为人不可推卸的职责。虽然基督教的这种原罪思想曾充当过奴役人的精神工具,但是如果扬弃其消极面,那么,亦可以发现在这种特殊宗教形式之下隐藏着一种自我反思、良知警醒的普遍意义。在这种宗教罪感中,隐含着某种耻感。其实,这个上帝亦可理解为存在于心灵深处的神圣信念信仰。当人亵渎这种神圣信仰及其神圣规范要求、背叛理想信念而内心又有所警觉时,就会产生罪感与耻感。这种罪感及耻感的形成,源于内心良知所确信的价值信仰、行为规范与自身现实行为的矛盾①。在日常生活的一

---

① 汤因比曾将罪感称之为积极的道德情感——当然,他这里所说的罪感是耻感意义上的罪感。汤因比认为罪感具有内在的激励作用。它能使人认识到罪恶存在于自己的心中,只要听从内心神圣的声音,就能战胜邪恶。如果我们对汤因比借助于基督教所表达的这一思想作积极理解,那么,就可以得出一个极为重要的内容:罪感以对某种神圣的确信为前提,罪恶并未扎根于具有罪感意识的人的灵魂之中。参见汤因比:《历史研究》(中),1986 年,第 238、264 页。

般意义上，罪感未必与耻感一致，有罪感可能无耻感①，有耻感可能无罪感②。正是在此意义上，耻感较之罪感更具有道德自律性与道德良知性。

耻感表明主体反思能力存在③，是良知、责任、义务感的特殊存在方式。耻感产生于人的自我批判。它至少表明人具有一定的自我批判能力，拥有一定善的价值观念与行为规范标准，具有起码的个人良知与社会良知，自觉负有一定的个人责任与社会责任。它标识着人走向纯粹、完满的可能。耻感至少表明一个人心中存有某种善良种子，他/她为自己或他人的罪恶感到可耻，乃至以良心痛苦、心灵折磨的特殊方式反抗罪恶。正是在此意义上，耻感存在本身就是社会的希望。礼义廉耻，国之四维。其中唯有"耻"为以否定性形式存在的良知。有耻即为善端。耻感是道德自律与社会规范内化的隐秘心理机制。唯有耻感才能标识真正具有自律精神。即使是公平正义的社会制度体制，即使是德行有用的社会机制调节，也只能形成行为层面的普遍规范化。只有当这种德行有用的社会机制通过人们日常生活的反复实践，逐渐变为人们的内在自觉，以至人们一旦违背或动心意欲违背这些规范要求就会产生耻辱感时，人们的行为才能由他律变成自律。中国古代儒学尤其是阳明心学就其积极意义上讲，正是在此方面给后人留下了诸多启示。孔子所说"道之以政，齐之以刑，民免而无耻；道之以德，齐之以

① 诸如，在法庭上那些厚颜无耻、坦荡承认有罪者，此时的罪感产生于对照法律条文，而耻感则必须有内在的道德良知才能形成。另有一种情况。面对那些虽作恶多端却由于种种原因不能受到法律有效制裁的歹徒，有人出于为民除害、伸张正义而惩毙歹徒。这些人往往是有罪感而无耻感。此时的无耻感源于对自我的道义肯定。

② 如个人某些隐私被泄露，且此隐私纯属私人行为，既不在法律禁止范围之内，又不违背公认的社会道德规范，此时，出于人格自尊的良知自觉，亦会产生某种耻感。

③ 舍勒将羞耻感看作是人与动物生命本能相区别的精神特征。参见马克斯·舍勒：《论害羞与羞感》，载《价值的颠覆》，1997年，第164－165页。

礼，有耻且格”①，在今天留给我们的思想财富之一，就是要建立一种有耻无违的社会生活秩序状况。有耻无违，是法规与德规、他律与自律的现实统一。在一个多元民主的公平正义社会中，既应无违法治，又应有耻自律。一个社会的持久健康生动有序，存在于这种有耻无违之中。

伴随着文明进步的历史进程，人类耻感的具体内容会有所变化。然而，耻感本身并不会衰弱与消失，相反，它会得到加强与深化。正如舍勒通过自己研究所揭示的那样，耻感退化不是文明进步的象征，而是文明退步的标志。一种有生命力的文明形式，绝不会使耻感钝化、衰弱，相反，它只会使风俗习惯中的耻感表达形式由较为强制的变为较为灵活的，耻感内容由侧重于外在身体方面的变为更加侧重于内在精神灵魂方面的②。

耻感是人类灵魂自我保护的天然罩衣。③ 对耻辱的恐惧即是高尚的发端。④ 耻感的失落即为无耻。无论是对一个民族还是对一个人而言，耻感的失落最为可怕。它一方面表明其反思能力的失落，处于一种麻木不仁、浑浑噩噩境地；另一方面则表明其道德自律与道德良知的失落，没有基本的是非善恶标准，什么事都可以登堂入室。一个民族，如果既没有深厚的宗教历史资源，又没有深厚的法治历史资源，既没有出于宗教情怀⑤的自律精神，又没有出于守法意识的他律精神，如果一个民族既有的特殊宗教情怀、守法他律精神被反复冲击，以至荡然无

---

① 《论语·为政》。

② 参见舍勒：《论害羞与羞感》，载《价值的颠覆》，1997年，第251页。

③ 参见舍勒：《论害羞与羞感》，载《价值的颠覆》，1997年，第191页。

④ 参见亚里士多德：《尼各马科伦理学》，苗力田译，中国社会科学出版社，1992年，第53、87页。

⑤ 此处“宗教情怀”为广义的。对那种超验绝对精神的信仰、对神明的敬畏（如“头顶三尺有神明”），均为特殊的宗教情怀。

存，那么，当这个民族处于社会结构转型时期，由于既有价值规范权威的失落、既有精神依托的迷茫、既有耻感标准的缺如，由于享受到前所未有的所谓个人自由，由于法治的软弱无力，便会滋生出因迷惘无所适从、任性自以为是而导致的耻感失落现象。晚发国家在现代化过程中应当高度警惕与耻感失落相伴生的无赖现象与无耻群体。无耻、无赖，是会毁灭社会现代文明的恶性肿瘤①。

3. 个体宽容与社会宽容

宽容是基于平等的自由精神而表现出的对不同生活方式、价值观念、爱好情趣等的容忍、尊重，以及在这种雅量与胸怀中所深藏着的平等包容精神②。

宽容作为一种精神要求由来已久。在基督教精神中就包含着深深的宽容意识③。启蒙时代有关宽容的著作应首推洛克(John Locke)在1685年用拉丁文写的《论宽容的一封信》④。洛克所主张的宽容是针对宗教宽容而言。西方在宗教改革以后，出现了许多不同信仰方式、不同教派，这些教派各自都说只有自己的信仰方式才是真正合乎上帝的旨意的，其他的都是异教邪说，应予铲除。后来有一些新教派与政治上

---

① 无耻、无赖决不仅仅是存在于平民中的现象。它同样存在于权贵豪阀中。权贵豪阀一旦有了无耻无赖，其危害令人可怕。值得注意的是，应当从制度体制上创造条件，消灭无耻、无赖存在的土壤。诸如引咎辞职，作为一种通则，既是个人知耻心的表现，又是社会正义的体现。如果缺少这样一个通则，不能引咎自责，谈何耻感与公道。如果在这样一种环境中，能避免无耻而勇现象，则万幸。

② 罗尔斯合理地指出，思想良心自由是从平等自由权利中引申而来，因而，它必须服从于平等的自由权利，服从于因公共秩序和安全的共同利益的限制。参见罗尔斯：《正义论》第33-35节，何怀宏等译，中国社会科学出版社，1988年。

③ 当然，在基督教中也包含着对异教徒的不宽容。

④ 关于启蒙时代宽容的主要经典著作，除了洛克的另一部著作《论宗教宽容》(1689年)外，还有密尔顿的《雅典最高法院》(1644年)与伏尔泰的《论宽容》(1763年)。

的统治者有了密切联系，它们借政治的力量去迫害被视为异端的教派。洛克对这种宗教迫害现象大加批评，认为宗教迫害违反了基督教以爱为出发点的基本立场，没有任何人有权力强制别人接受自己的指令去相信自己的信仰，主张各个教派间应宽容。洛克对宽容论述的基本历史前提是：政教分离，不同教派的勃起。他想用一种理性的力量，通过宽容来解决思想良心信仰的平等自由问题，并使社会获得一种秩序。

20 世纪以来，宽容作为一种社会精神则在反对法西斯专制的斗争中被充分注意与张扬。房容的《宽容》正是此种斗争中的结晶①。在现代化建设过程中，伴随着政治民主进程，宽容精神不但再也没有退出过人类精神领域的聚焦点，相反，甚至伴随着关于平等基本自由权利的争取与维护，伴随着人类理性精神的发展，它被以各种方式一次次推向人们关注的焦点。如果说宽容过去主要是针对反法西斯专制而言，那么，今天则更多地是针对维护社会多元而言。尽管宽容这种侧重点的转移并不改变其反专制精神要旨，但它亦从一个侧面反映了时代自身的变迁。

在欧洲历史上，曾有过严重的宗教迫害，甚至 20 世纪发源于欧洲的两次世界大战，亦带有这种特色。相比之下，中国历史上虽说也有一些带有意识形态色彩的准宗教迫害，但远不如欧洲与美国清教徒时代那么惨烈，在此意义上，也算得上是一个相当宽容的古老国度了。不过，在东方这个古老国度的历史中，基于专制的残暴不宽容，却一直不绝于世，其惨烈、残暴、残酷，令人不寒而栗。在中国这块土地上，自五四运动以来，宽容精神一直是先驱者们孜孜不倦为之奋斗内容之一。为平等的自由权利而斗争，就必然要为争取社会宽容精神而斗争。没有宽容，就不可能有现实的平等自由权利。

---

① 参见房容：《宽容》，胡允恒译，北京三联书店，1986 年。

对于个人而言，宽容精神主要表现为平等精神，表现为对他人平等自由权利的尊重，表现为对他人不同思想与行为的理性理解，集中到一点就是对异的尊重。它意味着转换视角，以相容性而非排他性作为处理人我关系的基准。然而，一个人要真的做到宽容却极不容易。常常是要求别人宽容自己易，要求自己宽容别人难；执掌权力高高在上威势一时者宽容难，布衣平民寻常百姓宽容易。① 没有平等的精神，没有平等的基本自由权利的制度，宽容精神很难形成。事实上，迄今为止，不宽容仍然司空见惯：个人间的不宽容，团体间的不宽容，民族间的不宽容，宗教间的不宽容，国家间的不宽容，等等。宽容仍然是人类的奢侈品。

然而，相对于个人宽容来说，社会宽容更为重要。不过，问题的难点在于如何理解社会宽容。社会宽容的主体是谁？客体是何？是社会自身？社会是一集合体，说社会宽容，事实上可能指的是社会集合中的一部分对另一部分的宽容。而社会中一部分对另一部分的宽容又不等于社会宽容。这样，对社会宽容的合理理解之一，就是社会成员、诸集团间的相互宽容，相互平等接纳，彼此对异的尊重，就是社会自身的多元化存在。这是在"社会"一般宽泛意义上所理解的社会宽容。另一种情况是，我们在说社会宽容时，心目中事实上将"社会"理解为制度

---

① 殷海光先生曾对宽容有过一段文字，极为精辟。现转录于此。"同样是容忍，要求别人对自己容忍易，要求自己对别人容忍难。同样是容忍，无权无势的人易，有权有势的人难，容忍是属于'自我训练'（selfdiscipline）一类的行为。当无权无势的人面对权势时，他受到种种限制和压力。这种限制和压力使得他不能不调整自己底言论或行动之角度用以适应求存，或达到某一目标。所以，无权无势的人较易对人容忍。""当着没有外力抑制而犹能自律，这只有最高'心性修养'的人才办得到。在通常的情况之下，一般人是当有外力抑制时，他就收敛些；当外力不存在时，他就放肆些。平凡的人总是多些。有权有势的人在'心性修养'方面似乎更属平凡。有权有势的人颐指气使惯了，他言欲为无穷则，行欲为后世法，到了现代更变为'主义'等类'绝对真理'的化身。要这类人士学习容忍，真比缆绳穿过针孔更难。"转引自林毓生：《中国传统文化的创造性转化》，1988 年，第 108 页。

化的结构性存在，此时，社会宽容所指的事实上是制度宽容。就是社会基本结构及其制度体制对社会所有不同成员、不同利益集团、不同意见平等相待，提供一个彼此平等对话、交流、商谈，乃至思想论争的环境。而这正是一种多元民主制度，正是法治社会。如是，无论从哪个角度理解，社会宽容与政治民主是同等意义上的理念。如果说自由的否定性规定是少数人的自由权利不受侵犯、保护少数人的自由权利，那么，宽容的否定性规定就是异端的自由权利不受伤害。但是，社会宽容作为相互宽容与制度宽容这两种不同理解或规定之间仍然是有区别的：前者立足于社会的主观精神，后者则立足于社会主观精神的客观化、制度化。这样，社会宽容就有两种不同的理解角度，或者说社会宽容又可以进一步被分为主观宽容与客观宽容。

作为社会精神的主观宽容固然重要——它为制度宽容提供精神基础与前提，没有社会的这种宽容精神，就不可能有制度宽容——但作为主观的宽容精神，具有更多的偶然性与不确定性。客观化了的制度宽容则具有确定性与可预期性。① 正是在此意义上，社会宽容的核心是制度宽容。

人们通常习惯于从一般人性、人的存在人类性角度证明宽容精神的合理性。这固然有效，但却是远远不够。必须深入人的存在方式与交往方式，深入社会结构及其进化过程来认识宽容精神的合理性。罗尔斯在这方面所做的工作具有极大的启迪性。他的一部《政治自由主义》就可以被理解为是从社会存在方式与交往方式角度切入，深入社会结构，对社会宽容所作的专题研究。罗尔斯探讨现代社会中的宽容基础，探讨与多元宽容相适应的现代社会政治正义观念，探讨在宽容基

---

① 宽容的这种主观性与客观性之关系，就类似于黑格尔在论述同情时强调主观同情与客观同情之关系一样。

础之上的多元社会长治久安何以可能①。我们生活在现代社会。现代社会生活方式意味着我们的存在方式不再是专制一元的,我们的生活世界与交往方式本身就是多元的;既然我们的日常生活世界、我们所生活于其中的这个社会是由具有平等自由权利的多元组成,彼此在商谈对话中达成共识,那么,我们只有具有宽容精神才能作为多元民主社会中的公民存在②。本书前曾指出多元社会本身不在于有多个利益主体,而在于不同利益主体之间的平等关系。相互间平等,即意味着彼此间的异,以及对异的尊重与宽容。这亦即意味着真实多元本身以宽容为前提。真实多元坚信多样性与异见性对于人类自身的价值。这是对于宽容的一种本体论证明。

从认识论的角度看,没有一个人是全知全能者。具有理性的人始终存在着如同哈耶克所说的"理性不及",始终拥有无知的一面,问题的差别仅在于无知的程度,以及对于无知的态度。事实上,伴随着认知能力的扩大,人们在理性已知范围扩大的同时,无知的范围亦会增大③。甚至伴随着人类知识总量的增加,每个人能从此知识总量中汲取的相对份额会愈小。既然如此,为了不至于用已知扼杀未知,为了给人类社会提供更多机遇、更为广阔的发展空间,就必须宽容不同的认识与行为方式。不同的认识与行为方式,不仅属于当事者个人,更属于人类。有机会使用自由权利做某一特定事情的可能性越小,它对于人类社会的意义可能就越重要。即,假若这种机会不能被提供,不能在他人与社会的宽容中存在下来,那么,社会的可能损失会越大。社会有可能

---

① 参见罗尔斯:《政治自由主义》,尤其是其第1讲的开始部分。

② 参见哈贝马斯:《交往与社会进化》,张博树译,重庆出版社,1993年;哈耶克:《自由秩序原理》。

③ 既有的无知范围是已知的无知范围。在已知的无知范围内,知识的增长与无知的减少相对应。然而,当我们转换角度进入无知的无知范围或未知的无知范围时,情况会发生根本变化,已知越多,无知越多。

因此失却一种选择可能，失却一个进步的机会。所以，宽容与被宽容的对象人数无关，不以对象的多寡为条件①。更何况真理在思想交流与碰撞中得以发现、发展，且真理往往总是首先由少数人发现，并常常在一开始被当作谬误异端不为众人认同。缺少宽容的社会，是缺少真理的社会。人类社会只有在宽容中才能获得更多进步的机会。

如是，社会宽容的核心就是对异的态度。

至少在西欧，直到17世纪乃至更迟，多样性、异仍然被认为是社会不和、混乱、失序之根源。“排斥异端曾经被作为社会秩序和稳定的一个条件”②。然而，一方面，正如前述，无论是从本体论角度，还是从认识论角度来看，异都有存在的权利；另一方面，异本身不等于谬误、不合理。马克思主义当初就是被当作异端的一种思想潮流③。排斥异端本身就是专制的一种现实表现。它虽然会给社会带来暂时的所谓秩序与一统，但实质上是给社会服上一剂可卡因。中国古代焚书坑儒、罢黜百家、独尊儒术，欧洲中世纪的宗教战争，20世纪前半叶的纳粹主义运动，等等，都是深刻的历史教训。汤因比曾通过分析欧洲中世纪以来的历史，以一种历史的力量强调社会宽容对于社会进步的意义。④ 这应

---

① 参见哈耶克：《自由秩序原理》，1997年，第24－33页。

② 罗尔斯：《政治自由主义》，2000年，第13页。

③ 参见马克思恩格斯：《共产党宣言》。

④ 汤因比揭示：“在宗教战争时代，所有西方基督教互争雄长的各种派别，只图有利于一时，不惜容忍甚至要求使用政治力量，以便把自家的教义强加于敌对教派的信徒，这种现象表面上好像各为其教会争取大众的信心，实则在人们的心灵中正破坏了一切信仰的基础。路易十四麾下的方法使新教从法兰西精神领域上消除净尽，想不到这却给代替它的怀疑主义扫清了道路。”“这种以消灭信心为代价而破坏了宗教上的妄想狂的精神状态，自17世纪起一直延续到20世纪，并已渗入我们西方化‘大社会’的每一个部分，以至今天大家也开始察觉到它的真正本质。换句话说，我们也已逐渐明白它是一个极大的危险，不仅有害精神健康，而且也威胁整个西方社会体的物质生存——这个危险比我们大声疾呼激烈攻击的任何一种政治的和经济的病根还要来得可怕。这是我们精神方面的一个大敌。现在已经太显著了，任何人也不再能够加以漠视。”参见汤因比：《历史研究》（中），1986年，第308－309页。

当成为我们的借鉴。

人往往有一种认知与情感偏执，自以为自己所见所闻都是正确的，自己所知所信都是真理。如果仅仅如此，尚只是一种为自大狂妄蒙蔽而形成的缺乏自知。如果再在此基础之上以为别人的所见所闻所知所信都是荒谬，形成拒斥其他的排他性，那么，就会产生不宽容。如果再借助权力强行拒斥异己之意见与信念，甚至从肉体上彻底消除异己，那么，就会产生制度的不宽容及其残暴。人类的许多不幸与痛苦，往往都是由于一些人将自认为是真、善的东西强加于他人①。相对于以往历史时期的人们，生活在现代社会的人们有两个基本特点：其一，思想方法的根本转变。他们不再持一种两极对立不相容的思维方法，而是在一种多元兼容的思维范式中认识世界与自我。其二，社会结构的改变。社会各集团在总体上不再处于一种绝对两极对立不相容的格局，权力不再处于不受制约、为所欲为的状况。正是这两个基本特点为社会宽容提供了坚实基础。现代社会是一个多元社会。多元社会既以社会宽容精神为前提，又为社会宽容精神的生长提供了沃土。

宽容并不否定批判。我们可以宽容不同的意见，但并不因此就放弃以批判的精神去审视的权利②；我们可以宽容不同的行为，但并不因此就否定我们可以通过法律的途径，对那些有害于社会公共利益、有害于他人、有害于我们自身正当权益的行为要求惩处的权利。我们宽容，然而，我们不能宽容伤害行为；即使对于我们认为不可宽容的事情，我们也一定说明理由；我们恪守宽容，我们也希望获得宽容作为

---

① 查尔斯·L.坎默：《基督教伦理学》，中国社会科学出版社，王苏平译，宛利均校，1994年，第104页。

② 参见保罗·库尔茨：《保卫世俗人道主义》，余灵灵等译，东方出版社，1996年，第17页。

回报①。

在世俗道德基础之上的守法有耻、宽容精神，是与以市场经济为基础的现代多元民主社会相吻合的社会德性精神。这些德性精神似乎有点过于平俗，不那么崇高圣洁，然而，它们却是公民能够做到的，并能给公平正义制度提供不竭精神支持与源头活水。

三、文明演进

现代社会的一切成就，都是理性战胜蒙昧、文明战胜野蛮的结果。虽然现代社会弥漫着一股非理性主义情绪，但冷静分析，其真实要旨并非是要否定人的理性及其功能，而是要在对既有理性方式进行认真反思基础之上，弘扬真正有利于人类自由生活的理性，希望在价值与技术、个人与社会之间持有恰当的张力。

要克服日常生活中普遍存在的道德失范现象，推进社会文明进步，在根本上有赖于价值与技术、个人与社会之间的现实统一。处于结构转型期的社会，在制度与精神、个人与社会的现实统一构建中，通过不懈努力，将逐渐建立起一种新的、充满希望的、合乎人性健康生长的日常生活世界。

文明进步首先是一种价值取向。这种价值取向存在于现实的技术活动过程中，并通过具体的技术活动变为现实。社会的文明进步过程，是价值目标的确定及其实现手段的选择与实施过程。这个过程应是价值理性与工具理性统一的过程。

---

①　宽容“有三个相关的标准。其一是对于我们认为不可宽容的事情，我们一定要说明理由（教条主义是不能允许的）。其二是遵守无害原则，我们不能宽容伤害行为。第三个标准是相互性，我们实行宽容，或恪守宽容，也期待着得到宽容作为回报。”参见萨托利：《民主：多元与宽容》，载《直接民主与间接民主》，1998 年，第 62 – 63 页。

1. 价值理性与工具理性

亚里士多德曾将理性的职责规定为求真求善，并以自己的方式揭示了理性应当是真与善的统一①。一个公平正义的社会，应当是真与善的统一。其善就是公民平等的基本自由权利，以及由拥有这种自由权利的人所组成的自由人的联合体；其真就是缜密的技术组织，使社会公平正义制度化、体制化、实在化。亚里士多德的这一思想为后人承袭。康德将理性与知性相区别。康德拒绝将计算或计虑这种类型称之为理性，而称之为“知性”。知性是在实证基础上的确定性。他在《纯粹理性批判》中揭示，这种知性提供给人们的是关于事物的知识。康德不将理性称之为知识。在他看来理性须诉诸先验、领悟。先验、领悟其实是对价值目的性、对形而上的把握。康德以自己的方式表达了理性的两种内蕴，极为深刻②。康德将理性剖析分为两个方面的思想，在

① 亚里士多德将理性分为理论与实践两个部分。理论理性是思想的主观活动，是求真，实践理性则是人的智慧的现实活动，是求善。善就是面对特定的对象、于特定的时间地点、特定的联系中，以恰当的方式行动，而恰当本身又有赖于对真的认识。在他看来，中道就是恰当。亚里士多德以自己的方式揭示了真与善的内在一致性，揭示真为了善，善离不开真。当然，值得特别一提的是，真本身亦可在价值理性与工具理性两种不同维度上被理解。价值理性维度的真，所指向的是价值自身的普遍性、客观性、真理性。工具理性维度的真，所指向的则是知识的真实、手段的有用，等等。甚至在亚里士多德那里，真亦在两个维度上被使用。不过，本书此处，主要还是在亚里士多德实践德性的手段恰当选择意义上使用“真”概念。

② 霍克海姆、阿尔多诺在《启蒙辩证法》中在谈到康德时，曾有过如下论述：康德的理性“概念具有双重意义。理性作为先验的、超个体的自我，包含有一种人类自由的社会生活的观念，在这种自由的社会生活中，人类将自己组织成普遍的主体，并进而在自觉的整体团结中克服纯粹理性与经验理性之间的矛盾。这表现出了真正普遍性的观念即乌托邦。与此同时，理性也构成了计算的审判法庭，这种计算为自我保存而调整世界，所实现的只不过是从纯粹的感性材料中去剖析客体，以使奴役客体成为可能的功能。”参见霍克海姆、阿尔多诺：《启蒙辩证法》，洪佩郁、蔺月峰译，重庆出版社，1993 年，第 76 – 77 页。

后来的思想家中得到了普遍回应①。

马克思认为人的实践有两种尺度，一是对象的尺度，一是人自身的尺度②。对象的尺度是求真，是工具理性，人自身的尺度是求善，是价值理性。求真、工具理性，是对自然（这是广义的自然）对象的本真把握，而对自然对象的这种本真把握，最终是为了服务于人类自身的自由目的。当然，人类为了获得自身存在的自由，又不可随心所欲任意枉为，必须顺乎自然对象本性，驾驭之利用之。如果在此意义上追问工具理性与价值理性之间有何内在玄机，那么回答就是：善以真为基础，真为了善；价值理性规定了人利用工具理性的价值立场与社会发展方向，工具理性为人的自由生活规定了可能边际。

古代社会的人们，由于交往范围的狭隘性、改造自然能力的弱小性，由于主要面临的是生存压力，因而，其价值选择对于社会组织方式、交往活动、发展方向与文明演进历程的影响，远远不如现今这样广泛、深刻。当今人类，由于科学技术的空前进步，由于人类认识与改变自然世界能力的空前增大，由于社会交往的全球化，由于时空的极度被压缩化，价值理性以惊人的方式影响着人类的现实生活与可能世界。现今的人类以前所未有、无可比拟的方式，主动安排自己的日常生活，构建世界秩序。这是人类自由意志的空前展现。人类以一种前所未有的自由意志方式设想自己的未来可能世界，描绘自己的理想存在，力图使存在、世界纳入自己设想的状态中。在现代社会，社会进步的首要前提是对社会价值理想、价值目标的反思，是在反思价值理想与目标基础之上，选择自由、民主、公平正义的幸福生活方向，构建起公平正义的社会

① 在韦伯那里是工具理性与价值理性，在伽达默尔那里是方法理性与实践理性，在贝尔则是功能理性与价值理性，到了法兰克福学派就是主观理性与客观理性、工具理性与交往理性。

② 参见马克思：《巴黎手稿》。

基本结构。这种社会基本结构既可使社会成员的自由个性得到充分发展，又可使社会长治久安；既可以不断解放社会生产力，又能使全体成员公平地享用所创造的物质财富，造福社会自身。这意味着，我们在今天选择与构建自己的社会基本结构时，同样面临着来自价值理性与工具理性两个维度的压力，并以前所未有的紧迫感追求社会发展中的善与真及其统一。一方面，我们必须追求社会价值理想、目的的善。我们应在深刻反思社会价值理想、目标合理性基础之上，选择并坚持一条适合自己特点的走向民主、自由、公平正义理想境地的现实道路。另一方面，我们必须追求工具理性的真。我们应将这种社会理想、生活原则、现实道路，变为具体的社会制度、体制、机制与程序，以严密的实证精神使其具象化、实证化为可操作的具体存在。追求这种善与真及其统一，是我们义不容辞的社会责任。

来自上述两个维度的这种社会责任，构成了现代性社会理性精神的基本内容。马克斯·韦伯认为理性精神是近代资本主义兴起的秘密。托克维尔则将理性精神当作诠释年轻美利坚民族富有生机活力的关键。如果我们不过分挑剔他们忽视了对社会物质生产方式本身的分析这一缺憾，就应当承认他们思想中包含着相当合理性的成分。理性精神既包含着反封建专制的人本主义精神，又包含着科学实证精神。在理性这面大旗下可以孕育出现代社会的两个最基本方面。不过，正由于理性精神自身是一个由价值理性与工具理性所构成的结构体系，因而它又可能在展开过程中因工具理性遮蔽价值理性，使自身走向困境。启蒙时代思想家心目中的理性是上述两种理性内容并存的理性。当他们以理性的名义反对封建专制与教会统治、批判封建专制与宗教神学价值体系，要求以理性的精神充当个人和社会存在与发展的依据时，他们所指的理性是价值理性。当他们面对自然、社会，以理性的名义宣称知识就是力量，主张通过发展科学技术来消灭贫困，主张建立一个严密法制的社会公正秩序时，他们心目中的理性则是技术理性。随着近代以来科学实证精神的兴起，理性向着实证性、精确性、功用性大幅度偏移，以至人类产生一种幻觉，以为科学实证精神就是理性本身，以为科学实证精神所带来的先进技术手段可以解决人类社会发展中的一切问题，从而使理性在不知不觉中嬗变为纯粹的工具技巧、形式技艺。这种嬗变使民主蜕变为严密的官僚科层制，使法治蜕变为立法者的统治，以至于以为只要是出自于立法者的命令就都是正义的。结果是使缺失正义性的法律获得了公正的美名，使形式正义的法取代了实质正义的法①。

马尔库塞曾较详细地分析了由理性蜕变为工具（技术）理性的过程，只不过他是以"前技术理性"与"技术理性"的提法来表述同一问题②。在他看来，前技术理性作为理论理性与实践理性，确立的是人与万物的真理，即，使人与万物作为其本真的样子存在。技术理性形成的基础条件有二：其一，知性思维的高度发展。知性思维一方面在严密逻辑基础上的严格数量化——逻辑学与数学的高度发展是知性思维的最基本前提；另一方面在严格数量化过程中消失了一切存在的差别——一切存在均可以通过数量化分析建立数学等式，乃至主体自身的差别在这个过程中也消失了，一切存在的东西都是可以在数学公式中得到表达，因而是可以被理解的东西。这种数量上的表达与可理解，会被进一步转化为对存在的控制、操纵与改造。其二，现代科学技术基础之上人的实践能力的空前增强，人的意志借助现代科学技术得到前所未有的实现。技术不再仅是人类用来征服改造自然的工具，它甚至已成为人类组织自己社会生活不可缺少的工具。社会结构体系中的精密制

---

① 参见乔·萨托利：《民主新论》，冯克利、阎克文译，东方出版社，1997年，第328－337页。

② 参见马尔库塞：《单向度的人》，刘继译，重庆出版社，1988年，第105－143页。

约，管理过程中的科层制，社区、社团、企业管理中的技术操作实证性研究的优先地位，都以无可辩驳的事实表明人类社会在某种程度上已经被技术化，成为技术性的存在。科学技术化、意志现实化，造成了对技术的崇拜、神话与迷信，以为技术无所不能，人类社会发展过程中面临的一切困难、问题，都会通过技术应用迎刃而解。对技术的崇拜迷信在社会生活中形成一种事实上起支配作用的社会理念：技术－治理主义。技术－治理主义将人类的一切问题均置于技术之下，不仅以为人与自然的关系可以通过技术得到有效改进，甚至以为人类自身的尖锐社会问题也可以通过技术手段的采用而得到有效解决。现代信息技术又强化了这种理念。什么民主，什么民众参与，似乎已成过去，现在所要做的就是将一切交给技术专家；什么贫富两极分化，似乎也不值得大惊小怪，只要通过发展与应用现代技术，就能够创造出更多社会财富，进而解决社会财富分配多寡问题。哈贝马斯在批判现代资本主义时曾揭示科学技术充当、执行了意识形态功能。尽管哈贝马斯的这一思想在根本上混淆了意识形态的质的规定性，但是，就其尖锐地揭示工具理性在当代的泛滥而言，不失合理之处。

确实，社会公平正义必须变为具体的制度、体制、机制与程序，化为一种可操作性规则，否则，社会公平正义本身就有可能成为华丽的辞藻，在空洞之下被虚幻化，徒有虚名。正是在此意义上，社会正义的实证性存在有其合理性根据。然而，社会正义的这种实证技术性存在又必须有价值灵魂，必须有实质性内容规定。工具理性本身无头脑，它所关心的只是技术而不是价值，只是手段而不是目的，只是手段对于目的实现的意义，而不是目的自身的合理性。它所能解决的只是“是”的问题，而不是“应当”的问题。换句话说，工具理性不关心、且也不能解决社会理想、价值目的性问题，不能解决社会正义的真实性问题。社会是否需要改革？向哪种方向改革？改革的价值立场是何？走何种改革之路？是否要建立高度民主、自由、文明、富强的社会？社会各利益集团间关系应当怎样？是否要天下为公？社会物质财富总量的增加是否意味着社会财富的合理分配？严格的科层制在社会生活结构中的位置应怎样确定，它是否有可能嬗变为社会的异己存在？严密的制度规范在什么意义上是合理的？人的情感意志生活在严密的制度规范中有何位置？等等。这些集中到一点，这就是工具理性所服务的价值目的性是何？是何种社会理想、价值理念的工具？又是为了实现何种社会理想与社会正义秩序？技术自身不能解决这些问题。工具理性只有在价值理性指导之下才有存在的全部合理性。一旦脱离了价值理性，它就会成为人之异化存在。那样，高效率、制度化、数量化所带来的就是非人性、非个性化。纯粹的工具理性在否定价值理性的同时，事实上自己就充当价值理性的角色，履行价值理性的职能。这才是问题的真正危险之所在。于此，我们也就不难理解为何韦伯以一种阴郁的色彩结束他对资本主义精神的评述："专家没有灵魂，纵欲者没有心肝，这个废物幻想着它自己也达到了前所未有的文明程度。"①

这里丝毫也没有贬低工具理性的意思。我们只是努力表明：现代社会应当具有不同于传统社会的特质，这种特质首先是价值目标、生活理想、存在理念方面的。即，是人的存在方式方面的——人以一种全面发展的自由方式存在着。现代社会当然有自己所面临的问题，然而，现代社会问题的根本解决，首先应当是价值关切，是社会理想与价值目标选择，然后才谈得上技术关切与手段选择。现代社会应当且必须实现工具理性与价值理性的统一，但现代社会的这种工具理性与价值理性的统一，必须奠基于自由、民主、平等等现代价值基础之上。现代社会

① 韦伯：《新教伦理与资本主义精神》，于晓、陈维钢等译，北京三联书店，1992 年，第 143 页。

中的价值理性与工具理性互为表里、形神一体，工具理性服从并服务于价值理性，价值理性通过工具理性具象化、现实化。

严格地说，价值理性与工具理性理念并不是欧美文化所独有。在中国古代思想文化中，就有丰富的关于价值理性与工具理性之内容。只不过，一方面，这种话语内容在“义”与“技”（“艺”）术语之下展开；另一方面，中国古代社会中盛行的是重“义”轻“技”、以“义”定天下之思想传统。中国古代思想中的“义”大致相当于西方文化中的价值理性。它所关注与要解决的，是存在的意义、理想、人生方向等问题，且在中国传统文化的特殊背景中，这些问题又被进一步衍生为伦理道德问题，并且最后被落脚于个体心性修养这一主观道德立场。尽管古代中国曾有过令人叹为观止的工匠技艺文明，但它在社会价值观念层面却一直被鄙视；尽管中国古代社会有过灿烂的文化瑰宝，但是中国古代社会却并没有萌生出严格意义上的现代实证思维方式或精确思维方式，在总体上是一种充满模糊与玄机的混沌文化类型，故，古代中国社会是重“义”鄙“技”（“艺”）的社会，并形成了一种重义鄙技的文化传统。这种文化传统对现代社会历史进程的影响作用不可小视。诸如，人民共和制度相对于既往的宗法等级制度，相对于那种半殖民地半封建制度，当然具有根本的优越性，这种优越性不仅是道义上的，更是现实实践上的。正是基于这个原因，我们应当为人民共和制度自豪。

然而，当我们建立了共和国后，我们更多的是强调人民共和国这个根本制度在道义上的正义性与优越性。以为有了这种应然意义上的正义性与优越性，整个社会就能自然地呈现出良性发展态势；以为有了这种应然意义上的正义性与优越性，无论是作为整体的人还是作为单个的人，都会自然地成为自由的存在，因而，不仅将“应然”混同于“实然”，而且忽视了对社会具体制度体制的建设。结果是，广泛存在于社会日常生活中的具体制度体制的不公正、不合理，反过来削弱乃至抵消了基本制度的优越性。技之不足，伤及大义。这是问题的一方面。另一方面，当社会中出现了问题时——其中大量明显是属于具体制度体制、技术性原因所造成，又总是倾向或习惯于从人们的思想道德品质上去找原因，寻找解决问题的办法与途径，以“义”代“技”，以抽象的道德心性，代替具体实在的制度体制建设。结果，反而是自觉不自觉地强化了人治，进一步背离初衷。至少近半个多世纪的实践表明，“义”应当且必须转化为现实的“技”，并得到现实“技”的支撑，如果“义”不能转化为“技”，价值理想不能具体化为具体制度、体制、机制，不能落实到日常生活的具体过程，社会主义价值理想原本具有的崇高自由精神，就有可能被虚化甚至蜕化。正是在此意义上，中华民族现代化进程，既需要民主、自由、平等、公平正义、人民幸福等价值理想，更需要将这种价值理想具体化为现实制度、体制与机制，使之成为日常生活中的现实存在。人民不是从言说中，而是从日常生活经验中感受到这种价值目标与社会理想。

理性以现实活动着的人为具体物质承负者。从主体的角度看，理性的主体大致分为社会主体与个体主体两类。人类理性进步，在个体为善，在社会为正义。

2. 社会正义与个体善

社会正义是制度善。制度善为个体善提供现实的日常生活环境，制度善有赖于个体善的建设与维护。制度善与个体善是一体两面之存在。

马克思曾明确表达过一个思想：“必须使环境成为合乎人性的环境”，并坚持认为只有在合乎人性的环境中，人性才能健康发展①。马

① 参见《马克思恩格斯全集》第2卷，第166－167页。

克思的这个思想极其深刻。马克思事实上揭示:在重要性上,社会制度正义优先于个体行为善。人总是他/她所生活于其中的社会的产物①。环境中的极为重要因素就是制度。笔者曾将一切影响社会成员道德品质与行为的社会因素理解为广义的社会伦理环境,并认为伦理环境是个体德性生长的现实土壤,在贫瘠的土地上难以开放出璀璨道德之花。② 企图仅仅依靠灌输说教的方法改变人们的道德品质、进而克服社会上存在着的诸多道德失范现象的做法,既无益又不明智。必须铲除滋养此类丑陋堕落的土壤,必须改变产生这种社会现象的社会制度,必须消除滋生这些堕落观念的现实基础。这是威廉·葛德文在《政治正义论》中给我们给下的值得深思的基本结论③。

马克思关于社会制度正义优先于个体善的思想,在罗尔斯的《正义论》中得到了有力回应与强烈共鸣。罗尔斯通过无知之幕的契约论方法得出了同样的结论。在罗尔斯看来,社会基本结构、基本制度决定分配社会成员基本权利与义务的方式,决定由社会合作产生的利益的分配方式,制度的正义状况直接制约乃至决定了社会成员个人的职责,所以,社会制度正义较之个人行为正当更为重要。不仅如此,罗尔斯还进一步深入个体道德品质,深入个体道德感形成的心理机制,探究了社会制度正义对于个体善的优先性。罗尔斯事实上将个体道德内容大体上分为三个方面:职责、自然义务与份外义务,他主要关注的是职责与自然义务。自然义务是人之为人的基本要求,它不涉及制度与个人是否愿意;只要"我"作为社会一员存在,就必须遵守这样一些最基本的

---

① 自古以来,东西方思想家均以不同的方式揭示了这一点。中国古人就曾指出:"居越而越,居夏而夏,是非天性也,各靡使然也","习俗移志,安久移质","注错习俗,所以化情"(《荀子·儒效篇》),主张"君子居必择乡,游必就士,所以防邪避而近中正也"(《荀子·劝学篇》)。法国18世纪战斗唯物主义者更是以提出人是环境的产物而著称。

② 参见高兆明:《道德生活论》第10章第1节,1993年。

③ 参见葛德文:《政治正义论》,何慕李译,商务印书馆,1997年,第5-6页。

行为要求。职责则不同,它是制度对生活在这个制度中的人的要求,是由制度本身所带来的要求。在罗尔斯看来,职责义务应以制度正义为前提。即,一个人要确定其由制度所带来的职责,首先必须以认定这个制度本身的正义为前提①。这就是说,至少在罗尔斯看来,作为个体美德的社会职责义务履行,以社会制度基本正义为前提。其实,如果对作为自然义务存在的美德之形成作进一步思考,仍然禁不住要发问:社会成员这些最基本美德的形成是否不受社会客观环境影响?如果回答是否定性的,那么这就等于是在说社会的每一个成员都必然具有这样一些基本美德。显然,这不成立。如果回答是肯定性的,那么,至少就要回到马克思关于合乎人性环境的思想立场。此外,罗尔斯还从道德心理学的角度涉及了同一问题。一个人的友爱、同情、信任、正义感的形成,离不开"公正的制度背景"②。从马克思与罗尔斯的思想中,我们不难悟出一个结论:必须通过人的具体存在方式去认识人及其德性,当我们在问社会成员是否普遍具有美德、相互交往是否合乎道德之前,首先应当问那个社会基本结构、基本制度是否合理,是否正义。这样,对社会道德状况的改善、对社会成员道德品性的改造,至少应当包括对社会环境的改造。就普遍而言,一个人只能大致在他/她所处的社会基本结构及其基本制度所提供的范围内追求他/她所渴望的东西,他/她的思想、情操也总是带有他/她所生活于其中的那个社会基本结构及其基本制度的痕迹。人是自身的日常生活世界。

我们能够成为什么样的人,与我们生活在一个什么样的社会制度中、我们能够创造一个什么样的社会制度、有什么样的日常生活世界直接相关。然而,伴随着主体意识的觉醒,伴随着个人自由主义精神的兴

① 参见罗尔斯:《正义论》,1988年,第106－110、425－426页。

② 参见罗尔斯:《正义论》,988年,第477－483页。

起，人们似乎对这一问题淡漠了。人们自信地以为社会结构、制度不会对我们的生活方式、道德品质起支配性作用了。这是一个误区。甚至当今有识宗教思想家对此亦明若洞火，认识到社会制度正义对于个体德性的意义，个体的自我拯救离不开社会拯救。① 社会繁荣昌盛、安定祥和、民风纯正，在根本上有赖社会制度正义供给。

从制度正义优先于个体善出发，可以向两个不同方向发展：一是个体的消极无为宿命论，一是个体的积极有为创造论。制度正义优先于个体善命题中似乎包含着一个鸡生蛋、蛋生鸡样的悖论：制度决定人的品性与行为，而制度却是人构成，制度的改变须通过人的活动发生。法国18世纪战斗唯物主义者从环境决定论出发，在这个似乎悖论问题面前受挫，滑入教育决定论。解决问题的出路在于革命实践观念。这就是马克思曾揭示的改变环境与改变人自身的一致性。一个人不能以制度缺憾或不公正作为自己行为不端、为非作歹的借口。事实上，一方面，人不是衣冠禽兽，人有做人的基本要求与规定，这不以时间与地点为转移；另一方面，即使是那些类似罗尔斯说的职责义务，尽管以社会制度正义为前提，但人同时又负有改变这不公正制度的使命，这种使命也近乎罗尔斯所说的自然义务。其实，既然个人的品行操守、生活方式、人性状况，在总体上受社会制度制约，那么要使自己成为一个完善的人，就应当奋起努力，改变这不太正义的社会制度，使自己在改变这不太完满的社会过程中与社会一起变得比较完满。

问题更为重要的是，在一个基本正义的社会中，个体是否无须做任何努力就能品行端正、人格完满？任何事物总是两极相通。历史发展亦已表明，一个所谓正义的社会制度，也只能是基本制度的正义，且这种制度本身尚须通过人来执行；即使是诸如民主、自由这样一类令人追

---

① 参见坎默：《基督教伦理学》，1994年，第192－216页。

求的理想，在其展开过程中也会暴露内在的矛盾性，甚至民主制度本身也有可能走向自己的反面。追求自由的实践也有可能失却自由。所以，制度体制并非绝对可靠。正义制度、现代基准道德、具有守法宽容精神的公民，是现代社会健康发展不可或缺的基本要素。正义的制度提供日常生活背景性制度框架，现代基准道德提供日常生活背景性价值框架，具有守法宽容精神的公民是构建现代社会生活秩序的主体，公民积极批判理性精神则保证社会正义制度的生命活力。

至此，我们主要是强调制度正义对于个体善的优先性，强调制度正义供给对于个体道德的基础意义。现在需要转换思维角度。离开了个体善的制度公正是否可能？进而言之，一个制度是否是可以游离于公民个体之外而存在？如果保持思维的彻底一致性，正义制度由具有平等基本自由权利的个人在生活实践中所构成，那么，构成正义制度的公民是否有内在素质规定？罗尔斯在构建自由主义政治秩序时，反对预先对个人做形上的假设，反对事先对个人的某种人性设定，而仅坚持原初状态中作为政治自由的个人，并认为正是自由的个人构成了政治学说形上理论假设的源头①。现在的问题是，罗尔斯是否真的以为任何一种个人都可能构建起现代意义上的正义制度？或者说，现代社会中的社会成员可以具有任何种类的精神气质，哪怕是宗法等级专制的？事实上，罗尔斯本人对此持一种非常严肃的否定性态度。在他看来，能够进入原初状态的人，至少具有正义感与善观念这两种能力。只有拥有这两种能力的人，才有可能在最低限度上成为充分合作的社会成员，才能成为原初状态中的社会成员。在罗尔斯心目中，正是这样一类的人——而不是其他任何种类的人——才能作为原初状态的公正“代表设置”。换言之，尽管罗尔斯没有对人性作形而上的抽象规定，但是却

① 参见罗尔斯：《政治自由主义》第1讲第5节，2000年。

有其实质性规定。一个正义的制度由具备上述两种能力或素质的人组成①。如果没有社会成员平等的自由精神与独立人格精神,没有严格守法的自律精神,要建立起一个为公民普遍认可并自觉遵守的正义制度,近乎天方夜谭。这样,作为一个公民,并不能因为在一般意义上社会环境、制度供给对于美德的优先性,就可以使自己变得无所承负,进而为所欲为。善的个体每一时刻都有所重负。这是因为,一方面,每一个人的生命都只有一次,都有独立的存在价值,都有自己的完满追求,生命的价值就在于自己追求善的创造性努力之中②。另一方面,每一个人的存在环境就是自己的日常生活世界,这个日常生活世界既是他/她所投入于其中的,又是他/她所创造的。他/她是什么,他/她的存在状况如何,他/她的生活质量怎样,既有赖于这个日常生活世界的状况,又有赖于他/她自己以何种态度投入并善待生活。个体善与制度正义,是同一事物的两个不同方面。

吉登斯(Anthony Giddens)在研究现代社会时,曾表达过一种社会-个人的互动思想。他认为,个人作为行动者,一方面,其活动受制于环境条件;另一方面,又通过自己的活动创造出自身的活动环境。个人具有认识能力与行动能力。个人生活需要安全感与信任感,这种安全感与信任感得以形成的基本机制是日常生活中的习惯与惯例。惯例究其要旨言,则是社会结构这一所谓虚拟秩序的表达。惯例形成于人们日常生活实践,并通过日常生活实践的重复在人们的意识中形成"实践意识"。这种实践意识无须言说,就能内在地指导行动者的日常行为,制约行动者。个人在日常生活中调适自己与他人、社会的关系。作为现实行动者的个人与社会结构体现出一种二重性。在这种结构性

① 参见罗尔斯:《政治自由主义》第1讲第3节,2000年。

② 在这一点上,甚至连新儒家的重要代表人物牟宗三亦承认萨特所说的"存在先于本质"有某种合理性。参见牟宗三:《四因说演讲录》第2讲,1998年,第13-14页。

二重性中，社会系统的结构对于反复组织起来的个人实践来说，既是其中介，又是其结果。从固定的眼光看，社会结构、制度体制先在于个人，但人及其社会作为过程而存在，故，在流动的过程中看，社会结构、制度体制与个人的现实性活动互为因果、互动生长。制度结构是个人活动的现实背景，个人又在自己的现实活动中改变这个活动背景①。正义的制度，是追求正义的人在现实生活中所创造。

这样，即使我们在结构的意义上说制度正义供给对于个体善具有优先性，但在主体的意义上，却丝毫也不否定个体善对于制度正义的价值。我们甚至会惊讶地发现，制度正义的要旨，就是作为公民存在的个体间的良好社会合作关系结构，以及由这种合作所构成的多元社会。我们每一个人在自己的日常生活中，作为拥有平等基本自由权利的主体，与其他社会成员在平等基本自由权利基础之上，良好合作，构成大家都能认肯且都能得到充分自由健康发展的正义制度。正义制度是这种良好合作社会关系结构的客观性存在。我们每一个人都创造着它，又都托庇于它。

在这种良好社会合作关系结构的创造与托庇过程中，人的存在方式与存在特质会发生根本的跃迁，这就是社会化与个性化的统一。一个社会正义与个体善现实统一的日常生活世界，是一个社会化与个性化现实统一的日常生活世界。在这个日常生活世界中，既往那种个人与社会间两极对立，以及个体(或集合体)间的拒斥，将作为一种历史现象消失。在这个日常生活世界中，每个人均是社会化的个性化存在。

3. 社会化与个性化

马克思、恩格斯曾揭示：人类社会的进步过程，是一个由人的依赖

---

① 参见吉登斯：《社会的构成》，李康、李猛译，北京三联书店，1998年，第80-92页。

关系到物的依赖关系，再到自由个性的发展过程，并认为以往一切社会的个人只是作为“偶然的个人”而不是个性存在。人类要争取使个人“作为个性的个人”或“有个性的个人”存在。人只有摆脱了偶然性、成为有个性的，才能真正实现自由发展。① 一个有个性的人，不是个别的人，而是具有普遍意志的特殊存在者。他/她既是社会化的又是个性化的，是社会化的个性化存在。人存在的社会化与个性化的统一，是良序社会的坚实基础。

然而，马克思主义创始人所说的上述思想，是立足于人的社会历史形态而言。即，是立足于人的存在的历史方式而言，是要在人如何成为社会化的文明演进背景中去认识人类社会发展的历史。这样，它虽然直接讲的是作为个体的人（person），但在其要义上却是讲的作为类的人（mankind）。我们应当在人的新的存在－组织－生活方式意义上重新体悟经典作家的这一思想，且在个体与类两个层面上展开对这一问题的具体思考，并统一于人的历史存在方式。

就作为个体的人来说，社会化就是成为社会共同体中的一部分。当一个人离开母体，呀呀落地时，虽然已经带有作为人类一员存在的基质，但这更多地是如柏拉图所说潜在质料意义上的。要使这种潜在质料变为现实，有待个体在社会生活中的具体成人过程。一个人来到世界后，在具有反思能力、能够改变社会之前，就首先通过自己的具体日常生活世界及其符号系统，被社会“化性起伪”，接受社会所创造的既有文化系统，成为社会的人。然而，当一个人具有一定的理性能力后，其对外部世界就不是简单地接纳，而是在理性指导之下的反思过程。如果我们换个角度理解吉登斯的结构二重性理论，那么，就不难发现它以独特的方式揭示了：个人生命的展开过程，就是个人与社会的双向互

---

① 参见马克思恩格斯：《德意志意识形态》，人民出版社，1987 年，第 69－77 页。

动过程①。人作为社会性存在,在交往实践过程中,始终面临将自己社会化的任务。社会化过程并不是简单地接纳、遵守社会既有规范的过程,而是个体体认、理解、反思既有价值规范系统,并在此基础之上塑造人性的过程。简单地接纳、遵守社会既有价值规范,至多只是理性的顺从。顺从不是反思的,顺从只是基于自身角色认同表现出的服从,是理性不成熟的一种状态。顺从不能与奴化相区分,顺从不能培育出独立人格与个性。成熟的理性不仅表现为对社会价值规范的接纳遵守,而且是以对这些价值规范的反思性理解为前提,在特定的场景中以自己的方式做其所该做②。科尔伯格的后习俗水平道德意识,在一定意义上就具有这种成熟的理性精神含义。

虽然社会共同体对个体具有某种先在性,但是,社会共同体就其本质言乃是个体的共同体;虽然个体对于社会共同体具有不可退出性,但是,这种不可退出性只是一种不回避现实、积极参与现实意义上的不可退出。不是个体的共同体不是真实共同体。在真实的社会共同体中,每一个人都会通过日常生活世界,通过对话商谈,共存共荣。个性化就是使自己作为共同体中具有特殊性的生动一员存在,每一个人既是共同体的,又是"我""自己"的。这样,在对社会化的理解中,就存在着一个思维方式转换的问题:由过去那种将个体置于社会中,或者说个体被投入社会中,进而使个体变成社会中一员的思维方式,改变为个体主动活动构成社会生活现实,个体在这现实活动中使自己成为社会中的一员。正义的社会制度,既是个体社会化活动的现实客观背景,又是其现实活动的结果,它在个体社会化过程中被发展、完善。正义的制度供给,既应为个体提供宏观社会化框架背景,又应为个体提供能够个性化

① 参见吉登斯:《社会的构成》,1998年,第92页。

② 参见福科:《什么是启蒙?》,载汪晖、陈燕谷主编:《文化与公共性》,北京三联书店,1998年,第426－427页。

的自由空间。即,正义制度应当给个体提供一个有利于理性精神健康生长的环境。在这个环境中,个体的自由精神能够得以不断提升,社会的正义制度在自由精神的滋养下得以稳固、持久。

个体的社会化不是模式化、同一化。虽然在社会化过程中存在对社会基本价值精神、交往规则的认同问题,但这仅是在基准意义上的认同,而不是全社会的行为、思想统一与模式化。既然社会本身是多元的,既然社会交往秩序是人们在理性指导下于经验世界中相互沟通、商谈、对话、协商的结果,那么,社会化本身就是每一个人均以平等身份投入社会日常生活实践,并在经验世界中学习的过程。社会化是多样性的统一性。没有多样性的模式化、同一化,没有生命力。

这样,个体的社会化过程,同时就是个性化的过程,就是个体确立真实自我、寻求自身存在意义与存在方式、实现自身价值的过程。

不过,个体究竟以何种方式实现自己的社会化过程,这是一种历史的现象。这在总体上取决于他/她所生活于其中的社会历史条件及其社会结构框架。也正因为此,人们才能在总体上对人类社会本身作出宏观整体的把握,并分为不同的历史阶段①。在文明演进历史宏观背景中认识个体的社会化过程,其实就是以一种特殊的视角认识人类自身的具体存在方式。

根据这种思维逻辑,我们在思考个体的社会化与个性化统一问题时,事实上就是在思考个体的存在方式,并事实上将我们的视线引入人(不是单个的,而是类的)的存在方式,且只有在这个意义上才能真正把握社会化与个性化问题。

根据马克思、恩格斯设想,人类社会的理想追求是消灭个性对偶然

---

① 至于这个具体的历史阶段如何划分则是另一回事,可以有诸如人的依赖关系-物的依赖关系-自由个性,也可以有前工业社会-工业社会-后工业社会,等等。本书因为主题的关系,对此存而不论。

性的屈从，是自由个性的。这是人类新的存在范型。在这种存在范型中，消弭了个人与社会的两极对峙：社会不再是个人的异己存在，社会就是个人的。在这种存在范型中，消解了个体间的普遍对立，个体不再是作为个别的而是作为个性的存在。在这种存在范型中，社会呈现出多元性特征，同时社会的整合能力空前增强。它既生动活泼，又规范有序。个性化是多样性、多元性、独特性、民间性，社会化是统一性、一元性、共同性、公共性。在这种存在范型中，社会公共机构是公民的并且是为了公民的，它既具有有效的社会管理权威，又受到公民的有效监督与制约。在这种存在范型中，每一个人的存在都有独特的价值——正是这些个性化了的存在构成了社会生生不息的生命之源①。正是这种社会范型，为现代社会良序发展、长治久安，奠定了坚实基础。

遗憾的是，人类现代化历史进程表明，资本主义作为人类现代文明的早期形态，在使个人从身份等级制中解放出来的同时，造就了普遍的个别存在者：在一种普遍孤离的倾向中，每一个人都是自己的主人，又都不是自己的主人。马克思的异化理论与阶级斗争学说，深刻地揭示了这种孤离的经济根源。杜尔凯姆的“无规范”、帕森斯的“同和不当”、萨特的“孤独”、马尔库塞的“单面性”等理论，事实上均是以特殊方式指向同一社会现象。在这种孤离对立、漂泊无根之中，社会缺少稳定的安全感与生动的秩序感。这是问题的一方面。另一方面，资本主义又通过市场经济造就了空前的社会普遍联系，人类从来没有像今天这样感受到彼此紧密相依、休戚与共。人空前社会化。不过，这种社会化以一种畸形的方式存在着。这就是西方一些严肃思想家所密切关注

① 沃尔夫冈·查普夫（Wolfgang Zapf）在关于个人主义化与个人安全感方面所作的饶有兴趣的研究，从社会学角度所提供的材料，使人不由自主地想到现代社会的社会化与个性化的新的理解。可详见其所著：《现代化与社会转型》，陈黎、陆宏成译，社会科学文献出版社，1998 年。

的社会“文化控制”、“消费控制”所铸造出的无个性化模式。在这种无个性化的存在中，人失却了本真的自我，失却了存在的真实意义与价值。正是在社会化与个性化的分裂这种社会历史背景中，出现了试图以模式化解决社会化、以孤离化解决个性化的社会怪诞现象。人类在建立了一整套民主的政治运作体制的同时，又造就了一个极为庞大的科层官僚机器，且这个科层官僚机器的权能日益增强，成为高居于社会之上、能型塑一切的力量。现代信息交通技术在使个人迅速社会化的同时，又以一种特殊的方式使个人有可能既孤独化又失却个性。

在现代化进程中，人们发现了自我，有了愈来愈强烈的自我意识，似乎越来越注重个性化，标新立异，然而与此同时，似乎又对那些人类经过漫长历史阶段探索而得的共同价值精神表现出淡漠乃至不屑一顾。普世价值精神给这个日常生活世界吹来了一丝清爽之风，然而，普世价值精神的实践却其路漫漫。平等的基本自由权利作为一种基本价值信念，虽历经数代人不懈追求，却不仅要面对来自封建专制力量的顽固挑战，经受金钱与权力的侵蚀，承受自身内部自由与平等间的紧张。

马克思、恩格斯当年曾提出要消灭“个性对偶然性的屈从”。这一社会理想只有在消灭了普遍社会对立与隔膜的历史阶段才能实现①。在那样的历史阶段中，人们以一种根本不同于现有的方式生活、创造着。在那里，社会是联合起来的个人的社会，个人是社会这一自由人联合体中的个人，制度是具有自由个性的个人活动的制度，美德是自由个性的个人在公平正义日常生活中形成的第二天性。只有在这样一种生活方式中，康德所提出的内在自由与外在自由、道德与法的完全统一才能变为现实，人类世世代代憧憬的自由生活才有可能真正实现。而这正是现代化社会所要追寻的。

---

① 马克思恩格斯:《德意志意识形态》,1987 年,第 505－506 页。

晚发民族追求现代化，不仅仅是追求物的现代化，更为根本的是追求人的生活方式、人自身的现代化。只有有了人的现代化，才会有自由的生活秩序与自由的心灵秩序。

尾言:现代性社会与现代性社会精神气质

20世纪后半叶,世界哲学–伦理学思想界曾刮起一阵飓风:回到康德去!人类思想界为何深深眷念康德?几乎与此同时,人类整个思想文化界兴起一股股对精神家园关切的热浪。是否这二者间有着某种内在紧密联系?只要我们不是过于迟钝,应当能够强烈地感受到“回到康德去!”所隐含的深刻人类精神关怀及其震撼性冲击。“回到康德去!”所表达的实质就是:人应当有崇高价值理想、责任精神!在现代化(性)进程中,应当找回自己的精神家园,重建自己的灵魂居所!现代性社会呼吁现代性的社会精神气质与人格类型。

相对于传统社会,现代性社会是一异质性社会,它标示文明演进过程中的超越性断裂。超越性断裂是扬弃,是异质性。正因为现代性社会的这种异质性,所以,在由前现代性社会向现代性社会过渡过程中,才会出现大范围的价值混乱与道德失范现象。然而,现代性社会的这种异质性又不过是人的异质性的呈现:现代性社会中的人不同于传统社会中的人,这种不同不仅仅在于认知–实践能力的异质性差别,更在于精神气质、人格类型的异质性差别。现代性的人不是简单的历史纪年概念,而是一种人格类型。正是在此意义上,现代性社会精神气质对于现代性社会自身而言具有特别重要的意义。现代性社会由现代性人构成,没有现代性的人,现代性社会本身子虚乌有。

现代性社会是由具有现代性精神气质与人格特质的社会成员构成

的生活共同体。这个生活共同体不仅仅具有高度发达的科学技术与高度繁荣的物质基础,不仅仅具有基本公平正义的社会交往关系结构及其制度体制,而且更重要的还在于具有现代性的社会精神气质,在于具有现代性精神的现代性人。确实,要建立现代性社会,没有高度发达了的现代科学技术、没有坚实的物质基础、没有现代性的制度体制是不行的,然而,这一切又不能取代或遮蔽作为主体的现代性人。我们不能模糊对现代性社会精神气质与人格类型的自觉意识。事实上,现代性社会,一方面本身就缘于具有现代性社会精神气质的主体的自觉实践;另一方面又以具有现代性社会精神气质的人格类型为自身内在规定性之一。现代性的社会精神对于现代性社会具有决定性意义。现代性社会实现的前提之一,就是社会成员精神气质、人格类型的全面提升,就是社会精神的升华。

建立现代性良序社会,不可没有基本正义的制度,然而制度本身并非万能。这是因为,一方面,制度正义只能是基本正义,奢望制度本身的绝对完满无缺至多只是一种善良愿望。制度本身是开放的,制度的完善有赖人们在现代性社会实践过程中的批判反思。另一方面,制度所能做到的只是供给社会一个基本正义的背景性秩序框架,使人们在开放的日常生活世界中有所凭借与依靠——凭借与依靠这种背景性框架,积极而又理性且可预期地应对日常生活中的各种情况。制度的有效性既有赖于制度本身的基本正义,更有赖于社会成员的内在精神状况以及对制度的敬重与遵从。

制度虽然可以惩戒、扼制、减少邪恶,但制度却并不能从根本上杜绝邪恶。邪恶是人类的一种精神力量。精神的问题在根本上只有通过精神来解决。人类只有确立起高尚的生活目标,拥有健康的价值精神与人格类型,树立清明的社会风尚,才能从根蒂上杜绝邪恶。正义制度有效供给所要达到的目的,不仅是社会日常生活现象层面的规范有序,而且更重要的在于为培育公民的现代性社会精神与人格类型提供沃土、温床。正义制度的有效供给并不否定社会精神、人格类型、美德操守的修养革新,相反,它要求并期待着这样一种新型的社会精神与人格类型的普遍形成。

其实,人类历史上许多思想家均以自己的方式揭示了新型社会精神与人格类型对于文明演进的意义。马克斯·韦伯、亚当·斯密、罗尔斯等即为其中突出代表。下面,我们将借助他们的相关思想对此做进一步思考。之所以选择借助韦伯、斯密、罗尔斯,除了因为他们均在某一领域有卓越建树并在人类思想史上留下重大影响外,更是基于如下考虑:他们分别针对西方发达民族的资本主义萌发、兴起、成熟三个不同历史阶段,从宗教文化、经济、政治等角度探究了社会精神对于西方发达民族现代化进程的重大意义。他们的这些探究对于我们不失深刻启示。

一、韦伯探索之要义

对于资本主义的兴起,曾有过来自不同维度的揭秘。马克斯·韦伯是从文化维度揭示资本主义兴起缘由与秘密的突出代表。[①] 如果我们在阅读这些著作、反思其中有关思想时,不是囿于字面仅仅关注于“资本主义”本身,而是转换至现代性社会兴起的探究角度,那么,我们或许会从中获得更多关于现代性社会建立条件、前提、途径等一系列问题的丰富思想养料。

韦伯将资本主义兴起归功于理性精神的觉醒与确立。《新教伦理与资本主义精神》的任务就是探究资本主义理性精神何以觉醒与确

① 从文化的维度探究资本主义兴起秘密的除了韦伯,还有伯尔曼、泰格等。韦伯在《新教伦理与资本主义精神》中从宗教改革出发说明资本主义的兴起,而伯尔曼、泰格等在《法律与革命》、《法律与资本主义的兴起》中则从法律的角度阐释资本主义兴起之过程。

立,并通过这种探求向人们揭示资本主义精神气质人格特征对于资本主义兴起的基础性意义,从而揭示现代化过程是一个由理性精神所推动、并由具有理性精神的主体所创造的过程,现代化本身是理性精神活动之结果。对于韦伯而言,“当务之急就是要找寻并从发生学上说明西方理性主义的独特性,并在这个基础上找寻并说明近代西方形态的独特性”。韦伯清醒地区分了后人所谓的工具理性与价值理性。他承认理性的经济、理性的技术、理性的法律的作用,但他更注重理性的精神气质。用他自己的话说就是“经济制度的社会精神气质”。因为,“虽然经济理性主义的发展部分地依赖理性的技术和理性的法律,但与此同时,采取某些类型的实际的理性行为却要取决于人的能力和气质。如果这些理性行为的类型受到精神障碍的妨害,那么,理性的经济行为的发展势必会遭到严重的、内在的阻滞。”①他特别关注“观念是如何成为历史上的有效力量的”②。韦伯的旨趣是要搞明白“在什么程度上,这种文化的某些特性可以归因于宗教改革的影响”。他要“消除这样一种想法,即宗教改革,作为一种历史的必然结果,或许可以从某些经济变革中推断出来。”他要“弄清楚宗教力量是否和在什么程度上影响了资本主义精神的质的形成及其在全世界的量的传播……资本主义文化究竟在哪些具体方面可以从宗教力量中找到解释。”③韦伯在这方面所做的工作众所周知,这里不再赘述。就与本书主题相关的角度言,我认为:与其说韦伯此项工作的贡献在于揭示了宗教改革对于资本主义精神兴起的意义,毋宁说在于揭示了资本主义精神气质对于现代资本主义社会兴起的意义。

---

① 韦伯:《新教伦理与资本主义精神》,于晓、陈维钢等译,北京三联书店,1992 年,第 15 - 16 页。

② 韦伯:《新教伦理与资本主义精神》,1992 年,第 67 页。

③ 韦伯:《新教伦理与资本主义精神》,1992 年,第 67 - 68 页。

依据韦伯的看法,近代资本主义的形成,关键不在于从事什么商业活动,而在于以何种精神从事商业活动,在于资本主义精神的萌生与发展。不管在什么地方,只要有资本主义精神,它就会创造出资本主义的经济方式与交往关系。在韦伯看来,虽然在前资本主义时期也存在着工商业及借贷活动,但造成前资本主义与资本主义时期工商业及借贷活动之实质性区别的,不是这种活动本身,亦不是从事这些活动的人,而是从事这些活动的人的"精神气质",造成工商业及借贷活动资本主义性质变革的,是由于资本主义精神这一新的精神气质已经开始发生作用①。换言之,正是贯注在传统工商业信贷活动中的新兴资本主义精神气质,使得这些传统工商业信贷活动由前资本主义的演化为资本主义的。没有这种精神气质的变化,既有传统工商业依然如故,它并不会成为资本主义的最初实践形态。

那么,这种新兴资本主义精神气质的实质内容是何?这就是理性精神。虽然现代性社会与前现代性社会存在着外表类似的工商业活动,但造成二者根本区别的不在于这种活动本身,而在于贯注于这种活动背后的不同精神内容。在一般人看来,似乎造成资本主义与封建主义区别的在于是否逐利。但是,在韦伯看来却在于对利的一种新型理性精神。这种新型理性精神,一方面给予获利本身全新的道义评价;另一方面又对获利方式给予明确规定。根据韦伯的研究,赚钱的天职精神是资本主义兴起过程中从新教伦理获得的积极思想资源。这里包含着两个方面:其一,对获利本身的道义肯定。"把赚钱看作是人人都必须追求的自身目的,看作是一项职业"。这种新兴社会价值观念与前资本主义时代的"伦理感情背道而驰"。② 正是这种赚钱天职观念的普

---

① 韦伯:《新教伦理与资本主义精神》,1992年,第48-49页。

② 韦伯:《新教伦理与资本主义精神》,1992年,第53页。

遍确立,才使得社会成员能够激发出投身职业活动的主动性、积极性与创造性。其二,对获利途径的合理性规定。资本主义经济的确是追求获利的经济,然而,“获利的欲望、对营利、金钱(并且是最大可能数额的金钱)的追求,这本身与资本主义并不相干……对财富的贪欲,根本就不等同于资本主义,更不是资本主义的精神。倒不如说,资本主义更多地是对这种非理性欲望的一种抑制或至少是一种理性的缓解。”“资本主义的经济行为是依赖于利用交换机会来谋取利润的行为,亦即是依赖于(在形式上)和平的获利机会的行为。”①

“资本主义精神与前资本主义精神之间的区别并不在赚钱欲望的发展程度上”②,而在于以何种精神指导赚钱活动。在这里,理性精神的解放作用,就首先表现为一种合理功利主义社会精神。而根据黑格尔的看法,理性与功利主义是新兴资产阶级在启蒙运动中祭起的两面大旗。正是理性与功利主义精神,成为反对封建宗法精神、培育一代新兴资产阶级的强大精神武器。当然,若对黑格尔这一思想做进一步分析,那么,功利主义精神的觉醒应当被理解为理性精神觉醒的具体表现:正是理性精神的觉醒使人们发现了自我及其利益,并以理性的态度去争取与实现这种利益。

现代性社会的创立必须要有具备现代性精神的主体。在资本主义兴起之初,仅就经济活动角度而言,这种主体主要是新型的企业家与新型的工人劳动者。所谓“新型”的,就在于他们拥有新型的资本主义精神气质与人格特质。正如常识告诉我们并为我们从生活中所熟知的那样,任何敢于以一种全新的理念从事经济活动的创新,在一开始都会面临极大社会压力。韦伯亦看到了这一点。他认为:“各种怀疑、仇恨甚

---

① 韦伯:《新教伦理与资本主义精神》,1992 年,第 8 页。
② 韦伯:《新教伦理与资本主义精神》,1992 年,第 40 页。

至道德义愤总是滔滔不绝地涌向第一个革新者……只有超乎寻常的坚强性格才能使这样一个新型的企业家不至丧失适度的自我控制,才能使他免遭道德上和经济上的毁灭……只是因为这种新型的企业家具有确定不移且是高度发展的伦理品质,以及洞若观火的远见和行动的能力,他才在顾客和工人中间赢得不可缺少的信任。没有任何别的东西能够给予他克服重重障碍的力量,更重要的是,没有任何别的东西能够使他承担起近代企业家必须承担的无比繁重的工作。"这样一些品质与那些适应传统社会的伦理品质"有着天壤之别"①。虽然这种精神性变化在万花筒般社会生活中并非一枝独秀,甚至还遭受冷遇白眼讥讽打击,但对于推动社会由前资本主义向资本主义发展,对于将新型精神气质渗透到经济生活中去,起了极为重要的示范引导作用。依据韦伯的考察,"推动这一变化的人通常并不是那些胆大妄为、肆无忌惮的投机商,也不是那些我们在经济发展史中的各个阶段都能遇到的经济冒险家,更不是那些大金融家。恰恰相反,他们是些在冷酷无情的生活环境中成长起来的人,既精打细算又敢想敢为。最重要的是,所有这些人都节制有度,讲究信用,精明强干,全心全意地投身于事业中,并且固守着严格的资产阶级观点和原则。"②

至于工人劳动者,"资本主义无法利用那些信奉无纪律的自由自在的信条的人劳动,正如它不能利用那些在与他往来中给人以完全不讲道德印象的人一样"③。能够作为新型工人的劳动者,把劳动当作"一项天职来从事"。他们有"高度的责任心","集中精神"、"忠于职守",有"艰苦劳动"、"积极进取" 精神,他们善于学习,勇于接受挑战,具有"自制力"、"节俭心"等。虽然这些对于资本主义来说都是"必不

---

① 韦伯:《新教伦理与资本主义精神》,1992 年,第 49 - 50 页。

② 韦伯:《新教伦理与资本主义精神》,1992 年,第 50 页。

③ 韦伯:《新教伦理与资本主义精神》,1992 年,第 40 页。

可少的”精神的觉醒“被归功于新教”,但是,这些精神本身一方面“在资本主义企业中找到了它最合适的表达”,另一方面,又使资本主义企业“从资本主义精神那里汲取到它最合适的动力”①。这就是说,并不是任何一种劳动者都能作为现代资本主义社会的工人劳动者。能够作为资本主义经济的工人劳动者,也起码具备不同于前资本主义社会劳动者的精神气质与人格特征。正是企业家与工人劳动者的这种根本不同于既往的思想观念与精神气质,为现代性社会的出现提供了出自于主体自身精神气质与人格类型的合理说明。

韦伯通过分析宗教改革对于资本主义兴起的影响,所要着重揭示的内容之一是“职业精神”。包含在韦伯所揭示的“职业精神”中的一系列社会精神或人格气质,诸如劳动天职、忠于职守、追求效率、守信守法、积极进取、自制节俭、精明勤奋等等,其实向人们传递了一个更为深刻、更为重要的信息:新型社会诞生的社会精神条件。与其说韦伯在这里是在揭示新型的、与资本主义生产方式相适应的职业劳动精神,毋宁说是在揭示:只有具备如此精神气质的人,才能建立一个新的社会经济活动类型与全新的社会生活世界。对于这种劳作方式,人们在表面上乍一看似乎没有什么明显不同,似乎仍然是既有的那种具体生产活动,然而,正是这种不同的社会精神与人格气质的贯注、渗透,一个新的社会生活类型、新的生活世界,在不经意中悄悄地、但又坚定不移地生长出来。马克思曾揭示:“各个经济时代的区别,不在于生产什么,而在于怎样生产”。马克思当年所要告诉人们的是:在认识各个经济时代区别时,要注意“用什么劳动资料生产”。他所要揭示的是生产工具、劳动资料、生产力对于社会历史类型划分的基础性意义。马克思的这

① 韦伯:《新教伦理与资本主义精神》,1992 年,第 44－46、25－30 页。

一思想当然极为深刻。① 不过,对于马克思的上述思想,我们还可以作进一步深入理解、阐释。如果说造成各个经济时代区别的不在于生产什么,而在于“怎样生产”,那么此“怎样生产”可有来自两个方面的进一步具体规定:一方面,是如马克思已揭示的那样,用何种劳动工具、劳动资料从事生产。这是经济生产活动过程中的客观物质内容(手段)方面的揭示。另一方面,则是劳动者以何种精神气质、人格类型、劳动态度从事生产。这是经济生产活动过程中主体主观精神内容方面的揭示。不同的精神气质、人格类型、劳动态度,会有完全不同的生产状态与结果。能够引起社会经济时代类型变更的,一方面离不开客观物质劳动资料的根本性变革;另一方面亦离不开劳动者的劳动态度、精神气质、人格类型的根本性变革。要创造与建设一个新时代、新社会,就必须有具备新的人格精神气质的新人作为历史的现实承负者。没有这样一种具有不同于既有人格特征与社会精神气质类型的主体,一个新社会的出现是不可思议的。也正是在这个意义上,我们才能够深刻地感受到社会精神启蒙、人格气质濡养培育的真正急迫性。

二、“斯密悖论”之真谛

如果说马克斯·韦伯主要是从文化的角度,通过对宗教改革的分析揭示资本主义兴起的社会精神条件,那么,亚当·斯密则主要是居于人性分析的立场,并将这种分析具体运用于经济生活领域,进而揭示资本主义商业社会精神气质与人格特质的前提性意义。

亚当·斯密给人类经济思想与伦理思想领域留下了两本具有重要影响的著作,这就是《国富论》与《情操论》。在《国富论》中他以人性

① 参见马克思:《资本论》第1卷(上),人民出版社,1975年,第204页。

恶的经济利己主义为理论预设,取特殊目的论价值立场,构建起自己的自由经济思想体系,论证自由经济的合理性。在《情操论》中他则以人性本善的利他主义道义论为理论预设,取道义论或美德论立场,构建起自己的道德思想体系,论证美德精神的价值合理性。在后人看来,斯密这两种理论预设与价值立场之间存在着彼此拒斥、否定的关系,而这种拒斥、否定无论对于哪一方均是根本性的。然而,它们却在斯密那儿奇特地共生在一起。这就是所谓著名的斯密难题或斯密悖论。斯密难题近百年来一直成为人们的思想探究之谜。是斯密本人思维的模糊混淆、方向不清?还是斯密已经意识到完全不同于封建宗法等级社会的现代性社会①具有自己特有的社会精神气质与人格类型?意识到现代性社会是由完全不同于宗法封建等级社会的、具有现代性精神气质的人所构成,意识到正是具有现代性精神气质的现代性人成为市场经济的现实物质承负者,并以自己的方式表达了这种深刻独到理解?笔者认为是后者②。

在斯密时代,道德哲学本身具有百科全书的性质,伦理学与经济学均属于道德哲学范畴。另外,斯密本人一生对《情操论》多次修订,并在反复修订《情操论》过程中写下了《国富论》。基于这两个基本事实,应当有充足理由认定斯密本人在《国富论》与《情操论》两本书中的思想具有内在的融通自洽性。这样,就首先从技术、逻辑上排除了斯密在

---

① 虽然现代性社会自身在展开过程中有不同的路径,但是现代性社会的出现却是对封建社会的否定与取代。英文单词 modern society 对此意蕴的表达是清楚的。在历史的原初形态上,现代性社会即为资本主义社会。因而,在这里如果不过分拘泥字面,如果不考虑意识形态的影响,那么,用“现代性社会”概念替代“资本主义社会”概念在学理上应当是不成问题的。

② 近来国内学者对“斯密难题”已作了许多有意义的探讨,其中当首推万俊人教授《论市场经济的道德维度》一文中所作的论述。参见万俊人:《论市场经济的道德维度》(《中国社会科学》,2000 年第 2 期)。

《国富论》与《情操论》两本书中自身思维混乱、相互矛盾的可能①。那么,我们又该如何合理理解、解释通常所认为的“斯密悖论”现象?

如果真的如通常所认为的那样,斯密一方面以利己主义目的论构建起自由主义经济思想体系,另一方面又以利他主义道义论构建起德性论思想体系,从而使自己的思想处于一种悖论状态,那么,这就意味着至少在斯密自身的思想图景中,从事市场经济活动的人处于人格分裂状态。作为一个经济活动的“经济人”以利己、功利为价值追求,而作为一个现实的人他又有道德性②,以利他主义的同情心为价值指向。对此的可能回答是:或者经济活动是超道德的,或者人天生就处于人格分裂状态。但是,对于前者,利己主义目的性本身就作出了否定性回答。对于后者,至少理性与日常生活经验直觉均告诉我们:人格分裂至少不能算作是正常人的存在状态——尽管在经济生活中确实不乏如此实例,但实例本身并不一定具有必然性。由此只能得出一个结论:经济活动中有道德③,并且一般说来从事经济活动、追求经济利益的人,是

---

① 斯密本人就任于格拉斯哥大学的道德哲学讲座教授时,就在道德哲学这一总科目下,先后开设了伦理学、神学、法学、政府学、政治经济学等课程。斯密自1759年《情操论》初版后,他本人先后修订过六次,最后一次是于1786年。斯密在《情操论》出版后在格拉斯哥4年的学术研究重点继续向两个方面发展:一是对伦理道德理论的深入研究,在作了大量修改基础之上,于1761年出版了《情操论》第二版;一是加强了对法学与政治经济学的研究,于1763年作了《关于法律、警察、岁入及军备的讲演》,这个讲演确定了斯密后来在《国富论》中所要建立的古典政治经济学体系的雏形。1776年,斯密出版了《国富论》。1767、1774年,正当斯密处于《国富论》写作定稿的关键时期,斯密还对《情操论》作了两次修订,出版了《情操论》的第三、四版。参见亚当·斯密:《道德情操论》“译者序言”,蒋自强等译,商务印书馆,1997年。

② 这里的“道德性”不是在“善”的意义上使用,而是指人有道德生活的一面。

③ 笔者曾从实践的角度论证了道德作为实践理性精神没有自己专有的感性空间域,但它又不外在于那些具有独立感性空间域的诸实践领域,从而在抽象的意义上论证了经济与道德的一体性。参见高兆明:《论市场经济的道德评价》(《江苏社会科学》1996年第5期)。

以人格同一性方式、以完整的人①的面貌从事经济活动,他们在追求自己利益时至少在价值上应当是自我肯定的。现在,突兀在我们面前的问题就变成:在斯密本人心目中,生活在以普遍商品交换为客观物质生活资料分配特征的现代性社会②中的人应当是何?具有何种精神气质?换言之,斯密对现代性社会的主体如何理解、规定?虽然我们不能直接从斯密本人那儿获得现成答案,但我们可以通过深入斯密思想,领会、揣度隐含其中的真实内容。

正如同时代的许多思想家一样,斯密也真诚地以为只有把握了永恒不变的人性,才能合理地解释说明社会生活中的各种现象。他试图揭示人的本性,这个工作集中体现在《情操论》中。他在《情操论》中所阐发的观点,构成了他社会历史观的理论基础。而他在《情操论》结束处所论,则预示着他要循其学理思路,将其具体应用于实际,展开关于《国富论》的研究③。在具体进入对斯密关于人性认识的考察以前,我们应当确立一种认识背景:斯密关于人性的讨论似乎是抽象泛泛而论,既没有在历史背景中考察不同时代人性的历史内容,亦没有直接明确表达他所要揭示的人性是(不同于传统社会的)现代性社会中人的人性,但是,仔细琢磨斯密所论,却不难发现他事实上是立足于以商品经济为基础的普遍交往时代,试图揭示的是现代性人格类型与社会精神气质。

斯密认为人天性具有自爱、利己与同情之本性。尽管在《情操论》中斯密明确认为“每个人生来首先和主要关心自己”,“每个人心里确实必然宁爱自己而不爱别人”,但他在《情操论》中开宗明义地指出人

① 这里的“完整的人”不是在我们通常所理解的相对于人格片面性意义上而言,而是指上述的有道德性。

② 这在斯密的语境中是“商业社会”。不过,这种概念替换正如前面注释已曾说明的那样,并不改变问题的实质。

③ 参见斯密:《道德情操论》,1997 年,第 452 - 453 页。

在拥有自爱利己性的同时，亦存在着同情的本性①。正如韦伯曾合理指出的那样，逐利利己并不是资本主义特有，如果仅仅说人天性具有自爱利己心，那么，这对揭示与论证新兴商业社会中的社会精神气质没有任何特殊意义。不过，对斯密而言，他所作出的这种人性认识，在泛泛而论形式之下事实上是有其特殊内在规定性的。这种特殊内在规定性，一方面缘于其与同情心的内在联结——这一点稍后再论；另一方面还缘于他对人的存在方式以及人的利益实现途径的现实理解。斯密心目中的人已不再是抽象的个别人，而是社会人，且这种社会人已不仅仅是在抽象一般意义上而言(因为严格地说，任何时代的人都是社会的人)，而是摆脱了自给自足生活方式、处于普遍社会分工与商品经济联系中的“商业社会”中的人②。正是这种社会性，一方面从根本上规定了人的同情心的具体内容；另一方面又从根本上规定了自利的现实内容及其实现方式。人是利己的，但是在商业社会中，自利必须通过利他的方式、必须通过“光明正大”③的竞争方式才能实现。即，这是一个以契约为手段的自由等价(平等)交换，是我为人人、人人为我的互惠活动，而不是依仗强权巧取豪夺的过程。不同文明时代人之间精神气质差别的关键，不在于是否利己，而在于如何利己。正是这种实现利己途径方法，体现了不同社会精神气质的根本差别。这是其一。其二，利己未必就与社会公共利益绝对对立。在斯密的理解中，社会公共利益的增进离不开个人的利己追求。在一个自由竞争的商业社会中，虽然如斯密所揭露的那样会存在着各种卑鄙龌龊手段，但在总体上却是必须通过为他人提供有用的服务才能有效地实现自己的逐利目的。这就是

---

① 参见斯密：《道德情操论》，1997年，第5、101－102页。

② 参见斯密：《国富论》上卷第一编第1－4章，郭大力、王亚南译，商务印书馆，1997年，尤其是第13－14页。

③ 参见斯密：《道德情操论》，1997年，第103页。

私利公益。这就如斯密所揭示的那样:“我们所需要的相互帮忙,大部分是依照这个方法取得的。我们每天所需的食料和饮料,不是出自屠户、酿酒家或烙面师的恩惠,而是出于他们自利的打算。我们不说唤起他们利他心的话,而说唤起他们利己心的话。我们不说自己需要,而说对他们有利。”①这样,斯密事实上并没有将个人自利与社会公共利益绝对对立,相反,以一种特殊的方式统一了二者。其三,斯密在道义上既未将自利视为恶,亦未将自利与他人幸福截然对立。他在《情操论》中论述有关个人美德品质时就首先规定了个人美德品质的两个善之维度,他认为:“当我们考虑任何个人的品质时,我们当然要从两个不同的角度来考察它:第一,它对那个人自己的幸福所能产生的影响;第二,它对其他人的幸福所能产生的影响。”②至少在这里,斯密既没有拿自利来反对利他,亦没有拿利他来反对自利,而是试图寻求一种统一。如果不过分挑剔,那么,就应当承认他的这个努力方向是合理的。在这里,我们通过斯密关于商业社会人性自利的理解与解释,已经强烈地感受到了一种完全不同于以自给自足小农经济为基础的宗法等级社会的社会精神气质,这种精神气质既洋溢着一股蓬勃生机,又焕发出一种自由品格。如果说斯密在《国富论》中是对于自由主义经济制度的鼓吹,那么,在我看来,隐藏在这种鼓吹后面的却是斯密对于这种新兴的社会自由精神气质之酷爱、笃信、呵护。如果我们再考虑到几乎与斯密同时代的其他启蒙思想家(诸如休谟)以各自方式所表达的对新型社会精神气质人格类型内容的揭示,那么,这种感受就更为深刻。斯密至少在心目中已经以半朦胧的方式将具有这种精神气质人格类型的主体作为《国富论》思想研究的前提。

① 斯密:《国富论》上卷,1997 年,第 14 页。

② 参见斯密:《道德情操论》,1997 年,第 271 页。

正是基于斯密对新型人格(或人性)类型的这种自觉理解,我们能够发现斯密“同情心”思想的真实内容。

斯密的“同情”理念,不能简单地在我们所熟悉并习惯了的那种“怜悯”、“关爱”、“利他”、“责任”等意义上去理解。它具有更为丰富、更为深刻的内容。在斯密时代,心理联想律是科学领域的一个重要发现,将这个最新发现应用于各具体社会领域的研究是一时髦。斯密对“同情”有明确的说明:“‘怜悯’和‘体恤’是我们用来对别人的悲伤表示同感的词。‘同情’,虽然原意也许与前两者相同,然而,现在用来表示我们对任何一种激情的同感也未尝不可。”“如同天性教导旁观者去设想当事人的各种境况一样,天性也教导后者在一定程度上去设想旁观者的各种境况。”①即,斯密的“同情心”是对心理联想规律的运用,其核心是“同感”,是人的“设身处地”②这一换位设定思维与情感体验方式。仔细琢磨斯密的《情操论》,就会感觉到他的“同情”这一方法论与内容的双重规定性。这样,“同情”在斯密那儿事实上就可以被导向两个方向:一是主观个体美德,这就是“将心比心”、“己所不欲,勿施于人”。一是客观社会伦理关系及其主观情感体验,这就是彼此均是具有平等自由权利的存在者及其主观情感体验。通常我们在理解斯密的“同情”心时往往只注意到他的个体主观美德方面,而忽视了后一方面。其实,在某种意义上,后一方面对于我们把握与理解斯密的思想体系更为重要。“将心比心”、“己所不欲、勿施于人”之类的道德黄金律,自古有之,它何以能成为斯密自由主义经济思想的基础之一?或者说,对于这样一个时代弥久的美德,经过何种解构,才能成为人类建构市场经济新秩序的资源?这就是将它由原先仅仅作为个体主观美德,转化

① 参见斯密:《道德情操论》,1997年,第7、22页。
② 参见斯密:《道德情操论》,1997年,第9页。

为一种客观的社会关系:个人间的平等自由权利。而个人间平等的自由权利恰恰是商品交换得以普遍存在、市场经济得以成立与发展的前提。正是在这种平等自由客观关系意义上的"同情"基础上,平等交换、契约活动才能成为现实的。

如果说"同情心"确实指一种情感的话,那么,它就是设身处地、心理换位中所包含着的平等、平等的自由之情感,这种情感气质所揭示的正是市场经济条件下的人格类型。在这种平等、平等的自由情感中,隐含了一个不言自明的结论或前提:平等的自由身份、平等的自由交换是善的,乃至于自利本身亦是善的——只要如斯密所说是"光明正大"、手段正当。这样,一方面,同情心与自利心在根本上并不相互抵牾,相反,同情心中就隐含着对于自利心的肯定——自利不等于自私;另一方面,在从道义上接纳与肯定现实的经济关系、经济活动的同时,亦对宗法身份等级及其在经济活动中的存在,做出道义上的否定。这就合理地解释了这种现象:市场经济活动主体通过正当手段获利时不存在道义上的自谴与心理人格上的分裂。因为,这种经济行为本身就是善的,只有那些通过不正当手段得来的,才有心理与道义上的不安、自责。时下流行的对"斯密悖论"以及对经济伦理的某些俗常思考,根本失误之一就是将经济行为主体单面化,忽视了市场经济活动主体的这种特定道义性前提。

然而,市场经济活动中的自利行为,在其现实性上毕竟与利他有着直接的矛盾性,自利行为未必必然利他、未必增进社会福利总量。具有新型精神气质的个体自利行为如何才有可能变为社会普遍劳动交换中的一环节、成为利他的?莱布尼茨通过"先定和谐"的方式解决了这一问题,斯密在根本上亦采取了相同的进路①。他在朦胧中事实上通过

① 参见斯密:《道德情操论》,1997年,第228-229页。

提出制度正义背景来解决这一难题。

斯密的自由主义经济思想中贯透或隐含着一种制度正义思想，并在对制度正义敬重中隐约透露出对法的敬重这一社会精神气质。斯密对于正义（或公正）极为重视。在《情操论》中他有如下一段论述："我们认为，公正的神还是需要的，今后他会为受到伤害的寡妇和丧失父亲的人复仇，在这个世界上，他们经常受到侮辱而无人对此加以惩罚。因此，在每一种宗教和世人见过的每一种迷信中，都有一个地狱和一个天堂，前者是为惩罚邪恶者而提供的地方，后者是为报答正义者而提供的地方。"这个"公正的神"存在的使命，就是后来康德在三个设定中所提出的"德福一致"。斯密认为我们所生活的这个世界上存在着"公正的旁观者"，"他们不允许"我们"作出不光明正大的行为①。斯密思想中的"公正的神"、"公正的旁观者"究竟该如何理解？除了彼岸的实体上帝以外，是否还可以做更富有意义的解释？虽然斯密本人并没有自觉区分主观的公正态度与客观的公正制度，并且似乎更多的是在公正态度意义上使用公正，但是，如果我们仔细琢磨他的全部经济交往伦理思想，并且不是拘泥于他的字面表达方式，而是分析他的思想内容，那么，我们未尝不能将这种"公正的旁观者"理解为一种客观制度。即，斯密设定有一个超然的执法者存在，这个超然执法者保证社会的德福一致。这种客观制度是他那只"无形的手"发挥作用的客观前提：它使得社会成员相互间具有平等自由的身份，保证契约的践履，平等的经济交换，等等。也正是这个客观制度给每一个社会成员提供了一个平等交换的客观社会机制。虽然每一个人都是为自己谋利，但在一个平等交换的客观制度中，最终使得社会福利总量增加。从斯密对"公正的旁观者"敬重的论述中，我们亦感受到他对"商业社会"中一种新的社会精神气

---

① 参见斯密：《道德情操论》，1997 年，第 113、102－103 页。

质的揭示:敬重法。

客观、公正的社会伦理关系要求应当内化为主体的美德。斯密将"公正"美德理解为是"一丝不苟的、准确的、不可或缺的"①,所强调的是个人行为的"合宜"。"合宜"就是恰当、合理。这关涉个人经济行为的评价标准。由于斯密所采取的是"公正旁观者"的客观立场,所以,"合宜"就不是个人的自我规定,而是依"公正的旁观者"、客观社会标准的规定。这就如斯密指出的那样,虽然个人的生命价值极为重要,但从社会客观的立场言,情况则不同②。那么,在经济活动中的"合宜"是何?这就是斯密在《国富论》与《情操论》中一以贯之的:每一个活动者必须且应当以正当的、光明正大的、平等交换的方式进行。这种"合宜"是种充分竞争中的互助,但这种互助"并不是产生于慷慨和无私的动机",而是基于平等交换的"互惠行为"③。换言之,利己的行为应当是一种互利、互惠的行为。至少在这个意义上,利己心与同情心可以达于统一。

如果我们能够通过斯密的"同情"思想,把握其背后存在的市场经济中的人格类型及其精神气质这一更为重要的思想,那么,我们就不会持道德利他主义同情心与经济利己主义两极对立的思想方法论立场,就会跳出通常那种理解斯密思想的局限性,就会在一个更高的思想层次把握斯密在《国富论》与《情操论》中所表现出来的两个思想维度的内在一致性。事实上,通常所说"斯密悖论"所隐含的真谛是:对市场经济活动主体的特有精神气质与人格类型的揭示。市场经济活动主体是摆脱了过去那种人身依附与人格等级的"新人",他们具有独立的人格意识;自利的逐利行为不再是恶的,不再受到道义上的谴责,但自利

---

① 参见斯密:《道德情操论》,1997 年,第 215 - 216 页。

② 参见斯密:《道德情操论》,1997 年,第 238 - 239 页。

③ 参见斯密:《道德情操论》,1997 年,第 105 - 106 页。

是互助互惠;他们具有平等的精神,这种平等精神并不仅仅是通常所理解的交换过程中的等价交换,它首先是一种平等人格、平等的自由权利精神;他们具有合法行为的精神,使自己的行为在公认的行为规范范围内进行,从而不致引起"公正的旁观者"的愤怒与惩罚。

三、罗尔斯原初状态公民能力规定之启迪

如果说亚当·斯密、马克斯·韦伯主要还只是从经济的层面,以一种或多或少朦胧的方式向我们揭示现代性社会精神气质与人格类型对现代性社会本身的前提性、基础性意义,且这种朦胧隐喻之真谛尚须通过我们的发掘领悟才能被真正把握,那么,相比之下,罗尔斯从政治哲学、哲学-伦理学的角度,并以构建论的方式,比较率直地向我们揭示了现代性社会精神气质与人格类型对现代性社会的这种前提性、基础性意义。

罗尔斯在《正义论》、《政治自由主义》这两部书中集中探讨了公平正义、长治久安的良序社会何以可能问题。① 罗尔斯声称,他的研究一反通常所习惯的那种对人性做形而上先验设定的做法。他没有搞人性设定,而是取一种原初状态中的代表设置方法,展开自己的全部讨论②。在这里,罗尔斯是否采取了通常那种人性假设前提的做法,本身

① 参见罗尔斯:《政治自由主义》,万俊人译,译林出版社,2000年,第3页。

② 罗尔斯为此专门声明"原初状态的理念和对各派的描述,可能会诱使我们认为,要预先假设一种有关个人的形上学说。当我说这种解释是错误的时还根本不足以使人们放弃对形上学说的依赖。"他希望"举证反驳这种本性的主张,需要更详尽地讨论这些主张,并表明这些主张根本站不住脚。"但他却因为种种原因"在此无法谈论这一问题。"尽管在随后的脚注第31条中他对他所认为的没有作出形而上人性假设之理由作了某种解释,但这种解释却极不充分并令人失望。参见罗尔斯:《政治自由主义》,2000年,第29-30页。

对我们并不重要,重要的是罗尔斯如何认识、理解组成公平正义社会的社会成员之人格气质与社会精神特质。

罗尔斯以自己的方式规定了一种组成公平正义良序社会社会成员的人格内容与精神气质。在作为罗尔斯体系出发点的原初状态中,存在着的是作为自由个人的代表。这些自由个人代表在无知之幕下存在,但他们是具有"充分参与合作"精神的社会成员,正是他们的合作,建构起现代性公平正义的良序社会。这样,"社会合作能力"就是这些原初代表"基本的"能力①。而"社会合作"自身又意味着三个进一步的规定:"公共认可的规则与程序"的存在,及对这种规则程序的自觉践履;公共认肯的"公平合作项目";各"参与者合理得利"。② 这就意味着,能够在罗尔斯原初状态中存在的并不是任何一个人,而是有着具体内在精神气质与人格类型规定的自由个人。这样,罗尔斯就进一步"把两种道德人格能力归于"原初状态的社会成员。这就是"正当和正义感能力(即尊重公平的因而也是合乎理性的合作项目的能力)和形成其善观念的能力(因而也是合理的观念)的能力。"简单地说就是正义感的能力与善观念的能力。不仅如此,罗尔斯还明确把"这两种道德能力当作成为这一政治正义社会之充分而平等的成员的必要条件和充足条件。那些能够终生参与社会合作的人和那些愿意尊重适当公平合作项目的人,均可视之为平等的公民。"他"假定""人们可以在必要的、最起码的程度上发挥这两种道德能力,而且这些道德能力的发挥,在任何既定时刻都可以与一种决定性的善观念相配合。"③由此可见,

① 参见罗尔斯:《政治自由主义》,2000 年,第 320 页。

② 参见罗尔斯:《政治自由主义》,2000 年,第 16 – 17 页。

③ 参见罗尔斯:《政治自由主义》,2000 年,第 320 – 321 页。另外,罗尔斯《政治自由主义》第 1 讲第 5 节以"政治的个人观念"为题,专门阐释其构成原初状态或建构现代性公平正义良序社会的主体规定性。

能够构成罗尔斯心目中公平正义良序社会的，并不是现实或历史中随随便便的任何一个人——那些没有起码理性能力、没有起码公平正义感、没有起码道义心与美德、没有起码社会合作能力的人，不能够构成公平正义的良序社会。换言之，只有那些具备了这些精神气质与人格特征的人，只有那些既能善待他人又能善待自己的人，才能成为现代性公平正义良序社会的构建者。

罗尔斯的这种规定对其理论体系本身自然是必不可少。然而，罗尔斯通过自己的这个工作直接告诉人们的似乎更为重要。这就是：其一，一个现代性社会只有依靠那些拥有现代性社会精神气质与人格特质的人，才有可能被成功建立；其二，建立在正义感与道德感基础之上的充分合作精神，是这种现代性社会精神气质与人格特质的基本内容。而爱德华·希尔斯在《市民社会的美德》中所揭示的现代性市民社会中的市民风范，对现代性社会的良好风尚与秩序、对现代性社会的稳定之基础性意义，亦从一个侧面印证了罗尔斯的这一观点。希尔斯仔细区分了市民风范的两种意义，认为它不仅是传统意义上的“礼貌、谈吐优雅、谦逊、尊重他人、自我克制、绅士风度、文雅、高尚、良好的风尚、斯文”，更在于政治生活中将他人“视为具有同等尊严的同类公民”，“即令他们属于不同的政党、宗教团体或种族群体”。现代性社会是一个法治的社会，然而，法治社会中法制的有效性，则必须由相信法律或规则合法性的信念来强化①。

罗尔斯的这种原初状态公民代表设定方法本身，使人们情不自禁地想起康德。康德通过自己的三批判书所要指向的就是实现那样一种至善至美的社会境地。然而，构成这种至善至美境地的主体却有其特

① 参见希尔斯：《市民社会的美德》，载刘军宁等主编：《直接民主与间接民主》，北京三联书店，1998年，第286－305页。

有的内在规定性。这不是经验世界中现实存在着的那些芸芸众生,而是受绝对命令支配的自由意志者。这种自由意志者就是康德所理解的人。正是这种理想、完满人格的人,才能构建起那样一种理想的社会。康德的这种“本质先于存在”①思维路径,完全不同于萨特的“存在先于本质”路径。尽管我们对康德的这一思想可以从不同角度提出诸多诘问,然而,康德以自己方式所揭示的这样一个深刻道理却是我们不得不承认的:具有什么样的精神气质与人格特质,就会成为什么样的人;具有什么样精神气质与人格特质的人,就会有什么样的社会及其历史。

尼采曾以喊出“上帝死了!”著称。然而,人真的能在没有任何上帝、没有任何价值精神的情况下存在?在一个新的生活世界中,既有的价值精神以及作为既有价值精神终极依据的上帝,失却了存在的理由。但是,这个新的生活世界难道就真的无须任何价值精神与终极依据?难道这个生活世界中的人真的要成为赤条条的精神侏儒与白痴?尼采在宣布“上帝死了!”的同时,却又疯狂地到处高喊:“我要找上帝!”“我要找上帝!”尼采有点类似于康德的做法——康德曾在本体论的意义上否定了上帝的存在,但他后来出于道德的立场却创造出一个上帝。上帝死了!上帝不存在了!必须创造出一个上帝!这个上帝就是尼采理想中的价值终极依据。这个上帝是什么?他发现当我们杀死了上帝之后,最好的救赎办法就是使我们自己“必须变成神明”②。原来,这个上帝就是我们自己!作为我们生活价值终极依据的,不再在彼岸冥冥世界,就在我们人自身。我们自身就是存在的根据。尼采思想固然有其局限性,然而,对于后人而言,重要的不在于尼采曾说过什么,而在于尼采曾说过的当中包含着哪些值得极为重视的思想财富。笔者以为,

---

① 康德本人并没有“本质先于存在”之类的表述。这是我对康德思想的一种理解。

② 参见尼采:《快乐的科学》,余鸿荣译,中国和平出版社,1986年,第138-139页。

这就是破除旧的社会价值体系，砸毁那种没有生命力的社会精神偶像，呼唤一代新人，这种新人拥有新的价值精神，以一种全新的姿态与冲天的热情去创建一个新社会。这里重要的是这代新人要有一种新的价值精神，而不是价值沙漠化与精神虚无主义。上帝死了，难道意味着我们可以为所欲为？难道意味着我们无论做什么都是允许的？难道意味着我们心中再也没有发自良知的声音？难道意味着我们再也没有出自良知的冲动了？上帝死了，难道上帝就真的再也不能活过来？难道我们真的就不再去创造一个属于自己的心中的上帝？精神真的就无须凭借、无须依赖、无须安顿了？上帝死了，我们心中不能没有上帝，不能没有那样一颗永恒闪亮的巨星的引导。上帝是要回来的。这个上帝就是康德所说的我们心中的道德律令。她使我们的生命富有意义，存在具有目的，承诺变得庄重、变成责任，平俗变得高尚。一个心中没有这种神圣终极关切、不能具备新时代价值精神的人，不可能成为建设新时代、新社会的主体。

当年马克思主义创始人面对空想社会主义者时，所做基本工作之一，就是寻求一种能够代表人类未来发展方向的新兴社会力量。这种新兴社会力量，一方面是先进社会生产力的代表，另一方面又是社会先进思想文化价值精神的代表。他们与传统观念彻底决裂，他们没有自己的特殊私利，他们追求人类的自由解放，追求自由人联合体的理想境地。正是他们承负起解放人类、拯救社会的历史使命。在马克思主义创始人看来，这就是工人阶级。也正是在此基础之上，马克思主义创始人创立了科学社会主义学说。马克思主义创始人的这种思想路线，与罗尔斯的思想路线貌似迥然不同，然在貌似对立的背后却有着异曲同工之妙。这就是均期盼、希冀具有新型社会精神气质与人格特质的社会主体的出现，均充分肯定他们是建设新时代的社会客观物质力量。

现代性社会需要具备现代性社会精神与人格类型的人，只有具备现代性社会精神与人格类型的人才能建立起现代性社会。当然,我们会在此碰到历史与现实的诘难:在一个尚未建立起现代性社会的社会中,每一个人都先在地秉承着传统社会的某种基因,每一个人都是传统社会的塑造物;我们不可能找到那样一个阿基米德支点,我们也不可能从另一个星球上移居来具有完全现代性社会精神与人格类型的人,我们只能靠我们这些从传统社会中生长起来的人来建设自己的新家园。我们会在此遇到一个类似于鸡生蛋、蛋生鸡样的悖论:究竟是先有现代性社会精神,还是先有现代性的人?究竟是先有现代性的人,还是先有现代性的社会?我们的回答只能是:现代性社会精神是人在进行现代性社会建设过程中的产物,在建设现代性社会的实践中塑造现代性的人,在塑造现代性人的过程中建设现代性社会。现代性社会在现代性人的塑造过程中得以实现。我们要变革这个世界,就得首先变革自身;我们要成为改变这个世界的物质主体,就得首先成为承负这种历史使命的精神主体。

在某种意义上,一个人的思想观念精神品格决定了他的未来。一个民族亦如是。

主要参考文献

A 类

1. Robert K. Merton, *Social Theory and Social Structure*, The Free Press, 1957.
2. Hayek, *Law, Legislation and Liberty Rules and Order* (Ⅰ), The University of Chicago Press, 1973.
3. John Rawls: *Political Liberalism*, New York, Columbia University Press, 1993.
4. Hannah Arendt: *The Human Condition*, Garden City & New York, 1959.

B 类

1. 马克思、恩格斯:《德意志意识形态》。
2. 马克思、恩格斯:《共产党宣言》。
3. 马克思:《资本论》。
4. 马克思:《〈政治经济学批判〉导言》。
5. 恩格斯:《家庭、私有制和国家的起源》。
6. 恩格斯:《路德维希·费尔巴哈和德国古典哲学的终结》。
7. 普列汉诺夫:《论个人在历史上的作用问题》,唯真译,北京三联书店,1972 年。
8. 邓小平:《党和国家领导制度的改革》,载《邓小平文选》(1975 - 1982)。
9. 邓小平:《解放思想,实事求是,团结一致向前看》,载《邓小平文选》(1975 - 1982)。
10. 邓小平:《答意大利记者奥琳埃娜·法拉奇问》,载《邓小平文选》(1975 - 1982)。

C 类

1. 阿尔多诺:《启蒙辩证法》,洪佩郁、蔺月峰译,重庆出版社,1993 年。
2. 阿佩尔:《哲学的改造》,孙周兴、陆兴华译,上海译文出版社,1997 年。
3. 柏拉图:《理想国》,郭斌和、张竹明译,商务印书馆,2010 年。

4. 贝勒斯:《法律的原则》,张文显译,中国大百科全书出版社,1996 年。
5. 伯尔曼:《法律与革命——西方法律传统的形成》,贺卫方、高鸿钧、夏勇、张志铭译,中国大百科全书出版社,1996 年。
6. 波普:《历史决定论的贫困》,杜汝楫、邱仁宗译,华夏出版社,1987 年。
7. 布坎南:《自由、市场和国家》,平新乔、莫扶民译,北京经济学院出版社,1988 年。
8. 布克哈特:《意大利文艺复兴时期的文化》,何新译,商务印书馆,1986 年。
9. 布莱克:《现代化的动力:一个比较史的研究》,景跃进、张静译,浙江人民出版社,1989 年。
10. 布莱克:《法律的运作行为》,唐越、苏力译,中国政法大学出版社,1994 年。
11.《布莱克维尔政治学百科全书》,邓正来译,中国政法大学出版社,1992 年。
12. 川岛武宜:《现代化与法》,王志安、申政武、梁涛、李旺译,中国政法大学出版社,1994 年。
13. 道格拉斯等:《越轨社会学概论》,张宁、朱欣民译,河北人民出版社,1987 年。
14. 杜威:《哲学的改造》,张崇清译,商务印书馆,1958 年。
15. 弗雷泽:《金枝》,徐育新、汪培基译,中国民间文化出版社,1987 年。
16. 葛德文:《政治正义论》,关在汉、何慕李译,商务印书馆,1997 年。
17. 格里芬:《后现代精神》,王成兵译,中央编译出版社,1998 年。
18. 哈贝马斯:《交往与社会进化》,张博树译,重庆出版社,1993 年。
19. 哈耶克:《自由秩序原理》,邓正来译,北京三联书店,1997 年。
20. 黑格尔:《哲学史讲演录》,贺麟、王太庆译,商务印书馆,1983 年。
21. 黑格尔:《法哲学原理》,范扬、张企泰译,商务印书馆,1982 年。
22. 黑格尔:《历史哲学》,王造时译,北京三联书店,1958 年。
23. 黑格尔:《精神现象学》,贺麟、王玖兴译,商务印书馆,1987 年。
24. 亨廷顿:《变化社会中的政治秩序》,王冠华译,北京三联书店,1989 年。
25. 亨廷顿等著:《现代化理论与历史经验的再探讨》,王冠华译,上海译文出版社,1996 年。
26. 霍布斯:《利维坦》,黎思复、黎廷弼译,商务印书馆,1985 年。
27. 卡西尔:《人论》,甘阳译,上海译文出版社,1986 年。
28. 坎默:《基督教伦理学》,王苏平译,中国社会科学出版社,1994 年。
29. 康德:《实践理性批判》,韩水法译,商务印书馆,1960 年。
30. 康德:《法的形而上学原理——权利的科学》,沈淑平译,商务印书馆,1991 年。

31. 康德:《康德文集》,郑保华译,改革出版社,1997 年。
32. 康芒斯:《制度经济学》,于树生译,商务印书馆,1981 年。
33. 柯林武德:《历史的观念》,张文杰、何兆武译,中国社会科学出版社,1987 年。
34. 科斯等:《财产权利与制度变迁——产权学派与新制度学派译文集》,刘守英译,上海三联书店、上海人民出版社,1996 年。
35. 库尔茨:《保卫世俗人道主义》,余灵灵等译,东方出版社,1996 年。
36. 罗伯逊:《社会学》,黄育馥译,商务印书馆,1994 年。
37. 罗尔斯:《正义论》,何怀宏等译,中国社会科学出版社,1988 年。
38. 罗尔斯:《政治自由主义》,万俊人译,译林出版社,2000 年。
39. 罗素:《西方哲学史》,何兆武、李约瑟译,商务印书馆,1976 年。
40. 卢梭:《社会契约论》,何兆武译,商务印书馆,1987 年。
41. 卢梭:《论人类不平等的起源与基础》,李常山译,商务印书馆,1982 年。
42. 卢梭:《忏悔录》,李平沤译,人民文学出版社,1987 年。
43. 马尔库塞:《单向度的人》, 刘继译,重庆出版社,1988 年。
44. 麦金太尔:《德性之后》,龚群译,中国社会科学出版社,1995 年。
45. 麦金太尔:《谁之正义? 何种合理性?》,万俊人译,当代中国出版社,1996 年。
46. 麦克尼尔:《新社会契约论》,雷喜宁、潘勤译,中国政法大学出版社,1994 年。
47. 麦考密克、魏因贝格尔:《制度法论》,周叶谦译,中国政法大学出版社,1994 年。
48. 梅茵:《古代法》,沈景一译,商务印书馆,1984 年。
49. 米尔恩:《人的权利与人的多样性——人权哲学》,夏勇译,中国大百科全书出版社,1995 年。
50. 孟德斯鸠:《论法的精神》,许明龙译,商务印书馆,2004 年。
51. 诺齐克:《无政府、国家、乌托邦》,何怀宏译,中国社会科学出版社,1991 年。
52. 诺思:《经济史中的结构与变迁》,陈郁、罗华平译,上海三联书店、上海人民出版社,1997 年。
53. 萨特:《存在与虚无》,陈宣良译、杜小真校,北京三联书店,1987 年。
54. 萨托利:《民主新论》,冯克利、阎克文译,东方出版社,1997 年。
55. 斯宾格勒:《西方的没落》,齐世荣、田农等译,商务印书馆,1995 年。
56. 施特劳斯、克罗波西:《政治哲学史》,李天然等译,河北人民出版社,1993 年。

57. 舍勒:《资本主义的未来》,罗悌伦等译,北京三联书店,1997 年。
58. 舍勒:《价值的颠覆》,罗悌伦等译,北京三联书店,1997 年。
59. 泰格、利维:《法律与资本主义的兴起》,纪琨等译,学林出版社,1976 年。
60. 汤因比:《历史研究》,郭小凌等译,上海人民出版社,1986 年。
61. 托克维尔:《论美国的民主》,董果良译,商务印书馆,1988 年。
62. 奥尔森:《集体行动的逻辑》,陈郁、郭守峰、李崇新译,上海三联书店、上海人民出版社,1996 年。
63. 皮亚杰、英海尔德:《儿童心理学》,王莉译,商务印书馆,1986 年。
64. 皮亚杰:《发生认识论原理》,王宪钿等译,商务印书馆,1985 年。
65. 韦伯:《新教伦理与资本主义精神》,于晓、陈维钢等译,北京三联书店,1992 年。
66. 韦伯:《经济与社会》,林荣远译,商务印书馆,1997 年。
67. 魏特林:《和谐与自由的保证》,孙刚明译,商务印书馆,1997 年。
68. 西季威克:《伦理学方法》,廖申白译,中国社会科学出版社,1993 年。
69. 休谟:《人性论》,吴文运译,商务印书馆,1981 年。
70. 亚里士多德:《政治学》,吴寿彭译,商务印书馆,1995 年。
71. 亚里士多德:《尼各马科伦理学》,苗力田译,中国社会科学出版社,1992 年。

D 类

1. 樊公裁:《黑格尔的实体学说与当代哲学思潮》,天津人民出版社,1995 年。
2. 冯友兰:《中国哲学史新编》,人民出版社,1980 年。
3. 顾　准:《顾准文集》,贵州人民出版社,1995 年。
4. 胡　适:《中国文艺复兴运动》,载《胡适作品集》第 24 集,台湾远流出版公司,1986 年。
5. 黄仁宇:《万历十五年》,北京三联书店,1997 年。
6. 瞿同祖:《中国法律与中国社会》,中华书局,1981 年。
7. 瞿同祖:《中国法律之儒家化》,载《中国法律与中国社会》,中华书局,1981 年。
8. 梁漱溟:《中国文化要义》,学林出版社,1995 年。
9. 梁治平:《寻求自然秩序中的和谐》,中国政法大学出版社,1997 年。
10. 李泽厚:《中国古代思想史论》,人民出版社,1986 年。
11. 林毓生:《中国传统的创造性转化》,北京三联书店,1992 年。
12. 林语堂:《吾国与吾民》,中国戏剧出版社,1991 年。
13. 罗国杰、宋希仁:《西方伦理思想史》,中国人民大学出版社,1985 年。

14. 汤志钧:《近代经学与政治》,中华书局,1989 年。
15. 牟宗三:《政道与治道》,台湾学生书局,1996 年。
16. 沙莲香主编译:《现代社会学——基本内容及评析》,中国人民大学出版社,1994 年。
17. 沈家本:《历代刑法考》,中华书局,1985 年。
18. 钱乘旦主编:《现代文明的起源与演进》,南京大学出版社,1991 年。
19. 万俊人:《现代西方伦理学史》,北京大学出版社,1995 年。
20. 汪晖、陈燕谷主编:《文化与公共性》,北京三联书店,1998 年。
21. 汪子嵩:《希腊的民主和科学精神》,北京三联书店,1988 年。
22. 王元化名誉主编:《释中国》,上海文艺出版社,1998 年。
23. 许纪霖、陈达凯:《中国现代化史》,上海三联书店,1996 年。
24. 颜 一:《流变、理念与实体——希腊本体论的三个方向》,中国人民大学出版社,1997 年。
25. 杨向奎:《宗周社会与礼乐文明》,人民出版社,1997 年。
26. 张岱年:《中国哲学大纲》,中国社会科学出版社,1982 年。
27. 张晋藩:《中国法律的传统与近代转型》,法律出版社,1997 年。
28. 张立文等主编:《传统文化与现代化》,中国人民大学出版社,1987 年。
29. 张树栋、刘广明主编:《古代文明的起源与演进》,南京大学出版社,1991 年。
30. 张尚仁:《社会历史哲学引论》,人民出版社,1992 年。
31. 张岂之、陈国庆:《近代伦理思想的变迁》,中华书局,1983 年。
32. 张维迎:《博弈论与信息经济学》,上海三联书店、上海人民出版社,1996 年。
33. 郑杭生、李强等:《社会运行导论——有中国特色的社会学基本理论的一种探索》,中国人民大学出版社,1993 年。
34.《中外历史问题八人谈》,中共中央党校出版社,1998 年。
35. 周辅成编:《西方伦理学原著选辑》,商务印书馆,1987 年。
36. 周辅成主编:《西方著名伦理学家评传》,上海人民出版社,1987 年。
37.《十三经注疏》。
38.《四书五经》。
39.《荀子》。
40.《国语》。
41.《唐律疏议》。

索　　引

（本索引按汉语拼音排列）

原版后记

这是我的博士论文。当初博士论文定稿后，自己曾写过一段后记，全文如下：

为圆儿时一个金色的梦，在过了不惑之年后，自己又重新过了一段地道的学生生活。贪婪读书、自由思想，似乎是我这么多年来唯一特别钟情的。

记得30前，我们那一届初中毕业生是江苏省“文革”中唯一不下乡、安排进厂的一届。然而，我却是我们那个市拒绝进厂、继续读高中的唯一城市户口学生。我非常感激我的父母，不顾当时家境窘迫，设法遂了我的心愿。虽然此后我为此又插队数年，可我丝毫也不后悔。相反，还从内心里庆幸能有做一个地道农民、深入了解中国农村的机会。做一个知青是极其艰苦的。我们完全是在自觉地改造自己，主动争苦活、累活、脏活。我们的劳动强度丝毫不逊色于当地的农民。即使如此，也没有磨耗我们读书、思考的志向与意志。正是在煤油灯下，我一知半解地读完了一些经典著作，其中不乏即使在今天看来仍然是晦涩的天书。也正是那个特殊的时代、那种特殊的生活经历，彻底改变了我的一生：由原初痴迷于自然科学而鬼使神差地最终痴迷于人文社会科学。比较了解我的几位中学老师，前不久还曾当面说我的这个选择是扬短避长，为我遗憾。记得在农村时，有一次我作为全省十余个先进知识青年代表之一,参加一个规模极小且有当时省里主要领导出席的座谈会,我的发言是唯一不合时宜的:没有扎根农村一辈子的豪气。我发言的主旨是:在农村一天就拼命干一天,但我想上学读书。后来虽被推荐上了大学,但几经周折,弃医从文,遂意从教,已成万金油。

我可能是我们这一代人中比较保守、比较落后的。虽然我曾在地方工作多年,接触过各种人,也曾有机会选择从政,虽然商海大潮之下的权、利也曾对我有过诱惑,但不知何故,我总觉得对那样一种生活有一种本能的隔膜与抵触。我的天性似乎就是适宜坐冷板凳,自在读书,自由思想。我最终选择了从教作为自己的终身职业。

我们这一代人似乎更多的不是为读书而读书,似乎总是背负着更多的历史重任,具有较强烈的责任感与使命感。我们较少个人功利心,更多的是社会责任心;较少哗众取宠做文字游戏的偏好乐趣,更多的是直面现实思考问题的良知精神。我们可能在经济上永远清贫乃至困窘,但我们却完全能够拥有精神充实与富有;我们可能做不了学者,没有宏言伟论,但我们却可以是一位名副其实的魂系民族、心系人民、追求真理的思想者。这已足矣。

这么多年来,我很庆幸在我人生的每一阶段都有许多真诚无私帮助、关心我的师长、朋友,都有人格上的导师作为我做人的榜样。没有他们的帮助,就没有我的今天。我将永远铭记他们的恩惠与期望,并努力不使他们失望。我唯一能够回报的,就是不善言辞、近乎木讷、深藏内心的感激,就是努力为民族、为人民尽绵薄之力。

在中国人民大学读书的这两年,是我近年来最为愉快的时光。那样一批德高望重、和蔼可亲的老师,那样一批推心置腹、互相关心、高谈阔论的朋友同学,使我得以暂时躲避喧闹纷争、利益算计的尘世生活,养身修性,感受人间的真情与纯朴。在这里,我尤其要感谢我的导师宋希仁教授,感谢周辅成、李奇、罗国杰、许启贤、陈瑛、魏英敏教授,感谢萧焜焘、王育殊教授,感谢人民大学哲学系伦理学教研室焦国成等各位老师,感谢他们多年来对我的苦心教诲、无私帮助、真诚呵护。学子的每一进步,都凝聚着前辈的心血。人类文明之火正是在这种追求真理的传薪中,绵延不绝。学子当以先生们为楷模,生命不止,传薪不息。

1999.1.31(13:37)

以上所说,既是我情感的真实流泄,亦是我灵魂在孤独寂静中的自白。

在通过论文答辩后的一年半时间内,我先后两次对本书稿作了认真全面的修改,有些地方甚至有较大的改动。尾言就是在修改时加上去的。之所以要加这样一个尾言,是基于以下考虑:其一,现代化的核心是人的现代化。现代化的器技可以引进,现代化的人却只有靠我们自己在炼狱中新生。没有现代化的人,遑论现代化,甚至那些引进的先进器技亦难以成为真实现代化的。而人的现代化,关键的不在于技能——虽然这是重要的,而在于那样一种新型的人格类型与精神气质。其二,制度的有效供给不能凭空而至。一方面,它需要一批先知、先驱为之呐喊奋斗,乃至赴汤蹈火;另一方面,它需要民众的广泛理解与支持。制度的有效供给,实质上是对既有社会利益关系的根本性调整,亦是对既有生活范型的根本性改变,没有大无畏的牺牲精神与坚忍不拔的毅力,没有自觉的自我价值批判精神,是难以想象的。其三,近年来,我的道德价值批判更多的是指向社会而不是指向个体,这或许会给人们留下某种误解。其实,我心底里丝毫未敢漠视社会成员个体人格精神状况，反而是常常为之焦虑不安。愈如此，就愈试图努力去寻求社会成员道德失范现象的成因与走向光明的通途。所以，我近年来的社会价值批判，其实只是从不同维度、不同层次，关心着与众人所关心的同一个问题，差别只在于视野与叙事的重点。故，利用尾言与本书一道，构成一个相对比较完整的叙述理路。

需要说明的是，本书稿中的部分内容曾公开发表过，但为了文稿本身的完整性，这次付印时仍保留了这些相关部分。

当这部博士论文即将付印之时，我首先要向我的导师宋希仁先生表示深深的谢意。自1986年冬宋先生应萧焜焘先生之邀来我当时就读硕士学位的南京工学院为我们讲授西方伦理思想史课程后，宋先生就一直给予我许多关心、支持、鼓励、帮助与指导。当我读博直接就学于宋先生后，更是在生活学习各个方面得到宋先生的极大关心、照顾与教诲。宋先生在我们师生二人间常常进行的那种自由平等思想交流过程中所表现出的追求真理、严谨求实、鼓励创新、宽容异见的学术精神，使我终身受益。

在这里，我要特别向参加我博士论文评阅与/或答辩的罗国杰、钟宇人、朱德生、李德顺、郭湛、陈志良、陈瑛、万俊人、焦国成教授致谢，不仅感谢他们对这篇论文的充分肯定，更感谢他们对我的指点与启迪。正是他们的指点与启迪，促使我对问题作进一步深入思考，并对这篇论文做出富有意义的修改。

借此机会，我亦要向曾经在一个知青组插队患难与共的挚友徐忠实君致谢。虽然我们相互之间从不言谢，但我却必须借此庄重场合诚致谢忱。正是在他的鼓励与支持下，我得以克服重重困难，完成学业。事实上，在我人生的几个重大转折点上，我都得益于他的支持与帮助。人生知己几何？

当然，我更应当向我的妻子周援胜女士与爱子高昊表达自己的深深谢意与歉意。这么多年来,由于自己钟情于书海墨香与孤独沉思,由于自己在倾心不懈追求的同时,近乎天真地试图寻求一方适合于静心治学的净土,不仅自己漂泊动荡,亦使家人颠沛不安。由于自己近乎倔拗的执着秉性,自己似乎很难称得上是一个好丈夫、好父亲,心中深藏着愧疚与不安。没有他们的理解与支持,我是不会如此顺利地完成学业实现梦想的。中肯地说,这顶博士帽来之不易。我的这个儿时梦差点儿彻底破灭。就在我参加完博士生入学考试不久,一场难得的感冒高热后,我突然罹患急性暴发性病毒性心肌炎,绝对卧床在家近五个月。在这期间,我不仅曾有过短暂的某种濒死感觉,更有一种拼命抗争求生的强烈欲望。在这期间,由于我的执拗不肯住院,我的夫人既承担了一个妻子的角色,更承担了医生与护士的全部职责。她不仅要坚持上班、照顾孩子,还要担当起对我的全部医疗护理工作:从确定治疗方案,到在家进行心电监护、输液、伺药、照料,她的辛苦、她所承负的巨大心理压力,是难以想象的。接到入学通知书,要到北京去报到读书时,我方能下床轻微活动。她根据我的身体状况,不同意我上学,很多友人亲朋亦劝我:已经做了教授,何必再为这一顶博士帽以生命为赌注。但我又决不愿轻易放弃这对于我来说很可能是唯一的、也是最后一次机会,执意要去。结果,她拗不过我,与我达成一个协议:去报到试着读半个月,如不行,就走人。最后,是她为我备足了各种要用的药品,并将我护送到北京,安顿妥当。或许是天意酬诚吧,我慢慢地适应了那种学生生活。人大老师们的厚爱,同学们的关心,终日与年轻学友们生活学习在一起的愉快笑声,再加上人大食堂的玉米糊,成了我最好的药方。在那里,我的身体渐渐恢复,且没有留下任何后遗症。没有妻子的精心照料与治疗,我不可能如此顺利康复并完成学业。这是我永远不敢忘怀的。

这本书稿的出版得到了诸多师长朋友的真诚关心。万俊人君、许医农先生、鲁元军友等,都曾以各种不同方式热情相助。最终能以现在的面目问世,全仰赖上海文艺出版总社副社长、上海文艺出版社总编辑、编审陈保平先生。陈先生在上海三联书店任社长、总编时,我们曾有过联系,并约有一选题。然而,此后因本人的诸多缘故,一直未能交稿。笔者始终心存遗憾。为了弥补内心的歉意,2000 年年底,我写信给陈先生,告知有此书稿。陈先生接信后即来电索要。至此时,我方知陈先生刚刚从上海三联书店调至上海文艺出版总社走马上任。虽然初始听说陈先生要让这部书稿在上海文艺出版社出版,心里不免犹豫:在我们习惯看来,那是出文艺书的,与哲学、伦理学等理论书籍相去甚远,如是,自己的这部博士论文不就"沦落风尘",成了人们茶余饭后的消遣物?几经陈先生反复宣传上海文艺出版社的发展思路,我一是盛情难却,二是转念想自己的这部书稿本无奇论,本是人们茶余饭后的消遣品,又有何理由不能入俗?若真的能如小说文艺作品那样为众多人接纳消遣,未必不是幸事。遂意定。陈先生在最短的时间内将此书列入上海市 2001 年重点图书,并表示尽好尽快出此书。感动之余,我从陈先生身上似乎看到了处于改革开放前沿的沪上人的思想敏锐、高效务实之精神。在此后的具体编辑过程中,理论编辑室负责人、副编审赵南荣先生给予了热情关心,责任编辑、副编审徐华龙先生则为本书稿的编辑付出了艰辛劳动,精益求精,追求完美。我们这是一次非常愉快的合作。对于他们的关心、厚爱、帮助,表示由衷的谢意。

本书作为茶余饭后的消闲物,非哲学伦理学专业读者,请跳过第一章尤其是第一章的第一节,以免累赘之苦。

本论文写作过程中曾得到香港中文大学博士论文奖学金资助,在此一并致谢。

谨以此书,献给我的父母、家人及所有关心与帮助过我的人。

2001 年 4 月 13 日(20:53)

于南京兰园 11 号

修订后记

建高楼大厦易，收拾人心难。换新鞋易，走新路难。进入新世纪已10多个年头，但收拾人心、清明风尚、振奋精神、树立正气，似乎仍然是一漫漫长途。我们这个民族正处于关键转折点。既有框架中能够生长的空间似已穷竭。除非这个日常生活世界本身真的发生深刻变化，除非作为这个日常生活世界背景性框架的制度安排与价值精神真的是正义与善的，除非我们真的有一次深刻的精神启蒙，否则，很难想象未来。人世间，最难改变的是观念与精神！没有令人仰慕的民族精神，便没有伟大的民族。

大道至简。好人有好报，坏人不当道，扶正惩邪，奖善罚恶，天下自然秩序井然、民风朗朗。在过有尊严的生活中养成有尊严的美德。收拾人心，建立秩序，无非是追求正义与善。这是人类文明大道。

此书基于当代中国社会转型的历史背景，从制度正义角度认识转型期社会道德失范现象。虽问世已10多年，亦无宏论，但书中所述问题依然，甚至更为甚之。书中所论现在看来不免浅陋，但基本道理尚在：应当透过道德问题看到制度问题，不能以道德问题遮蔽乃至代替制度问题。就道德谈道德，永远谈不出名堂，至多是自娱自乐。故重新修订出版。此次再版并无大动，只是对个别讹误、生硬处做适当修正，并对文字略加润色。书名亦由《制度公正论——变革时期道德失范研究》改为《道德失范研究——基于制度正义视角》。

当初此书取名《制度公正论——变革时期道德失范研究》，多少有哗众取宠之嫌。不过,旧书名自有其道理。其一,表明此书可有政治哲学与道德哲学两个不同的阅读维度,且这两个维度本身难以截然分开。离开政治哲学,很难对重要的社会道德现象做出深刻的道德哲学分析。这就如正义与善彼此纠缠依存、难舍难分一样。我相信,初版的大多数读者朋友是以政治哲学的眼光选择此书的。其二,在更为宏大的意义上,此书构成了对制度正义辩护的一环节。恰如罗尔斯在《正义论》中所做的那样,制度正义本身需要充分有效辩护。社会共同体成员人格健全、社会风尚清明,必须奠基于公平正义的政治制度。转型期严重的社会道德失范现象,从一个侧面揭示了建设公平正义制度的必要性与紧迫性。事实上,此研究是我对中国语境中制度正义问题的一种自觉①。然而,正如初版书名所显示的那样,此研究本身是以"道德失范"作为问题意识,"制度正义"为视角与方法,它是对转型时期社会失范现象的成因、机理、对策的一种理解,且通过这种理解进一步揭示个体道德与社会制度、美德与正义的内在关系。只不过,其表达方式与构架并未取平铺直叙的常见逻辑——当然,这种表达方式与架构逻辑,打开了研究、阅读、理解的空间。此次再版,思量书名还是以突出原有问题意识及其特殊视角与方法更为适当。故对书名作此改动。当然,书名的这种改动并不影响人们从不同维度的阅读与理解。

值得一提的是,当初此书初版面市后半年多,市面就脱销,出版社书库亦告罄。但此后这10多年,图书市场上还一直可以见到此书。虽感盗版之盛,但念及小书能被盗版至少说明还有市场与读者,多少还能传播点思想本身,故听之任之。

本书修订再版,得到商务印书馆郑殿华、王希勇先生的厚爱与支

① 参见高兆明:《制度伦理研究:一种宪政正义的理解》"后记",商务印书馆,2011年,第529-530页。

持,在此特向二位表示诚挚谢意!

本书修订再版得到江苏省重点学科、江苏省优势学科经费支持。

高兆明

于南京河西愚斋

2013 年 7 月 16 日(23:30)